普通高等教育"十四五"土建类专业系列教材

BIM概论 （第2版）

徐勇戈　高志坚　编著

西安交通大学出版社
XI'AN JIAOTONG UNIVERSITY PRESS

内容提要

本书全面系统地介绍了 BIM 相关的概念、理论、发展历程、应用过程、标准和软件,以及 BIM 在建筑智能化和工程项目各阶段的应用等内容,并附有相关案例。本书内容新颖、系统性强,既可以作为高等院校建筑学、土木工程、工程管理等专业的教学用书,也可以作为建筑行业的管理人员和技术人员的参考用书。

图书在版编目(CIP)数据

BIM 概论 / 徐勇戈,高志坚编著.-- 2 版. -- 西安 :
西安交通大学出版社,2025.9. -- ISBN 978 - 7 -
5693 - 4090 - 7

Ⅰ. TU201.4

中国国家版本馆 CIP 数据核字第 2025UH4141 号

书　　名	BIM 概论(第 2 版)
	BIM GAILUN(DI 2 BAN)
编　　著	徐勇戈　　高志坚
责任编辑	史菲菲
责任校对	李逢国
封面设计	任加盟
出版发行	西安交通大学出版社
	(西安市兴庆南路 1 号　邮政编码 710048)
网　　址	http://www.xjtupress.com
电　　话	(029)82668357　82667874(市场营销中心)
	(029)82668315(总编办)
传　　真	(029)82668280
印　　刷	陕西奇彩印务有限责任公司
开　　本	787mm×1092mm　1/16　　印张　16　　字数　400 千字
版次印次	2016 年 10 月第 1 版　　2025 年 9 月第 2 版
	2025 年 9 月第 1 次印刷(累计第 7 次印刷)
书　　号	ISBN 978 - 7 - 5693 - 4090 - 7
定　　价	49.80 元

如发现印装质量问题,请与本社市场营销中心联系。
订购热线:(029)82665248　(029)82667874
投稿热线:(029)82665379
读者信箱:511945393@qq.com

前　言

　　BIM（建筑信息模型）技术是一种应用于工程设计、施工、运维及管理的数据化工具。它通过整合项目相关的各种信息，在项目策划、建造、运行和维护的全生命周期过程中进行共享和传递，使工程技术人员对各种建筑信息做出正确的理解和高效的应对，为设计、施工、监理、项目管理团队以及建筑运维单位等各方建设主体提供协同工作的基础。它是建筑智能化的重要载体和应用平台，在提高工程项目生产效率和管理精细化水平、节约成本和缩短工期等方面发挥重要作用。

　　本书作为一本详细介绍 BIM 技术在建设工程项目生产实践中应用的具有导论性质的教材，具有知识性、理论性、实践性、综合性和前沿性的特点。本书在向读者介绍 BIM 技术在工程领域的实践应用时，除了在 BIM 技术的相关理论及知识方面进行总体引导以及必要的介绍以外，还考虑了 BIM 技术在工程建设领域的应用前景及发展趋势。本书既介绍了 BIM 的相关概念、发展历程、应用过程、标准和软件，也介绍了相关的理论、方法，并附有丰富翔实的应用案例。同时，本书配套了相关的视频，读者可扫描书中的二维码观看。

　　本书共分为 9 章，由西安建筑科技大学徐勇戈和高志坚编著，其中第 1 章至第 5 章和第 8 章由徐勇戈编著，第 6 章、第 7 章和第 9 章由高志坚编著。全书由徐勇戈统稿。

　　限于编著者水平，书中不当之处在所难免，衷心希望各位读者给予批评指正。

编著者

2025 年 4 月

目　录

第1章　绪　论 ··· 1

1.1　BIM 的概念 ·· 1

1.2　建筑信息模型与 BIM 技术 ·· 6

复习思考题 ··· 10

第2章　BIM 应用概述 ··· 11

2.1　BIM 在建筑业中的应用 ··· 11

2.2　BIM 在项目全生命周期中的应用 ··· 17

复习思考题 ··· 22

第3章　与 BIM 相关的标准 ·· 23

3.1　BIM 标准概述 ·· 23

3.2　与 BIM 标准相关的基础标准 ·· 23

3.3　分类编码标准 ·· 29

3.4　数据模型 IFC 标准 ··· 34

3.5　过程标准 ·· 37

复习思考题 ··· 42

第4章　BIM 应用的相关软硬件及技术 ··· 43

4.1　BIM 应用的相关硬件及技术 ··· 43

4.2　BIM 应用的相关软件简介 ··· 48

复习思考题 ··· 59

第5章　BIM 实施的规划与控制 ··· 60

5.1　BIM 实施的规划与控制概述 ··· 60

5.2　企业级 BIM 实施规划 ·· 61

5.3　项目级 BIM 实施规划 ·· 66

5.4　BIM 实施过程中的协调与控制 ··· 78

复习思考题 ··· 83

第6章　项目业主方的 BIM 应用 ·· 84

6.1　项目业主方 BIM 应用概述 ·· 84

6.2　项目前期策划阶段业主方的 BIM 应用 ···································· 86

6.3　业主方在其他领域的 BIM 应用 ·· 100

6.4　领导项目中的 BIM 实施 ·· 107

6.5　项目前期策划阶段 BIM 应用案例 ·· 110

复习思考题 ·· 115

第 7 章　项目设计阶段的 BIM 应用 ·· 116

7.1　项目设计阶段 BIM 应用概述 ·· 116

7.2　BIM 技术在设计阶段的介入点 ·· 117

7.3　基于 BIM 的概念设计 ··· 118

7.4　基于 BIM 的协同设计 ··· 123

7.5　基于 BIM 的性能分析 ··· 130

7.6　基于 BIM 的建筑结构设计 ·· 133

7.7　基于 BIM 的给水排水设计 ·· 145

7.8　基于 BIM 的工程算量 ··· 151

7.9　基于 BIM 的管线综合 ··· 159

7.10　项目设计阶段 BIM 应用案例 ··· 163

复习思考题 ·· 169

第 8 章　项目施工阶段的 BIM 应用 ·· 170

8.1　项目施工阶段 BIM 应用概述 ·· 170

8.2　基于 BIM 的深化设计 ··· 172

8.3　基于 BIM 的数字化加工 ·· 177

8.4　基于 BIM 的虚拟施工 ··· 182

8.5　基于 BIM 的进度管理 ··· 186

8.6　基于 BIM 的质量管理 ··· 190

8.7　基于 BIM 的安全管理 ··· 195

8.8　基于 BIM 的成本管理 ··· 200

8.9　基于 BIM 的物料管理 ··· 203

8.10　基于 BIM 的绿色施工管理 ··· 206

8.11　基于 BIM 的工程变更管理 ··· 211

8.12　基于 BIM 的协同工作 ·· 213

8.13　基于 BIM 的竣工交付 ·· 216

8.14　项目施工阶段 BIM 应用案例 ··· 217

复习思考题 ·· 226

第 9 章　项目运维阶段的 BIM 应用 ·· 227

9.1　项目运维阶段 BIM 应用概述 ·· 227

9.2　BIM 在项目运维阶段的应用 ··· 235

9.3　项目运维阶段 BIM 应用案例 ·· 242

复习思考题 ·· 249

参考文献 ·· 250

第1章 绪 论

1.1 BIM 的概念

▷ 1.1.1 BIM 概念的演化与发展

2002 年，美国 Autodesk（欧特克）公司副总裁菲利普·G. 伯恩斯坦（Philip G. Bernstein）首次提出 building information modeling 这个新的建筑信息技术名词术语，于是它的缩写 BIM 也作为一个新术语应运而生。

其实，在术语 BIM 诞生前，计算机的 3D 绘图技术已经日臻完善，建筑信息建模的研究也取得了不少成果，当时专业人士已经可以在计算机上应用参数化技术实现 3D 建模以及将建筑构件的相关信息附加在 3D 模型的构件对象上。这样人们就产生了一种想法，在建筑工程中可以先在计算机上建立起一个虚拟的建筑物，这个虚拟建筑物上的每一个构件的几何属性、物理属性等各种属性和在实际地点要建的真实建筑物具有一一对应的关系（见图 1-1），这个虚拟的建筑物其实就是计算机上附加了建筑物相关信息的建筑 3D 模型，是一个信息化的建筑模型。建筑工程项目的整个设计和施工过程都可以利用这个信息化的建筑模型进行工程分析和科学管理，将设计和施工的各种错误消灭在模型阶段之后再进行真实建筑物的建造，从而尽可能减少错误的发生，保证工期和工程质量。以上这种想法的本质就是应用 BIM 来实现建筑工程项目的高效、优质、低耗。以上做法其实可以延续到建筑物的运维阶段，覆盖建筑物的全生命周期。

在术语 BIM 问世后的最初的一段时间里，人们对 BIM 的认识还比较肤浅，对它产生了各种各样的认识。随着 BIM 应用的不断扩大，人们对 BIM 的认识也就不断深化。

2004 年，Autodesk 公司印发了一本官方教材《欧特克的建筑信息模型》（*Building Information Modeling with Autodesk Revit*）。该教材导言的第一句话就是："BIM 是一个从根本上改变了计算机在建筑设计中的作用的过程。"2005 年，伯恩斯坦在为《信息化建筑设计》一书撰写的序言中这样介绍 BIM，"BIM 是对建筑设计和施工的创新。它的特点是为建设项目的设计和施工建立和使用互相协调的、内部一致的及可运算的信息"。这些都只是涉及 BIM 的特点而没有涉及其本质。从现在的眼光看，当时对 BIM 的认识还比较初步。

随后人们逐渐认识到 BIM 并不是单指 building information modeling，还有 building information model 的含义。2005 年出版的《信息化建筑设计》一书对 BIM 是这样阐述的："建筑信息模型，是以 3D 技术为基础，集成了建筑工程项目各种相关工程数据的模型，是对该工程项目相关信息详尽的数字化表达。建筑信息模型同时又是一种应用于设计、建造、管理的数字化方法，这种方法支持建筑工程的集成管理环境，可以使建筑工程在整个进程中显著提高效率和大量减少风险。"这里分别从 building information model 和 building information

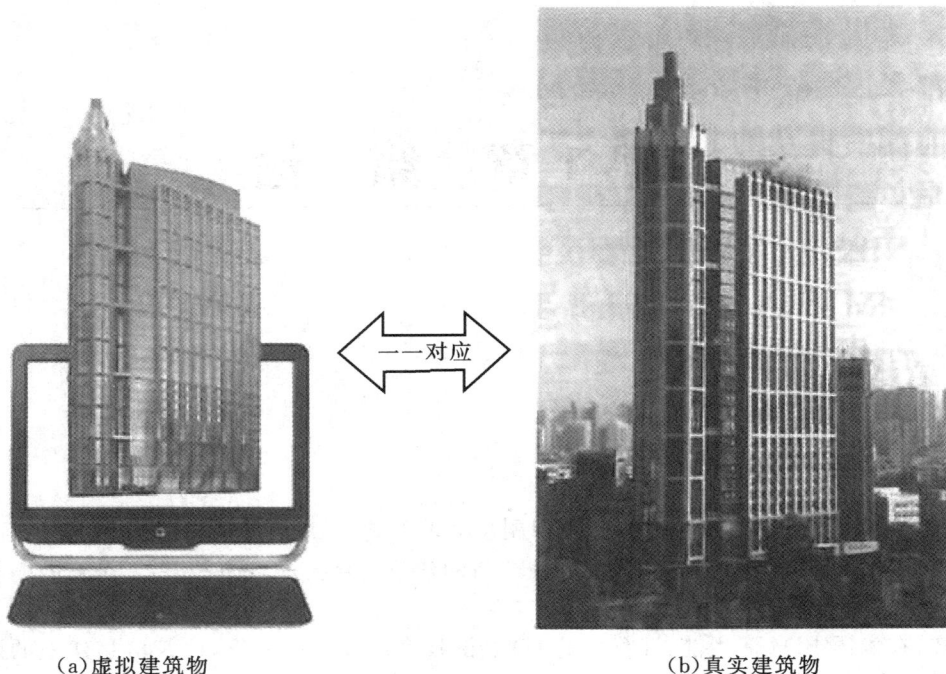

(a)虚拟建筑物　　　　　　　　　　　(b)真实建筑物

图 1-1　虚拟建筑物和真实建筑物的一一对应关系

modeling 两个方面对 BIM 进行阐述,阐述的范围比前面所提及的 BIM 含义扩展了。

随后,美国国家建筑科学研究院(National Institute of Building Sciences,NIBS)在制定美国 BIM 标准(National Building Information Modeling Standard,NBIMS)的过程中曾不定期在网上给出 BIM 的工作定义(working definition)向公众征求意见。其在 2006 年 2 月给出的工作定义是:"一个建筑信息模型,或 BIM,应用前沿的数字技术创建对设施所有的物理和功能特性及其相关项目/生命周期信息的可运算的表达,并在设施的拥有人和管理运行人员使用和维护设施的整个生命周期中作为一个信息的储存库。"这个工作定义显然是从 building information model 的角度阐述 BIM 的。

2007 年 4 月,我国的建筑工业行业标准《建筑对象数字化定义》(JG/T 198—2007)颁布。该标准把建筑信息模型(building information model)定义为:"建筑信息完整协调的数据组织,便于计算机应用程序进行访问、修改或添加。这些信息包括按照开放工业标准表达的建筑设施的物理和功能特点以及其相关的项目或生命周期信息。"

这两个定义虽然表达的文字不尽相同,内容也有不一致的地方,但是两者都明确 building information model 包括建筑设施的物理特性和功能特性的信息,并覆盖建筑全生命周期。

美国总承包商协会(Associated General Contractors,AGC)通过其编制的《BIM 指南》(*The Contractors' Guide to BIM*, *edition 1*)发布了 AGC 关于建筑信息模型的定义:"building information model 是一个数据丰富的、面向对象的、智能化和参数化的关于设施的数字化表示,该视图和数据适合不同用户的需要,从中可以提取和分析所产生的信息,这些信息可用于做出决策和改善设施交付的过程。"该定义强调了应用 BIM 是要把信息用于做出决策支持和改善设施交付的过程。

2007 年年底,《美国国家 BIM 标准(第 1 版)》(*NBIMS US V1*)正式颁布,该标准对 building information model 和 building information modeling 都给出了定义。

其中对前者的定义为:"building information model 是设施的物理和功能特性的一种数字化表达。因此,它从设施的生命周期开始就作为其形成可靠的决策基础信息的共享知识资源。"该定义比起前述的几个定义更加简洁,强调了 building information model 是一种数字化表达,是支持决策的共享知识资源。

而对后者的定义为:"building information modeling 是一个建立设施电子模型的行为,其目标为可视化、工程分析、冲突分析、规范标准检查、工程造价、竣工的产品、预算编制和许多其他用途。"该定义明确了 building information modeling 是一个建立电子模型的行为,其目标具有多样性。

NBIMS US V1 对 building information model 和 building information modeling 给出的定义,简明、准确,得到建筑业界的认同。请注意在这两个定义中,都用到 facility(设施)这个词,这意味着 BIM 的适用范围已超越了单纯的 building(建筑物),可以包含像桥梁、码头、运动场这样的设施。

在 *NBIMS US V1* 颁布之后,不少国家也陆续颁布了有关 BIM 的规范或技术标准,例如,英国颁布的 *AEC(UK) BIM Standard*(《英国建筑业 BIM 标准》)、新加坡颁布的 *Singapore BIM Guide*(《新加坡 BIM 指南》)等。这些标准中都给出了 BIM 的定义,尽管其定义的文字有所不同,但其含义都没有超出美国标准所定义的范围。

值得注意的是,*NBIMS US V1* 的前言中关于 BIM 有一段精彩的论述:"BIM 代表新的概念和实践,它通过创新的信息技术和业务结构,将大大消除在建筑行业的各种形式的浪费和低效率。无论是用来指一个产品——building information model(描述一个建筑物的结构化的数据集),还是一个活动——building information modeling(创建建筑信息模型的行为),或者是一个系统——building information management(提高质量和效率的工作以及通信的业务结构),BIM 是一个减少行业废料、为行业产品增值、减少环境破坏、提高居住者使用性能的关键因素。"

NBIMS US V1 关于 BIM 的上述论述引发了国际学术界的思考。国际上关于 BIM 最权威的机构是建筑智慧国际联盟(building SMART International,bSI),其网站上有一篇文章《用开放的 BIM 不断发展 BIM》(The BIM Evolution Continues with OPEN BIM),该文也发表了类似的观点,这篇文章对"什么是 BIM"是这样论述的:BIM 是一个缩写,代表三个独立但相互联系的功能。building information modelling 是一个在建筑物生命周期内的设计、建造和运营中产生和利用建筑数据的业务过程。BIM 让所有利益相关者有机会通过技术平台之间的互用性同时获得同样的信息。building information model 是设施的物理和功能特性的数字化表达。因此,它作为设施信息共享的知识资源,在其生命周期中从开始起就为决策形成了可靠的依据。building information management 是在整个资产生命周期中,对利用数字原型中的信息实现信息共享的业务流程的组织与控制。其优点包括集中的、可视化的通信,多个选择的早期探索,可持续发展的、高效的设计,学科整合,现场控制等。它使资产的生命周期过程与模型从概念到最终退出都得到有效的发展。

从以上可以看出,BIM 的含义比起它问世时已大大拓展。

结合前面有关 BIM 的各种定义,我们认为,BIM 的含义应当包括三个方面:

(1)BIM 是设施所有信息的数字化表达,是一个可以作为设施虚拟替代物的信息化电子模型,是共享信息的资源,即 building information model(建筑信息模型)。

(2)BIM 是在开放标准和互用性基础之上建立、完善和利用设施的信息化电子模型的行为过程,设施有关的各方可以根据各自职责对模型信息进行插入、提取、更新和修改,以支持设施的各种需要,即 building information modelling(建筑信息模型化)。

(3)BIM 是一个透明的、可重复的、可核查的、可持续的协同工作环境,在这个环境中,各参与方在设施全生命周期中都可以及时联络,共享项目信息,并通过分析信息,做出决策和改善设施的交付过程,使项目得到有效的管理。这也就是 building information management(建筑信息管理)。

在以上三点中,第一点是其后两点的基础,因为第一点提供了共享信息的资源,有了资源才有发展到第二点和第三点的基础;而第三点则是实现第二点的保证,如果没有一个有效工作和管理的环境,各参与方的通信联络以及各自负责的模型的维护、更新工作将得不到保证。而这三点中最为主要的部分就是第二点,它是一个不断应用信息完善模型、在设施全生命周期中不断应用信息的行为过程,最能体现 BIM 的核心价值。但是不管是哪一点,在 BIM 中最核心的东西就是"信息",正是这些信息把三个部分有机地串联在一起,成为一个 BIM 的整体。如果没有了信息,也就不会有 BIM。

1.1.2 BIM 的内涵

如果回溯到 2002 年伯恩斯坦初次提出 BIM 时的本意,当时认为 BIM 就是 building information modeling,BIM 主要应用在建筑设计上,由此可以看出,当时对 BIM 的认识还比较初步。当时不单对 BIM 的认识比较初步,BIM 在应用上也比较粗浅,主要是在建设项目中某一个阶段甚至某一个工序上孤立地应用,例如用于建筑设计、碰撞检查等。因此从这个意义上来说,当时对 BIM 的认识还比较局限,是狭义的 BIM。

而到了今天,BIM 的含义已经大大扩展,如同前面所介绍的那样,BIM 包含了三大方面的内容,其中一个方面就是建筑信息管理。的确,把 BIM 扩展到整个项目生命周期的运行管理,包括设计管理、施工管理、运营维护管理,能够使 BIM 的价值得到巨大提升。BIM 不仅在建设项目全生命周期(纵向)上得到充分应用,而且在应用范围(横向)上也不断扩展,也许从这个范围上来理解 BIM 的广义性会更为合适一些。

BIM 还在不断发展之中,BIM 的应用范围也许更为宽泛,广义 BIM 所覆盖的内容也许更多。现在 BIM 的应用已经超越了建设对象是单纯建筑物的局限,越来越多地应用在桥梁工程、水利工程、城市规划、市政工程、风景园林建设等多个方面。

图 1-2 是 *NBIMS US V1* 中的信息等级关系图,图中给出了 BIM 的适用范围,包含三种类型的设施或建造项目(facility/built):

(1)building,即建筑物,如一般办公楼房、住宅建筑等;

(2)structure,即构筑物,如水塔、水坝、厂房等;

(3)linear structure,即线性形态的基础设施,如道路、桥梁、铁道、隧道、管道等。

从上可以看出,现在 BIM 的覆盖范围大大超出了一般专业规范所覆盖的范围,也说明了 BIM 得到了越来越多其他专业的认同,BIM 的应用领域越来越宽广。

值得注意的是,BIM 的应用已经开始和地理信息系统(geographic information system,GIS)结合起来,两者的结合已经成了 BIM 应用研究的新课题。本来,BIM 要定义的信息是建筑内部的信息,随着应用的发展,也需要一些建筑外部空间的信息以支持进行多种类型的应用分析,例如结构设计需要地质资料信息,节能设计需要气象资料信息,而这些在地球表层(包括大气层)空间中与地理分布有关的数据都可以借助 GIS 得到。反过来,通过与 GIS 的集成,BIM 给 GIS 带来了更多的信息,从而扩展了 GIS 的应用,提升了 GIS 的应用水平。因此 BIM 和 GIS 的结合是一种发展的趋势(见图 1-3)。

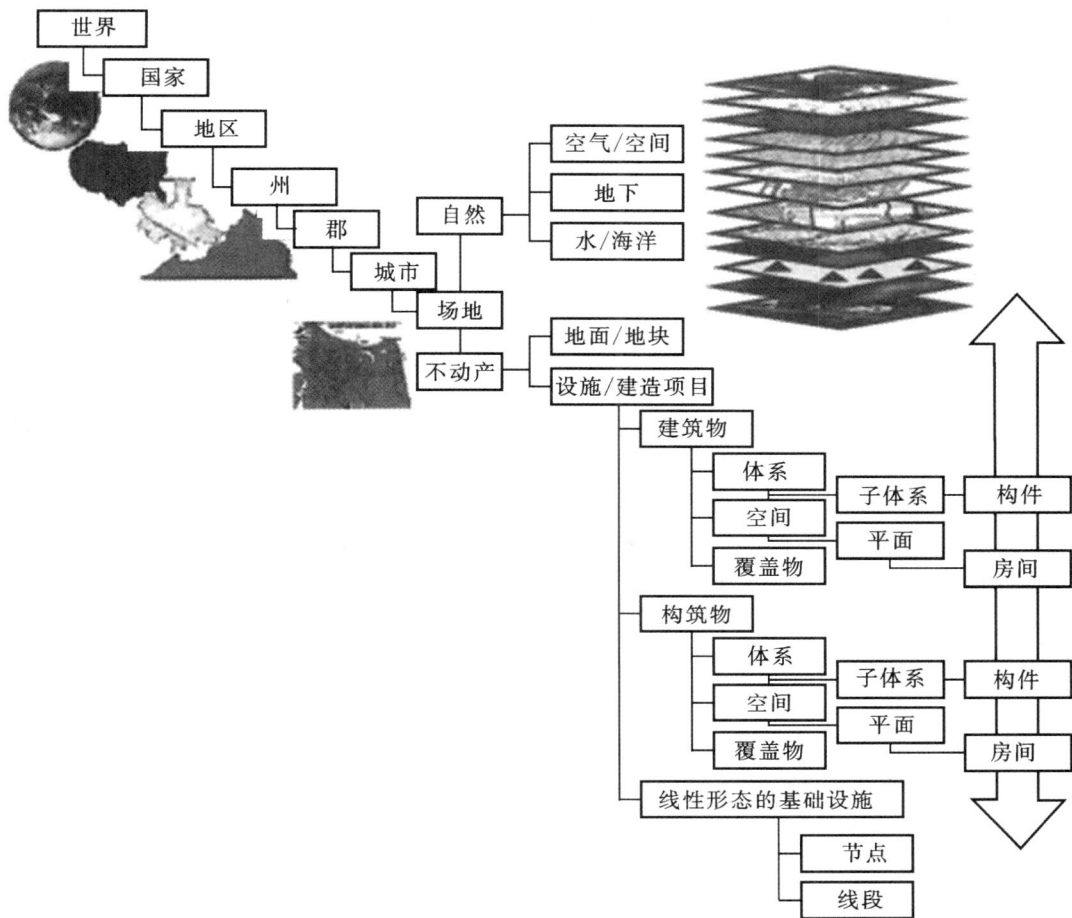

图 1-2 NBIMS 的信息等级关系图

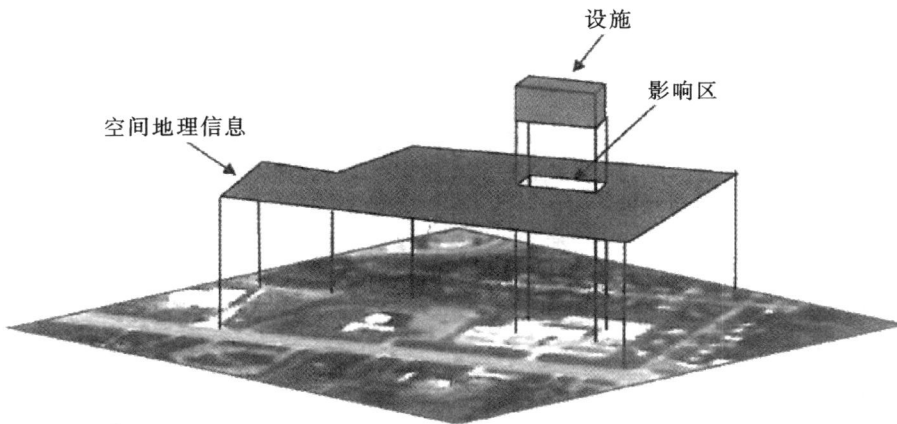

图 1-3 BIM 与 GIS 的关系

随着智能建筑、智慧城市的发展,由于牵涉到设备、构件在设施内的定位,物联网(IoT)与BIM的结合越来越密切。物联网除了在设施的施工阶段被用来管理预制构件外,其更大量的应用是在设施的安装与运营阶段。因此,BIM与物联网的结合将是BIM应用发展的又一个方向。可以想象,BIM与GIS以及物联网的结合,将为智慧城市的发展开辟广阔的前景。

1.2 建筑信息模型与BIM技术

➤ 1.2.1 建筑信息模型的架构

前面已经提及,建筑信息模型是设施所有信息的数字化表达,是一个可以作为设施虚拟替代物的信息化电子模型,是共享信息的资源,也是建筑信息模型化和建筑信息管理的基础。下面具体分析建筑信息模型的架构。

基于IFC模式
的BIM架构

人们常常以为建筑信息模型是个单一模型。如果只是从认知层面上理解,确实可以认为建筑信息模型是一个模型。但到了实际的操作层面,由于项目所处的阶段不同、专业分工不同、实现目标不同等多种原因,项目的不同参与方还必须拥有各自的模型,例如场地模型、建筑模型、结构模型、设备模型、施工模型、竣工模型等。这些模型是从属于项目总体模型的子模型,但规模比项目的总体模型要小,在实际的操作中,这样有利于不同目标的实现。

那么,众多的子模型又是如何构成的呢?如上所说,这些子模型是从属于项目总体模型的,它们是因为各自所处的阶段不同、专业分工不同而形成的不同的子模型,例如机电子模型、给水排水子模型等。无论哪个子模型都是在同一个基础模型上面生成的,这个基础模型包括了这座建筑物最基本的架构:场地的地理坐标与范围、柱、梁、楼板、墙体、楼层、建筑空间等,而专业的子模型就是在基础模型的上面添加各自的专业构件形成的,这里专业子模型与基础模型的关系就相当于一个引用与被引用的关系,基础模型的所有信息被各个子模型共享。

有人会觉得,建筑子模型与基础模型是一回事,但实际上是有区别的。柱、梁、楼板、墙体、楼层、建筑空间好像也属于建筑子模型,这些元素是作为基础模型的元素被建筑子模型引用的,也成了建筑子模型的一部分。建筑子模型还有它专有的组成元素,如门、窗、扶手、顶棚、遮阳板等。同样,基础模型的柱、梁、楼板、墙体、楼层、建筑空间等也被给水排水子模型引用了,它们成了给水排水子模型的一部分。但是给水排水子模型还有它专有的组成元素,如管道、管道连接件、管道支架、水泵等。

所以,建筑信息模型的架构其实有四个层次,最顶层是子模型层,接着是专业构件层,再往下是基础模型层,最底层则是数据信息层(见图1-4)。

建筑信息模型中各层应包括的元素如下:

(1)子模型层包括按照项目全生命周期中的不同阶段创建的阶段子模型,也包括按照专业分工建立的专业子模型;

(2)专业构件层应包括每个专业特有的构件元素及其属性信息,如结构专业的基础构件、给水排水专业的管道构件等;

(3)基础模型层应包括基础模型的共享构件、空间结构划分(如场地、楼层)、相关属性、相关过程(如任务过程、事件过程)、关联关系(如构件连接的关联关系、信息的关联关系)等元素,这里所表达的是项目的基本信息、各子模型的共性信息以及各子模型之间的关联关系;

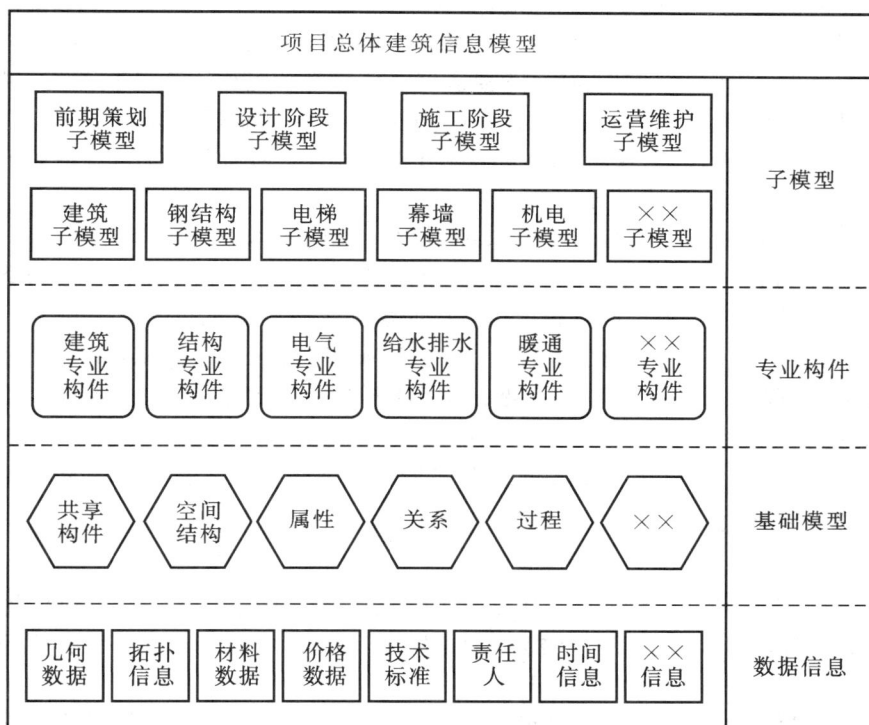

图 1-4 建筑信息模型架构图

（4）数据信息层应包括描述几何、材料、价格、时间、责任人、物理、技术标准等信息所需的基本数据。

这四层全部合成为项目总体建筑信息模型。

以上从认知层面、操作层面分析了建筑信息模型的架构，其实还可以从逻辑的层面来分析建筑信息模型的结构。如果从逻辑的层面上来划分，建筑信息模型的架构其实还是一个包含数据模型和行为模型的复合结构。其行为模型支持创建建筑信息模型的行为，支持设施的集成管理环境，支持各种模拟和仿真的行为。正因为如此，建筑信息模型能够支持日照模拟、自然通风模拟、紧急疏散模拟、施工计划模拟等各种模拟，使得建筑信息模型能够具有良好的模拟性能。

➤ 1.2.2 BIM 技术

1. BIM 技术的概念

BIM 技术是一项应用于设施全生命周期的 3D 数字化技术，它以一个贯穿其生命周期都通用的数据格式，创建、收集该设施所有相关的信息并建立起信息协调的信息化模型作为项目决策的基础和共享信息的资源。

这里有一个关键词"一个贯穿其生命周期都通用的数据格式"，为什么这是关键？因为应用 BIM 想解决的问题之一就是在设施全生命周期中，所有与设施有关的信息只需要一次输入，然后通过信息的流动可以应用到设施全生命周期的各个阶段。信息的多次重复输入不但会耗费大量人力物力成本，而且会增加出错的机会。如果只需要一次输入，又面临如下问题：

设施的全生命周期要经历从前期策划到设计、施工、运维等多个阶段,每个阶段又分为不同专业的多项不同工作(例如,设计阶段可分为建筑创作、结构设计、节能设计等多项,施工阶段可分为场地使用规划、施工进度模拟、数字化建造等多项),每项工作用到的软件都不相同,这些不同品牌、不同用途的软件都需要从建筑信息模型中提取源信息进行计算、分析,提供决策数据给下一阶段计算、分析之用,这样就需要一种对于设施全生命周期各种软件都通用的数据格式以方便信息的储存、共享、应用和流动。

什么样的数据格式能够堪当大任?这种数据格式就是本书后面要介绍的工业基础类(industry foundation class,IFC)标准的格式。目前IFC标准的数据格式已经成为全球不同品牌、不同专业的建筑工程软件之间创建数据交换的标准数据格式。

世界著名的工程软件开发商如 Autodesk、Bentley、Graphisoft(图软)、Gehry Technologies(铿利科技)、Tekla 等为了保证其软件所配置的 IFC 格式的正确性,并能够与其他品牌的软件通过 IFC 格式正确地交换数据,它们都把其开发的软件送到 bSI 进行 IFC 认证。一般认为,软件通过了 bSI 的 IFC 认证标志着该软件产品真正采用了 BIM 技术。

2. BIM 技术的特点

1)操作的可视化

可视化是 BIM 技术最显而易见的特点。BIM 技术的一切操作都是在可视化的环境下完成的,项目人员在可视化环境下进行建筑设计、碰撞检查、施工模拟、避灾路线分析等一系列的操作。

而传统的 CAD(计算机辅助设计)技术,只能提交 2D 的图纸。为了使不懂得看建筑专业图纸的业主和用户看得明白,就需要委托效果图公司出一些 3D 的效果图,达到较为容易理解的可视化方式。如果一两张效果图难以表达得清楚,就需要委托模型公司做一些实体的建筑模型。虽然效果图和实体的建筑模型提供了可视化的视觉效果,但这种可视化手段仅仅限于展示设计的效果,不能进行节能模拟、碰撞检查、施工仿真,总之,不能帮助项目团队进行工程分析以提高整个工程的质量。这种只能用于展示的可视化手段对整个工程项目的运行和管理并未起到实质性的推动和促进作用,究其原因是这些传统方法缺乏信息的支持。

现在建筑物的规模越来越大,空间划分越来越复杂,人们对建筑物功能的要求也越来越高。面对这些问题,如果没有可视化手段,光靠设计师的记忆、分析是不可能的,项目全生命周期中的许多问题在项目团队中也不能够清晰地交流,更不要说深入地分析以寻求合理的解决方案了。BIM 技术的出现为实现可视化操作开辟了广阔的前景,其附带的构件信息(几何信息、关联信息、技术信息等)为可视化操作提供了有力的支持,不但使一些比较抽象的信息(如应力、温度、热舒适性)可以用可视化方式表达出来,还可以将设施建设过程及各种相互关系动态地表现出来。可视化操作为项目团队进行的一系列分析提供了方便,有利于提高生产效率、降低生产成本和提高工程质量。

2)信息的完备性

BIM 是设施的物理和功能特性的数字化表达,包含设施的所有信息,从 BIM 的这个定义就体现了信息的完备性。BIM 包含了设施的全面信息,除了对设施进行 3D 几何信息和拓扑关系的描述外,还包括完整的工程信息的描述。如:对象名称、结构类型、建筑材料、工程性能等设计信息,施工工序、进度、成本、质量以及人力、机械、材料资源等施工信息,工程安全性能、材料耐久性能等维护信息,以及对象之间的工程逻辑关系等。

信息的完备性还体现在创建建筑信息模型行为的过程,在这个过程中,设施的前期策划、设计、施工、运营维护各个阶段都连接了起来,各阶段产生的信息都存储进建筑信息模型中,使得建筑信息模型的信息来自单一的工程数据源,包含设施的所有信息。建筑信息模型内的所有信息均以数字化形式保存在数据库中,以便更新和共享。

信息的完备性使得建筑信息模型能够具有良好的基础条件,支持可视化操作、优化分析、模拟仿真等功能,为在可视化条件下进行各种优化分析(体量分析、空间分析、采光分析、能耗分析、成本分析等)和模拟仿真(碰撞检查、虚拟施工、紧急疏散模拟等)提供了方便的条件。

3)信息的协调性

协调性体现在两个方面:一是在数据之间创建实时的、一致性的关联,对数据库中数据的任何更改,都可以马上在其他关联的地方反映出来;二是在各构件实体之间实现关联显示、智能互动。

这个技术特点很重要。对设计师来说,设计建立起的信息化建筑模型就是设计的成果,至于各种平、立、剖 2D 图纸以及门窗表等图表都可以根据模型随时生成。这些源于同一数字化模型的所有图纸、图表均相互关联,避免了用 2D 绘图软件画图时会出现的不一致现象。在任何视图(平面图、立面图、剖视图)上对模型的任何修改,都视同为对数据库的修改,会马上在其他视图或图表上关联的地方反映出来,而且这种关联变化是实时的。这样就保持了建筑信息模型的完整性和一致性,在实际生产中大大提高了项目的工作效率,消除了不同视图之间的不一致现象,保证项目的工程质量。

这种关联变化还表现在各构件实体之间可以实现关联显示、智能互动。例如,模型中的屋顶是和墙相连的,如果要把屋顶升高,墙的高度就会随即跟着变高。又如,门窗都是开在墙上的,如果把模型中的墙平移,墙上的门窗也会同时平移;如果把模型中的墙删除,墙上的门窗马上也被删除,而不会出现墙被删除了而窗还悬在半空的不协调现象。这种关联显示、智能互动表明了 BIM 技术能够支持对模型的信息进行计算和分析,并生成相应的图形及文档。信息的协调性使得建筑信息模型中各个构件之间具有良好的协调性。

这种协调性为建设工程带来了极大的方便,例如,在设计阶段,不同专业的设计人员可以通过应用 BIM 技术发现彼此不协调甚至引起冲突的地方,及早修正设计,避免造成返工与浪费。在施工阶段,可以通过应用 BIM 技术合理地安排施工计划,保证整个施工阶段衔接紧密、合理,使施工能够高效地进行。

4)信息的互用性(interoperability)

应用 BIM 可以实现信息的互用性,充分保证信息经过传输与交换以后仍保持一致性。

具体来说,实现互用性就是建筑信息模型中所有数据只需要一次性采集或输入,就可以在整个设施的全生命周期中实现信息的共享、交换与流动,使建筑信息模型能够自动演化,避免了信息不一致的错误。在建设项目不同阶段免除 BIM 的互用性对数据的重复输入,可以大大降低成本、节省时间、减少错误、提高效率。

这一点也表明 BIM 技术提供了良好的信息共享环境。BIM 技术的应用不应当因为项目参与方所使用不同专业的软件或者不同品牌的软件而产生信息交流的障碍,更不应当在信息的交流过程中发生损耗,导致部分信息丢失,而应保证信息自始至终的一致性。

实现互用性最主要的一点就是 BIM 支持 IFC 标准。另外,为方便模型通过网络进行传输,BIM 技术也支持可扩展标记语言(extensible markup language,XML)。

正是 BIM 技术这四个特点大大改变了传统建筑业的生产模式,利用建筑信息模型,使建

筑项目的信息在其全生命周期中实现无障碍共享、无损耗传递,为建筑项目全生命周期中的所有决策及生产活动提供可靠的信息基础。BIM技术较好地解决了建筑全生命周期中多工种、多阶段的信息共享问题,使整个项目的成本大大降低、质量和效率显著提高,为传统项目在信息时代的发展展现了光明的前景。

目前,BIM在工程软件界中是一个非常热门的概念,许多软件开发商都声称自己开发的软件采用了BIM技术。到底这些软件是不是使用了BIM技术呢?

对BIM技术进行过非常深入研究的伊斯曼教授等在《BIM手册》中列举了以下四种建模技术不属于BIM技术:

(1)只包含3D数据而没有(或很少有)对象属性的模型。这些模型确实可用于图形可视化,但在对象级别上并不具备智能。它们的可视化做得较好,但对数据集成和设计分析只有很少的支持甚至没有支持。例如,非常流行的SketchUp,它在快速设计造型上显得很优秀,但对任何其他类型的分析的应用非常有限,这是因为在建模过程中没有知识的注入,只有一个欠缺信息完备性的模型,因而不算是BIM技术建立的模型。它的模型只能算是可视化的3D模型而不是包含丰富的属性信息的信息化模型。

(2)不支持行为的模型。这些模型定义了对象,但因为它们没有使用参数化的智能设计,所以不能调节其位置或比例。这带来的后果是需要大量的人力进行调整,并且可导致其创建出不一致或不准确的模型视图。

前面介绍过,BIM的模型架构是一个包含数据模型和行为模型的复合结构。其行为模型支持集成管理环境,支持各种模拟和仿真的行为。在支持这些行为时,需要进行数据共享与交换。不支持行为的模型,其模型信息不具有互用性,无法进行数据共享与交换,不属于用BIM技术建立的模型。因此,这种建模技术难以支持各种模拟行为。

(3)由多个定义建筑物的2D的CAD参考文件组成的模型。由于该模型的组成基础是2D图形,不能确保所得到的3D模型是一个切实可行的、协调一致的、可计算的模型,因此该模型所包含的对象不能够实现关联显示、智能互动。

(4)在一个视图上更改尺寸而不会自动反映在其他视图上的模型。这说明了该视图与模型欠缺关联,反映出模型里面的信息协调性差,这样就会使模型中的错误难以发现。一个信息协调性差的模型,就不能算是BIM技术建立的模型。

目前确有一些号称应用BIM技术的软件使用了上述不属于BIM技术的建模技术,这些软件能支持某个阶段计算和分析的需要,但由于其本身的缺陷,可能会导致某些信息的丢失从而影响到信息的共享、交换和流动,难以支持在设施全生命周期中的应用。

复习思考题

1. 如何理解BIM的概念及其内涵?
2. 建筑子模型与基础模型有什么区别?
3. BIM技术的特点包括哪些方面?
4. 为什么说贯穿项目全生命周期都通用的数据格式是BIM技术的关键?

第2章 BIM 应用概述

2.1 BIM 在建筑业中的应用

➤ 2.1.1 BIM 在建筑业中的地位

1. BIM 技术已成为建筑业的主流技术

下面将从 BIM 技术应用的广度和深度两个方面来说明 BIM 技术已成为建筑业的主流技术。

BIM 技术目前已经在建筑工程项目的多个方面得到广泛的应用(见图 2-1)。其实图 2-1 并未完全反映 BIM 技术在建筑工程实践中的应用范围,美国宾夕法尼亚州立大学的计算机集成化施工研究组(The Computer Integrated Construction Research Program of the Pennsylvania State University)发表的《BIM 项目实施计划指南(第 2 版)》中,总结了 BIM 技术在美国建筑市场上常见的 25 种应用。这 25 种应用跨越了建筑项目全生命周期的四个阶段,即规划阶段(项目前期策划阶段)、设计阶段、施工阶段、运维阶段。

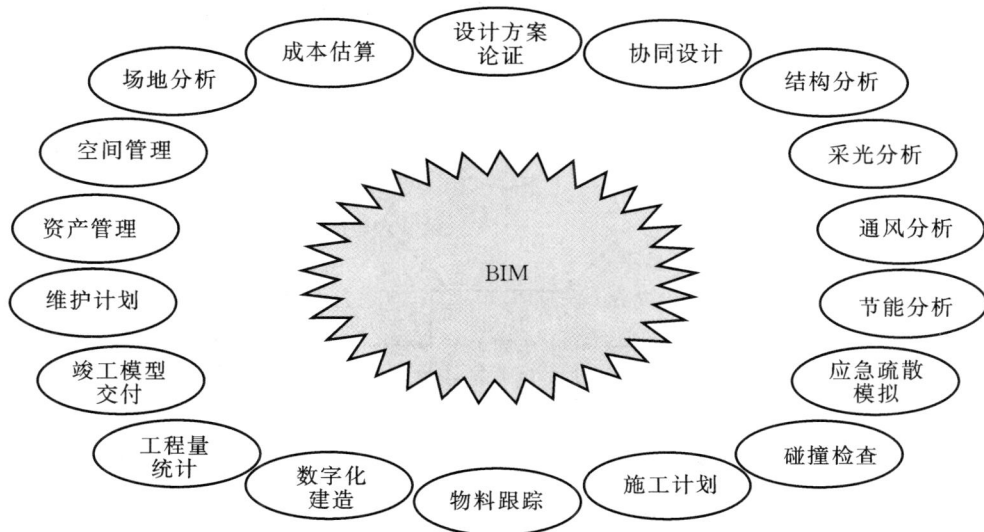

图 2-1 BIM 技术在建筑工程项目多个方面的应用

BIM 技术应用的广度还体现在不只是房屋建筑项目在应用 BIM 技术,在各种类型的基础设施建设项目中,越来越多的项目也在应用 BIM 技术。第 1 章的图 1-2 已经介绍过 BIM 技术在各种类型工程中的应用。其实在桥梁工程、水利工程、铁路交通、机场建设、市政工程、风景园林建设各类工程建设中,都可以找到 BIM 技术应用的范例,并且应用范围有不断扩大的趋势。

BIM 技术应用的广度还包括应用 BIM 技术的人群相当广泛。当然,各类基础设施建设的从业人员是 BIM 技术的直接使用者,但是建筑业以外的人员也有不少需要应用到 BIM 技术。*NBIMS US V1* 的第 2 章列出了与 BIM 技术应用有关的 29 类人员,其中有业主、设计师、工程师、承包商、分包商这些和工程项目有着直接关系的人员,也有房地产经纪人、房屋估价师、贷款抵押银行、律师等服务类的人员和机构,还有法规执行检查、环保、安全与职业健康等政府机构的人员,以及废物处理回收商、抢险救援人员等其他行业相关的人员。由此可以看出,BIM 技术的应用面很宽很广。

除了上面所反映的 BIM 技术应用的广度之外,BIM 技术应用的深度已经日渐被建筑业内的从业人员所了解。在 BIM 技术的早期应用中,人们了解最多的是 BIM 技术的 3D 应用以及可视化。但随着应用的深入发展,人们发现 BIM 技术的能力远远超出了 3D 的范围,可以用 BIM 技术实现 4D(3D+时间)、5D(4D+成本),甚至 nD(5D+各个方面的分析),应用深度达到了较高的水平。

以上充分说明了建筑信息模型已经被越来越多的设施建设项目作为建筑信息的载体与共享中心,BIM 技术也成为提高效率和质量、节省时间和成本的强力工具。

2. 建筑信息模型成为设施建设项目中共同协作平台的核心

以前的建设工程项目之所以会出现设计错误,进而造成返工、工期延误、效率低下、造价上升等现象,其中一个重要的原因就是信息流通不畅和"信息孤岛"的存在。

随着建设工程项目的规模日益扩大,建筑师要承担的设计任务越来越繁重,不同专业的相关人员进行信息交流也越来越频繁,这使得只有在信息充分交换的基础上才能搞好设计。因此,基于 BIM 建立起建筑项目协同工作平台(见图 2-2)不仅有利于信息的充分交流和不同参与方的协商,还可以改变信息交流中的无序现象,实现信息交流的集中管理与信息共享。

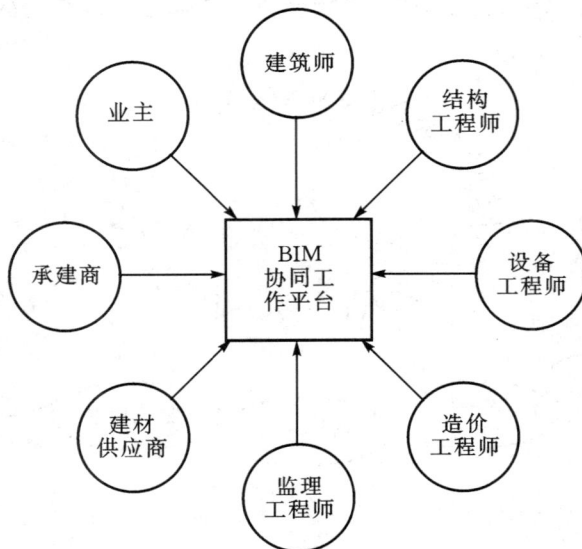

图 2-2 基于 BIM 的建筑项目协同工作平台

在设计阶段,应用协同工作平台可以显著减少设计图中的缺、漏、错、碰等现象,并且加强了对设计过程的信息管理和设计过程的控制,有利于在过程中控制图纸的设计质量,加强了对设计进程的监督,确保了交图的时限。

协同工作平台的应用覆盖从建筑设计阶段到建筑施工、运行维护整个建筑全生命周期。由于建筑设计质量在应用了协同工作平台后显著提高,施工方按照设计执行建造就减少了返工,从而保证了建筑工程的质量,缩短了工期。施工方还可以在这个平台上对各工种的施工计划安排进行协商,做到各工序衔接紧密,消除窝工现象。施工方在这个平台上通过与供应商协同工作,让供应商充分了解建筑材料使用计划,做到准时按质按量供货,减少了材料的积压和浪费。

这个平台还可以在建筑物的运营维护期使用,充分利用平台的设计和施工资料对房屋进行维护,直至建筑全生命周期结束。

3. BIM 已成为主导建筑业进行大变革的推动力

在推广 BIM 的过程中,人们发觉原有建筑业实行了多年的一整套工作方式和管理模式已经不能适应建筑业信息化发展的需要。这些陈旧的组织形式、作业方式和管理模式立足于传统的信息表达与交流方式,所用的工程信息用 2D 图纸和文字表达,信息交流采用纸质文件、电话、传真等方式进行,同一信息需要多次输入,信息交换缓慢,影响到决策、设计和施工的进行。这些有悖于信息时代的工作方式已经严重阻碍建筑业的发展,使建筑业长期处于返工率高、生产效率低、生产成本高的状态,更成为有碍于 BIM 应用发展的阻力。因此,非常有必要在推广应用 BIM 过程中对建筑业来一次大的变革,建立起适应信息时代发展以及 BIM 应用需要的新秩序。

显然,BIM 的应用已经触及传统建筑业许多深层次的东西,包括工作模式、管理方式、团队结构、协作形式、交付方式等方方面面,这些方面不实行变革,将会阻碍 BIM 的深入应用和整个建筑业的进步。随着 BIM 应用的逐步深入,建筑业的传统架构将被打破,一种新的架构将取而代之。BIM 的应用完全突破了技术范畴,已经成为主导建筑业进行大变革的推动力。

4. 推广 BIM 应用已成为各国政府提升建筑业发展水平的重要战略

随着近些年各国对 BIM 的不断推广与应用,BIM 在建筑业中的地位越来越重要,BIM 已经从一个技术名词变成了在建筑业各个领域中无处不在的、可以提高建筑业劳动生产率和建设质量、缩短工期和节省成本的利器。从各国政府发展经济战略的层面来说,BIM 已经成为提升建筑业生产力的主要导向,是开创建筑业持续发展新里程的理论与技术。因此,各国政府正因势利导,陆续颁布各种政策文件、制定相关的 BIM 标准来推动 BIM 在各国建筑业中的应用发展,提升建筑业发展水平。

5. BIM 成为我国实现建筑业信息化的强大推动力

我国建筑业自改革开放开始就大力推广信息技术的应用,20 世纪 90 年代全国轰轰烈烈的"甩掉图板搞设计"的行动,至今记忆犹新。但是一直以来,信息技术都只是在建筑企业不同部门或者不同专业独立应用,彼此之间的资源和信息缺乏综合的、系统的分析和利用,形成了很多"信息孤岛"。再加上企业机构的层次多,造成横向沟通困难,信息传递失真,整个企业的信息技术应用水平低下。虽然很多企业都应用了信息技术,但效率并没有得到有效提高。由此看出,消除"信息孤岛",强化信息的交流与共享,通过对信息的综合应用做出正确的决策,是提高建筑企业信息应用水平和经营水平的关键。多年以来,我国在实现建筑企业信息化的过程中进行了许多探索和努力,目前看来,BIM是实现建筑企业信息化最为合适的载体和关键技术。大力发展BIM的应用,将推动我国建筑企业信息化迈向一个更新、更高的层次。

在最近二十年中,我国建筑业对BIM经历了从初步了解到走向应用的过程,特别在近几年对BIM的应用越来越重视,应用的力度不断加大。在初期,只有一少部分设计人员在应用BIM技术搞设计,目前设计、施工阶段都在应用BIM技术,已经有不少项目在运维阶段也尝试应用BIM技术。成功应用BIM技术的案例日渐增多,特别是一些具有影响力的大型项目。例如,上海中心大厦、胶州湾大桥、广州东塔等在BIM技术应用中取得的成绩,为其他项目应用BIM技术做出了示范。应用BIM技术所带来的好处正在被国内越来越多的建筑从业人员所了解。

BIM技术的应用推广得到了我国政府的重视。在"十一五"期间,科技部就设立了国家科技支撑计划重点项目"建筑业信息化关键技术研究与应用"课题,其中将"基于BIM技术的下一代建筑工程应用软件研究"列为重点开展的研究工作。在"十二五"期间,住房城乡建设部印发的《2011—2015年建筑业信息化发展纲要》中将"加快建筑信息模型(BIM)、基于网络的协同工作等新技术在工程中的应用"列为"十二五"期间发展的重点,这说明了BIM在中国建筑业中的地位显著加强。

住房城乡建设部于2012年1月正式启动了中国BIM标准的制定工作,先后发布了6项有关BIM的工程建设国家标准:《建筑信息模型应用统一标准》(GB/T 51212—2016)、《建筑信息模型施工应用标准》(GB/T 51235—2017)、《建筑信息模型分类和编码标准》(GB/T 51269—2017)、《建筑信息模型设计交付标准》(GB/T 51301—2018)、《制造工业工程设计信息模型应用标准》(GB/T 51362—2019)、《建筑信息模型存储标准》(GB/T 51447—2021)。这些标准有力地指导和规范了BIM的应用。

随着BIM应用的深入,建筑业的传统架构将被一种适应BIM应用的新架构取代,BIM已经成为主导建筑业进行大变革、提升建筑业生产力的强大推动力。

▷ 2.1.2　BIM 应用的评估

在BIM技术的应用中,有一些项目BIM技术应用的覆盖面比较大,也有一些项目只是在某一个工序上应用了一点BIM技术。这些项目都标榜自己应用了BIM技术。究竟该如何判断一个项目是否可以称得上是一个BIM技术项目呢?特别是在当前建筑市场的激烈竞争中,不少建筑公司都会以"掌握BIM技术"作为招牌争取客户,客户亟须有一个客观的评估标准来评估建筑公司应用BIM技术的水平。

再从另一个角度讲,有些用户已经在几个项目上都应用了BIM技术,但总感到应用水平没有显著提高,他们很想找出提高水平的努力方向。那么有什么办法可以对用户的应用水平进行评估,在评估的基础上找出存在的问题和改进的方向?

对BIM应用的评估方法的研究正在发展之中,出现了一些定位不同、策略不同的评估方法。

1. NBIMS 提出的最低 BIM 的概念

针对BIM应用如何评估的问题,NBIMS提出了最低BIM(minimum BIM)的概念。

最低BIM是一个衡量BIM应用是否达到最低水平的标志。至于如何衡量BIM的应用水平,NBIMS 同时也提出了 BIM 能力成熟度模型(BIM capability maturity model,BIM CMM)。用户可应用 BIM CMM 来评价 BIM 的实施水平与改进范围。

2. 能力成熟度模型的概念

BIM CMM 其实是在能力成熟度模型(CMM)的影响下出现的。CMM 的起源应当追溯到 1986 年,美国国防部为降低计算机软件的采购风险,委托卡内基梅隆大学的软件工程研究所对软件承包商的能力评价问题研究"过程成熟度框架",制定软件过程改进、评估模型。该研究所于 1991 年正式推出软件能力成熟度模型 1.0 版。CMM 定义了过程成熟度的五个级别:初始级、可重复级、已定义级、已管理级、优化级。它基于软件过程成熟度级别内容,检验其实践活动,并针对特定需要确定过程改进的优先次序,是一套针对软件过程的管理、评估和改进的模式和方法。

CMM 作为一种评估工具,在两个方面有着广泛的应用:一是用于对软件过程能力成熟度的评估,包括由客户进行的评估以及企业的自我评估;二是企业在评估的基础上,对自身软件过程进行改进,逐步提高软件过程的能力成熟度。CMM 的核心是过程持续改进的系统化方法,指出了软件企业逐步形成一个成熟的、有规律的软件过程所必经的途径,为组织软件过程改进提出了一个循序渐进的、稳步发展的模式。CMM 自问世以来得到了广泛应用,成为衡量软件公司软件开发管理水平的重要参考和软件过程改进事实上的工业标准。

虽然 CMM 诞生在软件工程行业,但在其影响下也有不少行业展开了本行业领域内的能力成熟度模型研究。到目前为止,国际上已经被企业和组织使用的项目管理成熟度模型有 30 多种。

3. NBIMS 提出的 BIM 能力成熟度模型

前面提及最低 BIM 是衡量 BIM 应用是否达到最低水平的标志。一个项目应用 BIM 水平的高低,能否达到最低 BIM 的水平,就交由 NBIMS 参照 CMM 的评估体系而提出的 BIM CMM 来进行评估。

在 BIM CMM 的评价体系中,NBIMS 采用了 11 个评价指标。下面对这 11 个指标的含义进行简单的介绍。

1)数据丰富度(data richness)

建筑信息模型作为建筑的物理特性和功能特性的数字化表达,是建筑的信息共享的知识资源,也是其生命周期中进行相关决策的可靠依据。通过建立起的建筑信息模型,最初那些彼此并无关联的数据,被整合为具有极高应用价值的信息模型,提高了数据的丰富度和完整性,足以支持各种分析的需要。

2)生命周期(lifecycle views)

一个建筑的全生命周期是可以分为很多个阶段的,我们需要的 BIM 应用应当能够发展到覆盖全生命周期的所有阶段,在每一个阶段都应当把来自权威信息源的信息收集整合起来,并用于分析和决策。

3)角色或专业(roles or disciplines)

角色是指业务流程及信息流动中的参与者,信息共享往往涉及不同专业多个信息的提供者或使用者。在 BIM 项目中,我们希望真正的信息提供者提供权威可靠的信息,使各个不同专业在整个业务流程中可以共享这些信息。

4)变更管理(change management)

在实施 BIM 过程中,原有业务流程可能会发生改变。如果发现业务流程有缺陷需要改进,应当对问题的根本原因进行分析(root cause analysis,RCA),然后在分析的基础上调整业务流程。当然,最好通过信息技术基础设施库(information technology infrastructure library,ITIL)的程序来变更管理过程,ITIL 能够对信息管理提供一套最佳的实践方法。

5)业务流程(business process)

在应用 BIM 过程中,如果把数据和信息的收集作为业务流程的一部分,那么数据收集的成本将大为节省。但如果把数据收集作为一个单独的进程,那么数据可能会不准确而且成本会增加。我们的目标是在实时环境中收集和保存数据,维护好数据。

6)及时/响应(timeliness/response)

在 BIM 的实际应用中,对信息的请求最好能做到实时响应,最差的可能是对请求重新创建信息。越接近准确的实时信息,对做好决策的支持力度也就越大。

7)提交方式(delivery method)

信息的提交方式是否安全、便捷也是 BIM 应用是否成功的关键。如果信息仅可用在一台机器上,而其他机器除了通过电子邮件或硬盘拷贝外都不能进行共享,这显然不是我们的目标。如果信息在一个结构化的网络环境中集中存储或处理,那就会实现一些共享。最理想的模型是一个网络中的面向服务的体系结构(service oriented architecture,SOA)的系统。为了保障信息安全,所有阶段都要做好信息保障工作。

8)图形信息(graphical information)

可视化表达是 BIM 技术的主要特点之一,实现可视化表达的主要手段就是图形。从 2D 的非智能化图形到 3D 的智能化图形,再加上能够反映时间、成本的 nD 图形,反映了图形信息由低级到高级的发展。

9)空间能力(spatial capability)

在 BIM 的实际应用中,搞清楚设施的空间位置具有重要意义。建筑物内的人员需要知道避灾逃生的路线,建筑节能设计人员必须知道室外的热量从哪个地方传入室内。最理想的是 BIM 的这些信息和 GIS 集成在一起。

10)信息准确度(information accuracy)

这是一个在 BIM 应用中确保实际数据已落实的关键因素,这意味着实际数据已经被用于计算空间、计算面积和体积。

11)互用性/IFC 支持(interoperability/IFC support)

应用 BIM 的目标之一是确保不同用户信息的互联互通,实现共享,也就是实现互用。而实现互用最有效的途径就是使用支持 IFC 标准的软件。使用支持 IFC 标准的软件保证了信息能在不同的用户之间顺利地流动。

从以上的分析可以看出,BIM 的应用并不只是换个软件来画图这么简单,而是必须顾及这 11 个方面。这 11 个方面全面覆盖了 BIM 应用中信息应当具有的特性,因此在 BIM 应用的评价体系中作为评价指标是合适的。将这 11 个指标不同应用水平的衡量综合起来就可以对 BIM 应用水平的高低进行评价了。

2.2　BIM 在项目全生命周期中的应用

▷ 2.2.1　BIM 在项目前期策划阶段的应用

项目前期策划阶段对整个建筑工程项目的影响是很大的。只有前期策划做得好，随后进行的设计、施工才会进展顺利；而前期策划做得不好，将会对后续各个工程阶段造成不良的影响。美国 HOK 建筑师事务所前首席执行官(CEO)帕特里克·麦克利米(Patrick MacLeamy)提出了具有广泛影响的麦克利米曲线(MacLeamy curve)(见图 2-3)，清楚地说明了项目前期策划阶段的重要性以及实施 BIM 对整个项目的积极影响。

图 2-3 分析了项目的生命周期进程中相关事物跟随时间的一些变化趋势。图中的曲线 1 代表了影响成本和功能特性的能力，它表明在项目前期阶段的工作对成本、建筑物的功能的影响力是最大的，越往后这种影响力就越小。而曲线 2 则代表了设计变更的费用，它的变化显示了在项目前期改变设计所花费的费用较低，越往后期费用就越高。这也与潜在的项目延误、浪费和增加交付成本有着直接的关联。

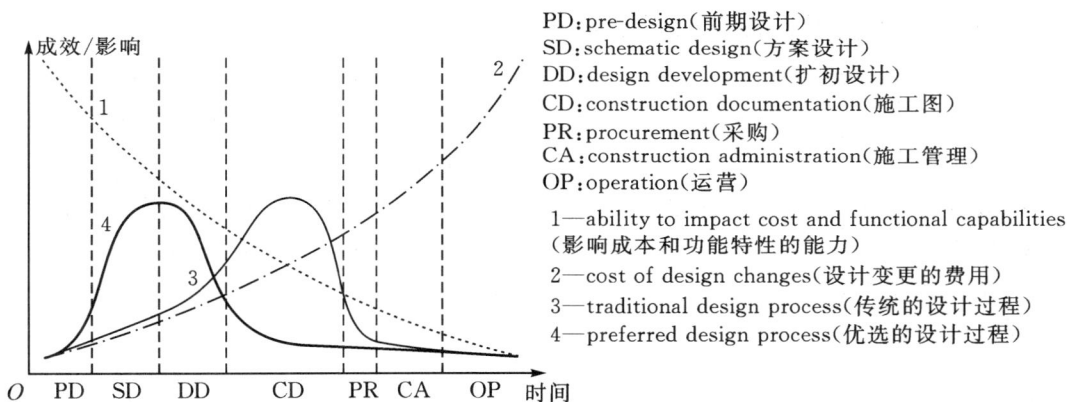

PD：pre-design(前期设计)
SD：schematic design(方案设计)
DD：design development(扩初设计)
CD：construction documentation(施工图)
PR：procurement(采购)
CA：construction administration(施工管理)
OP：operation(运营)

1—ability to impact cost and functional capabilities
(影响成本和功能特性的能力)
2—cost of design changes(设计变更的费用)
3—traditional design process(传统的设计过程)
4—preferred design process(优选的设计过程)

图 2-3　麦克利米曲线

出于上述原因，在项目的前期就应当及早应用 BIM 技术，使项目所有利益相关者能够尽早共同参与项目的前期策划，让每个参与方都可以及早发现各种问题并做好协调，以保证项目的设计、施工和交付能顺利进行，减少各种不必要的浪费和延误。

BIM 技术应用在项目前期的工作有很多，包括现状建模与模型维护、场地分析、成本估算、阶段规划、规划编制、建筑策划等。

现状建模包括根据现有的资料把现状图纸导入基于 BIM 技术的软件中，创建出场地现状模型，包括道路、建筑物、河流、绿化以及高程的变化起伏，并根据规划条件创建出本地块的用地红线及道路红线，并生成面积指标。

在现状模型的基础上根据容积率、绿化率、建筑密度等建筑控制条件创建工程的各种建筑体块方案，创建体量模型，做好总图规划、道路交通规划、绿地景观规划、竖向规划及管线综合规划，然后就可以进行概念设计，建立起初步的建筑信息模型。

根据项目的经纬度，借助相关的软件采集此地的太阳及气候数据，并基于建筑信息模型数据利用相关的分析软件进行气候分析,对方案进行环境影响评估,包括日照环境影响、风环境影响、热环境影响、声环境影响等的评估。某些项目还需要进行交通影响模拟。

在项目前期的策划阶段,不可忽略的一项工作就是投资估算。对于应用 BIM 技术的项目,由于 BIM 技术强大的信息统计功能,在方案设计阶段,能够获取较为准确的土建工程量,既可以直接计算项目的土建造价,大大提高估算的准确性,还可以提供对方案进行补充和修改后所产生的成本变化。这可用于不同方案的对比,快速得出成本的变动情况,权衡出不同方案的造价优劣,为项目决策提供重要而准确的依据。这个过程也使设计人员能够及时看到设计上的变化对成本的影响,可以帮助抑制项目修改引起的预算超支。

由于 BIM 技术在投资估算中是通过计算机自动处理烦琐的计算工作的,这就大大减轻了造价工程师的计算工作量,造价工程师可以利用节省下来的时间从事更具价值的工作,如确定施工方案、评估风险等,这些工作对于编制高质量的预算非常重要。专业的造价工程师能够细致考虑施工中许多节省成本的专业问题,从而编制出精确的成本预算。

最后就是阶段性实施规划和设计任务书编制。设计任务书应当体现出应用 BIM 技术的设计成果,如建筑信息模型、漫游动画、管线碰撞报告、工程量及经济技术指标统计表等。

➤ 2.2.2 BIM 在项目设计阶段的应用

从 BIM 的发展历史可知,BIM 最早的应用就是在建筑设计方面。BIM 在建筑设计方面的应用范围很广,无论在设计方案论证,还是在设计创作、协同设计、建筑性能分析、结构分析,以及绿色建筑评估、规范验证、工程量统计等许多方面都有广泛的应用。

BIM 为设计方案的论证带来了很多的便利。由于 BIM 的应用,传统的 2D 设计模式已被 3D 模型所取代,3D 模型所展示的设计效果十分方便评审人员、业主和用户对方案进行评估,甚至可以就当前的设计方案讨论可施工性、削减成本和缩短工期等问题,经过审查最终为修改设计提供可行的方案。BIM 是用可视化方式进行的,可获得来自最终用户和业主的积极反馈,使决策的时间大大减少。

设计方案确定后就可深化设计,BIM 技术继续在后续的建筑设计中发挥作用。由于基于 BIM 的设计软件以 3D 的墙体、门、窗、楼梯等建筑构件作为构成建筑信息模型的基本图形元素,因此整个设计过程就是不断确定和修改各种建筑构件的参数,全面采用可视化的参数化设计方式进行设计的,而且建筑信息模型中的构件实现了数据关联、智能互动。所有的数据都集成在建筑信息模型中,其交付的设计成果就是建筑信息模型。至于各种平、立、剖 2D 图纸都可以根据模型随意生成,各种 3D 效果图、3D 动画的生成也是这样。这就为生成施工图和实现设计可视化提供了方便。由于生成的各种图纸都来源于同一个建筑模型,因此所有的施工图和图表都是相互关联的,同时这种关联互动是实时的。在任何视图上对设计做出的任何更改,就等同于对模型的修改,立即可以在其他视图上关联的地方反映出来。这就从根本上避免了不同视图之间出现的不一致现象。

BIM 技术为实现协同设计开辟了广阔的前景,使不同专业的甚至身处异地的设计人员都能够通过网络在同一个模型上展开协同设计,使设计能够协调地进行。

以往应用 2D 绘图软件进行建筑设计,平、立、剖各种视图之间不协调的问题时有发生,即使花了大量人力物力进行审查,仍然不可能全部改正不协调的问题。有些问题只有到了施工过程才能发现,给材料、成本、工期造成了很大的损失。应用 BIM 技术后,通过协同设计和可视化分析就可以及时解决上述设计中的不协调问题,保证了施工的顺利进行。例如,应用 BIM 技术可以检查建筑、结构、设备平面图布置有没有冲突,楼层高度是否适宜;楼梯布置与其他设计布置是否协调;建筑物空调、给水排水等各种管道布置与梁柱位置有没有冲突和碰撞,所留的空间高度、宽度是否恰当等。这就避免了使用 2D 的 CAD 软件进行建筑设计时容易出现的不同视图、不同专业设计图不一致的现象。

除了做好设计协调之外,建筑信息模型中包含的建筑构件的各种详细信息,可以为建筑性能分析(节能分析、采光分析、日照分析、通风分析等)提供条件,而且这些分析都是可视化的。这样就为绿色建筑、低碳建筑的设计,乃至建成后进行的绿色建筑评估提供了便利。这是因为建筑信息模型中包含了用于建筑性能分析的各种数据,同时各种基于 BIM 的软件提供了良好的交换数据功能,只要将模型中的数据通过诸如 IFC、gbXML(绿色建筑可扩展标记语言)等交换格式输入相关的分析软件中,很快就会得到分析结果,为设计方案的最后确定提供了保证。

建筑信息模型中信息的完备性也大大简化了设计阶段对工程量的统计工作。模型中每个构件都与建筑信息模型数据库中的成本项目是相关的,当设计师在建筑信息模型中对构件进行变更时,成本估算会实时更新,设计师随时可以了解到更新的估算信息。

以前应用 2D 的 CAD 软件进行设计,由于绘制施工图的工作量很大,建筑师无法花很多的时间对设计方案进行精心推敲,否则就没有足够时间绘制施工图以及进行后期的调整。而应用 BIM 技术后,建筑师能够把主要的精力放在建筑设计的核心工作——设计构思和相关的分析上。只要完成了设计构思,确定了建筑信息模型的最后构成,就可以根据模型生成各种施工图。此外,由于建筑信息模型具有良好的协调性,只需要较少的时间就可以完成施工图及后期的调整(见图 2 - 4),设计质量也得到明显的提高。

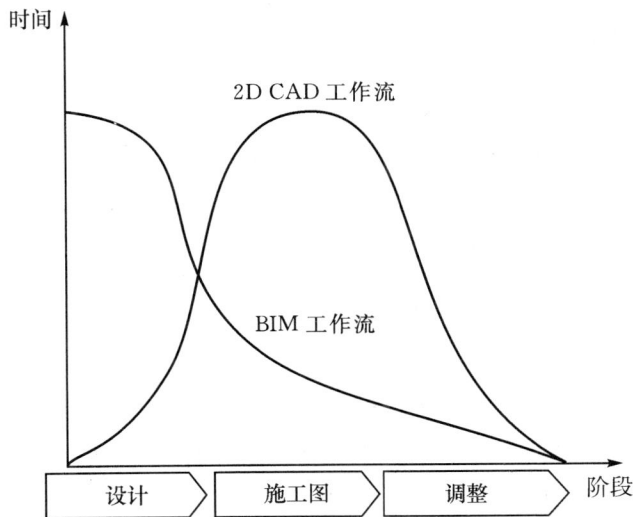

图 2 - 4　2D CAD 工作流与 BIM 工作流对比示意图

工程量统计以前是一个需要人工读图、逐项计算的体力活,要耗费大量的人员和时间。应用 BIM 技术后,可以从建筑信息模型中快速、准确地提取数据并得到准确的工程量计算结果,从而极大地提高了工作效率。

➢ 2.2.3　BIM 在项目施工阶段的应用

根据有关统计,2011 年我国建筑业产值利润率仅为 3.6％。究其原因应当是多方面的,但其中的一个重要原因,就是建筑业的企业管理落后,生产方式陈旧,导致错误、浪费不断,返工、延误常见,劳动生产率低下。

从图 2-3 也可以看出,到了施工阶段,对设计的任何改变所产生的成本都是很高的。如果不在施工前解决设计存在的问题,整个项目就需要付出高昂的代价。如果没有科学、合理的施工计划和施工组织安排,也需要为造成的窝工、延误、浪费付出额外的费用。

根据以上的分析,施工企业对于应用新技术、新方法来减少错误、浪费,消除返工、延误,从而提高劳动生产率和利润的积极性是很高的。生产实践也证明,BIM 在施工中的应用可以为施工企业带来巨大价值。

事实上,伴随着 BIM 理念在我国建筑行业内不断地被认知和认可,BIM 技术在施工实践中不断展现其优越性使其对建筑企业的施工生产活动带来极为重要和深刻的影响,并且应用的效果也是非常显著的。

BIM 技术在施工阶段可以有如下多个方面的应用:3D 协调/管线综合、支持深化设计、场地使用规划、施工系统设计、施工进度模拟、施工组织模拟、数字化建造、施工质量与进度监控、物料跟踪等。

BIM 在施工阶段的这些应用,主要有赖于应用 BIM 技术建立起的 3D 模型。3D 模型提供了可视化的手段,为参加工程项目的各方展现了 2D 图所不能给予的视觉效果和认知角度,这就为碰撞检查和 3D 协调提供了良好的条件。同时,可以建立基于 BIM 的包含进度控制的 4D 的施工模型,实现虚拟施工;更进一步,还可以建立基于 BIM 的包含成本控制的 5D 模型。这样就可以有效控制施工安排,减少返工,控制成本,为绿色环保、低碳施工等提供有力的支持。

应用 BIM 技术可以为建筑施工带来新的面貌。

首先,施工企业可以应用 BIM 技术解决一直困扰它的大问题——各种碰撞问题。在施工开始前利用建筑信息模型的 3D 可视化特性对各个专业(建筑、结构、给水排水、机电、消防、电梯等)的设计进行空间协调,检查各个专业管道之间的碰撞以及管道与房屋结构中的梁、柱的碰撞,如发现碰撞则及时调整,这就较好地避免了施工中管道发生碰撞和拆除重新安装的问题。

其次,施工企业可以在建筑信息模型上对施工计划和施工方案进行分析模拟,充分利用空间和资源,消除冲突,得到最优施工计划和方案。特别是在复杂区域应用 3D 的建筑信息模型,直接向施工人员进行施工交底和作业指导,使效果更加直观、方便。

应用建筑信息模型对新形式、新结构、新工艺和复杂节点等施工难点进行分析模拟,可以改进设计方案,实现设计方案的可施工性,使原本在施工现场才能发现的问题尽早在设计阶段就得到解决,以达到降低成本、缩短工期、减少错误和浪费的目的。

BIM 技术还为数字化建造提供了坚实的基础。数字化建造的大前提是要有详尽的数字化信息,而建筑信息模型正是由数字化的构件组成的,所有构件的详细信息都以数字化的形式存放在建筑信息模型的数据库中。而像数控机床这些用作数字化建造的设备需要的就是这些描述构件的数字化信息,这些数字化信息为数控机床提供了构件精确的定位信息,为数字化建造提供了必要条件。通常需要应用数控机床进行加工的构件大多数是一些具有自由曲面的构件,它们的几何尺寸信息和顶点位置的 3D 坐标都需要借助一些算法才能计算出来,这些在 2D 的 CAD 软件中是难以完成的,而在基于 BIM 技术的设计软件中则没有这些问题。

其实,施工中应用 BIM 技术最为令人称道的一点就是对施工实行了科学管理。

BIM 技术与 3D 激光扫描、视频、照相、定位系统、移动通信、射频识别(radio frequency identification,RFID)、互联网等技术的集成,可以实现对现场的构件、设备以及施工进度和质量的实时跟踪。

BIM 技术和管理信息系统的集成,可以有效支持造价、采购、库存、财务等的动态和精确管理,减少库存开支,在竣工时可以生成项目竣工模型和相关文档,有利于后续的运营管理。

BIM 技术的应用大大改善了施工方与其他方面的沟通,业主、设计方、预制厂商、材料及设备供应商、用户等可利用建筑信息模型的可视化特性与施工方进行沟通,提高效率,减少错误。

➤ 2.2.4　BIM 在项目运营维护阶段的应用

建筑物的运营维护阶段,是建筑物全生命周期中最长的一个阶段,这个阶段的管理工作是很重要的。由于建筑物需要长期运营维护,对运营维护的科学安排能够使运维的质量提高,同时也会有效地降低运维成本,从而给管理工作带来全面的提升。

美国国家标准与技术研究院(National Institute of Standards and Technology,NIST)在 2004 年进行了一次调查研究,目的是预估美国重要的设施行业(如商业建筑、公共设施建筑和工业设施)中的效率损失。研究报告指出,根据访谈和调查回复,在 2002 年不动产行业中每年的互用性成本量化为 158 亿美元。在这些费用中,三分之二由业主和运营商承担,这些费用大部分花费在设施持续运营和维护中。除了量化的成本,受访者指出,还有其他显著的效率低下和失去机会的成本相关的互用性问题,超出了分析范围。因此,价值 158 亿美元的成本估算在这项研究中很可能是一个保守的数字。

的确,不少设施管理机构每天仍然在重复低效率的工作:使用人工计算建筑管理的各种费用;在一大堆纸质文档中寻找有关设备的维护手册;花了很多时间搜索竣工平面图但是毫无结果,最后才发现一开始就没收到该平面图。这正是前面说到的因为没有解决互用性问题造成的效率低下。

由此可以看出,如何提高设施在运营维护阶段的管理水平,降低运营和维护的成本问题亟须解决。

随着 BIM 的出现,设施管理者看到了希望。由于 BIM 中携带了建筑物全生命周期中高质量的建筑信息,业主和运营商便可降低缺乏操作性而导致的成本损失。

在运营维护阶段 BIM 可以有如下方面的应用:竣工模型交付,维护计划,建筑系统分析,资产管理,空间管理与分析,防灾计划与灾害应急模拟。

将 BIM 应用到运营维护阶段后,运营维护管理工作将出现新的面貌。施工方竣工后,应对建筑物进行必要的测试和调整,按照实际情况提交竣工模型。由于从施工方那里接收了用 BIM 技术建立的竣工模型,运营维护管理方就可以在这个基础上,根据运营维护管理工作的特点,对竣工模型进行充实、完善,然后以建筑信息模型为基础,建立起运营维护管理系统。

这样,运营维护管理方得到的不只是常规的设计图和竣工图,还能得到反映建筑物真实状况的建筑信息模型,里面包含施工过程记录、材料使用情况、设备的调试记录及状态等与运营维护相关的文档和资料。BIM 能将建筑物空间信息、设备信息和其他信息有机地整合起来,管理人员结合运营维护管理系统可以充分发挥空间定位和数据记录的优势,合理制订运营、管理、维护计划,尽可能降低运维过程中的突发事件。

BIM 可以帮助管理人员进行空间管理,科学地分析建筑物空间现状,合理规划空间的安排确保其充分利用。应用 BIM 可以处理各种空间变更的请求,合理安排各种应用的需求,并记录空间的使用、出租、退租的情况,还可以在租赁合同到期日前设置到期自动提醒功能,实现空间的全过程管理。

应用 BIM 可以大大提高各种设施和设备的管理水平。可以通过 BIM 建立维护工作的历史记录,以便对设施和设备的状态进行跟踪,对一些重要设备的适用状态提前预判,并自动根据维护记录和保养计划提示到期需保养的设施和设备,对故障的设备从派工维修到完工验收、回访等均进行记录,实现过程化管理。此外,建筑信息模型的信息还可以与停车场管理系统、智能监控系统、安全防护系统等系统连接,实行集中后台控制和管理,实现各个系统之间的互联、互通和信息共享,有效地帮助进行更好的运营维护管理。

以上工作都属于资产管理工作,如果基于 BIM 的资产管理工作与物联网结合起来,将能很好地解决资产的实时监控、实时查询和实时定位问题。

基于建筑信息模型丰富的信息,可以应用灾害分析模拟软件模拟建筑物可能遭遇的各种灾害发生与发展过程,分析灾害发生的原因,根据分析制订防止灾害发生的措施,以及制订各种人员疏散、救援支持的应急预案。一旦发生灾害,可以以可视化方式将受灾现场的信息提供给救援人员,让救援人员迅速找到通往灾害现场最合适的路线,采取合理的应对措施,提高救灾的成效。

复习思考题

1. BIM 在项目前期策划阶段的重要性体现在哪些方面?
2. BIM 在项目设计方面的应用包括哪些内容?
3. 在项目施工阶段如何利用 BIM 来提高生产效率?

第3章　与 BIM 相关的标准

3.1　BIM 标准概述

为了在建筑全生命周期的技术及管理工作中有效地利用 BIM 技术，便于有关的技术或管理人员更好地进行信息共享，有必要建立标准，用于规定以下内容：

(1)什么人在什么阶段产生什么信息。例如，在设计阶段，建筑师最开始应该产生什么信息，分发给结构工程师等其他参加者进行初步会签，然后他应该产生什么信息，用于和结构工程师等其他参加者进行正式会签。

(2)信息应该采用什么格式。例如，建筑师在利用应用软件建立用于初步会签的建筑信息后，需要将这些信息保存为某种应用软件提供的格式，还是保存为某种标准化的中性格式，然后分发给结构工程师等其他参加者。

(3)信息应该如何分类。一方面，在计算机中保存非数值信息(例如材料类型)往往需要将其代码化，因此涉及信息分类；另一方面，为了有序地管理大量建筑信息，也需要遵循一定的信息分类。

在这里，BIM 标准被定义为可以直接应用在 BIM 技术应用过程中的标准。BIM 标准可以分为三类，即分类编码标准、数据模型标准及过程标准。其中，分类编码标准直接规定建筑信息的分类，对应于上述的第(3)项；数据模型标准规定 BIM 数据交换格式，对应于上述的第(2)项；而过程标准规定用于交换的 BIM 数据的内容，对应于上述的第(1)项。值得说明的是，在 BIM 标准中，不同类型的应用标准存在交叉使用的情况。例如，在过程标准中，需要使用数据模型标准，以便规定在某一过程中提交的数据必须包含数据模型中规定的哪些类型的数据。

随着 BIM 技术应用的迅速发展，很多国家开始制定本国的 BIM 标准。一些 BIM 标准在编制时遵循了某些基础标准。考虑到我国 BIM 标准编制工作方兴未艾，为照顾读者的兴趣，并便于读者理解 BIM 标准，以下各节首先介绍与 BIM 标准相关的基础标准，然后分别介绍各类 BIM 标准。

3.2　与 BIM 标准相关的基础标准

现有的 BIM 标准的编制过程主要利用了三类基础标准，即建筑信息组织标准、BIM 信息交付手册标准以及数据模型表示标准。在这三类标准中，建筑信息组织标准用于分类编码标准和过程标准的编制，BIM 信息交付手册标准用于过程标准的编制，而数据模型表示标准则用于数据模型标准的编制。

➤ 3.2.1　建筑信息组织标准

该类基础标准规定用于组织建筑信息的框架,主要体现为国际标准化组织(International Standard Organization,ISO)颁布的两个标准,即《建筑施工 建筑信息组织 第2部分:分类框架》(标准号为 ISO 12006-2)和《建筑施工 建筑信息组织 第3部分:面向对象的信息框架》(标准号为 ISO 12006-3)。

一般来说,若无法直接规定,ISO 就给出方法标准,供各国加以遵循,形成内容不同但形式统一的具体标准。例如,建筑信息分类与编码具有较强的本地化倾向,ISO 12006-2 即给出分类方法,各国可遵循该方法编制各自的分类编码标准。这样做的好处是,只要是基于该标准建立的分类编码标准,可以容易地建立不同标准之间的分类编码的映射关系,从而便于实现编码数据在不同分类编码标准之间的自动转化。

1. ISO 12006-2

ISO 12006-2 定义了建筑信息分类框架和一些分类表的定义,而不是分类本身,它适用于有关机构(例如各国的标准机构)编制建筑全生命周期各阶段(包括设计、制造、运维及拆除等)的建筑和土木工程信息分类标准。

ISO 12006-2 最主要的特征可以归结为以下四点:

(1)着眼建筑信息的组织、识别类,并将这些类划分为建造资源、建造过程和建造结果三大类,其逻辑是通过将建造资源运用于建造过程,产生建造结果。建造资源大类所包含的类有建筑产品、建筑工具、建造人员、建筑信息;建造过程大类所包含的类有管理过程、工作过程;建造结果大类所包含的类有建筑实体、建筑复合体、空间、建筑实体部件,其中,建筑实体类可以划分为元素类、设计元素类、工作结果类。

(2)按照每个类的对象属性和特征进行细分类。

(3)依据以上两条,推荐了 17 个分类表(表 A.1 至表 A.17),用于对全部建筑信息进行分类。有的类对应于一个分类表。例如,建造人员按专业进行分类,用表 A.15 来表示,建筑信息按载体类别进行分类,用表 A.16 来表示。而有的类则可按多个特性分类,并对应于多个分类表,例如,建筑实体按形式、功能或用户活动来分类,分别用表 A.1、表 A.2 和表 A.6 来表示。

(4)该标准的附录展示了各表的推荐名称和推荐一级分类标题。例如,表 A.1 的推荐名称为"建筑实体(按形式分)",推荐一级分类标题为:建筑物,铺装/地形,隧道(及其他地下建筑),路堤、挡土墙、大坝、油罐、筒仓等,桥梁、涵洞等,塔、桅、特种结构(非建筑物),管路、管道、缆索。又如,表 A.2 的推荐名称为"建筑实体(按功能或用户活动分)"。

该基础标准的主要用户是建筑信息分类编码标准的编制者,建筑信息分类编码标准的用户也可以参考。具体的建筑信息分类编码标准将在 3.3 节中介绍。

2. ISO 12006-3

ISO 12006-3 定义了与语言无关的数据模型,该数据模型对开发用于保存和提供建筑信息的字典是十分必要的。例如,对于中文"混凝土"这个概念,在实际应用中,有人用"砼",英文是"concrete"。也就是说,对于同一个概念,不同的语言有不同的表达,而即使同一种语言,也可能因为存在同义词,而有一种以上的表达。如果把一个概念在某种语言中的某一种表达作为基准表达,字典的作用就是能够明确一个概念的一种表达对应的基准表达是什么,从而克服信息交流过程中由不同语言和同一语言的同义词引起的沟通障碍。

ISO 12006-3 最主要的特征可以归结为以下四点:

(1)利用面向对象方法来表示数据模型。其中,用"实体"表示面向对象方法中的"类"。数据模型有一个根实体(root entity),由此派生出三个子类型实体,即对象(objects)、集合(collection)和关系(relationship),其中,关系实体用以表示对象实体之间、集合实体之间以及对象实体和集合实体之间存在的关系。三个子类型实体都包含下一层子类型实体,例如,对象实体的子类型实体有主体(subjects)、活动(activities)、参与者(actors)、单位(units)、数值(values)、带单位的度量(measure with units)以及属性(oroperties)。其中,主体和活动代表所描述的事物及过程,其他实体均为描述性实体,用于描述与其他实体,或与本身之间的关系。属性用于存储相关的数据。

(2)根实体都拥有 uniqueID(唯一识别码)、name(名称)、description(描述)、versionID(版本)、version date(版本日期)。这意味着,每个实体,不管它是对象实体、集合实体,还是关系实体,均具有这些属性。显而易见,对应于"混凝土""砼""concrete"等同一概念的不同表达,只需要使它们具有同一个唯一识别码、不同名称。其中,唯一识别码是以二进制 128 位表示的一个数,可利用某一算法来生成,可以保证有足够的数字确保每个概念拥有唯一的识别码。

(3)该数据模型用 EXPRESS 语言表示,为了便于读者直观地理解,同时采用了图形化表示方法——EXPRESS-G。这两种表示方法均由 ISO 10303-11 给出规定,本书将在 3.2.3 小节进行说明。这就给出了该数据模型中包含的各实体的精确定义。这样,产生字典的过程就是产生一个个实体的实例并将它们组织起来的过程。

(4)该数据模型可用 6 个 EXPRESS-G 图表示,分别为:含有根实体的顶层结构图,语言表示、名称和描述图,关系图,特性和度量赋予图,基本类型图,以及数值及外部文档图。由此可以看出该模型包含的主要内容。

该基础标准的主要用户是国际字典框架(International Framework for Dictionaries,IFD)库的编制者,IFD 库的用户也可以参考。具体的 IFD 库将在 3.5 节中介绍。

▶ 3.2.2 BIM 信息交付手册标准

建筑全生命周期的各阶段有多个参与方。按照 BIM 技术的理念,这些参与方可以共享建筑信息模型中的信息。为了支持各参与方在必要时得到必要的信息,有必要规定有关过程、通过每个过程各参与方交付的信息内容,以及各参与方可获得的信息内容。信息交付手册(Information Delivery Manual)标准(简称为 IDM 标准)就用于对此进行具体规定。

作为基础标准,ISO 的《建筑数据模型 信息交付手册 第 1 部分:方法和格式》(标准号 ISO 29481-1)规定了 BIM 信息交付手册标准的编制方法和格式。这里对该标准进行概要介绍。

ISO 29481-1 介绍了识别和描述建设阶段所开展的过程、这些过程执行所需要的信息以及产生的结果。该标准还描述这些信息如何被细化,以便支持建筑信息系统提供商提供的解决方案。

ISO 29481-1 规定,IDM 标准的整体架构如图 3-1 所示,共包含五部分内容。

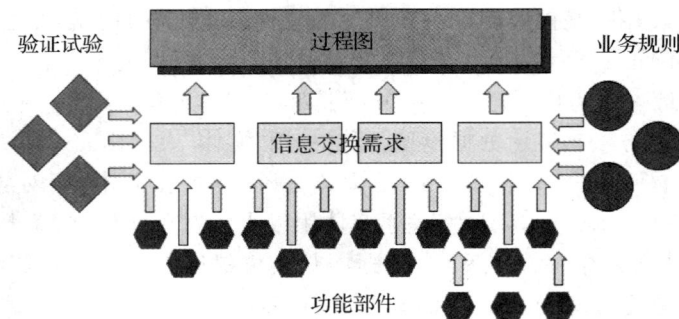

图 3-1 IDM 标准整体架构

(1)过程图(process map):描述特定主题涉及的各活动的开展顺序,参与者的角色,需要的信息,使用的信息以及产生的信息。推荐使用业务流程建模标注方法(business process modeling notation,BPMN)来表示过程图。

(2)信息交换需求(exchange requirements):以建筑师、结构工程师等终端用户能够理解的语言,描述支持主题对应的业务需要交换的信息。

(3)功能部件(functional parts):用于组成信息交换需求的"积木",每一个信息交换需求都由若干功能部件组成,每个功能部件均对应于过程中的一个活动,具体地规定了开展该活动需要交换的信息。一般可以用信息表达大纲(schema)来表示,但从概念上不依赖于特定的大纲形式(如 IFC 大纲 或 XML 大纲)。

(4)业务规则(business rules):描述对特定过程或活动相关信息的限制,如信息的详略程度、精确度、取值范围等。

(5)验证试验(verification tests):用以验证特定的信息系统对 IDM 中规定的信息交换过程的支持程度。

可以看出,在 IDM 标准中,过程图是根基,其他部分都以前一部分为基础,呈现出对信息交换过程的不同深度、不同侧面的要求。

该基础标准的主要用户是具体的 IDM 标准的编制者。另外,相关应用软件的开发者和信息交换过程参与者也可以参考。具体的 IDM 标准将在 3.5 节中介绍。

➤ 3.2.3 数据模型表示标准

用于 BIM 数据模型标准表示的标准主要有 EXPRESS 语言和 XML。

1. EXPRESS 语言

EXPRESS 语言是由国际标准 ISO 10303-11 规定的一种形式化的产品数据描述语言,它提供了对产品数据按面向对象方法进行描述的机制。在数据交换过程中,中性文件中的数据交换模型和标准数据存取界面实现方式中的数据模型都采用 EXPRESS 语言进行描述。

应用 EXPRESS 语言,可以定义或说明数据类型、实体、常量、算法、规则、界面等。其中,实体即面向对象方法中的类,是生成对象使用的模板;而实体说明是应用 EXPRESS 语言的核心内容。

实体说明创建一个实体数据类型,用来表达一类具有共同特性和行为的现实世界中的物

理或概念对象。对象的数据元素用属性来表达,而行为则通过静态约束来表达,其语法为

ENTITY entity_id [subsuper];

⟨explicit_attribute⟩

[derive_clause] [inverse_clause]

[unique_clause]

[where_clause]

END_ENTITY

这里"entity_id"是实体名,"subsuper"的说明反映实体之间的继承关系。实体的属性分为显式属性、导出属性和逆向属性三类。"explicit_attribute"指明实体的显式属性,"derive_clause"指明由显式属性通过某种计算方式得到的属性,"inverse_clause"指明实体之间所属的约束关系。属性定义中的值域可以是基本类型,也可以是另一实体类型。"unique_clause"指明实体的某个或某些属性,其实例必须保持唯一性。"where_clause"指明对实体值域的约束,只有属性满足值域规则中约束的实体实例才属于该实例的值域。

以下举几个实体定义的例子,便于理解实体说明的概要。

ENTITY IfcLine

SUBTYPE OF (IfcCurve)

Pnt:IfcCartesianPoint;

Dir:IfcVector;

WHERE

SameDim:Dir. Dim =Pnt. Dim;

END_ENTITY;

ENTITY IfcCartesianPoint

SUBTYPE OF (IfcPoint);

Coordinates: LIST [1:3] OF IfcLengthMeasure;

DERIVE

Dim: IfcDimensionCount:= HIINDEX(Coordinates);

WHERE

WR1: HIINDEX(Coordinates) >= 2;

END_ENTITY;

ENTITY IfcVector

SUBTYPE OF (IfcGeometricRepresentationItem);

Orientation: IfcDirection;

Magnitude: IfcLengthMeasure;

DERIVE

Dim: IfcDimensionCount:= Orientation. Dim;

WHERE

WR1: Magnitude >= 0. 0;

END_ENTITY

这里定义了实体 IfcLine、IfcCartesianPoint、IfcVector。这些实体定义规定了数据模型中

可包含的数据内容以及结构。如果利用它们建立实际数据模型,需要对这些实体进行实例化。以下给出对应于这些实体定义的数据模型的例子。

```
♯32 = IfcLine(♯29, ♯31);
♯29 = IfcCartesianPoint((0.,0.));
♯31 = IfcVector(♯30,10.);
♯30 = IfcDirection((1.,0.)).
```

这几行实例化语句实际上是关于一条直线段的数据,这条直线段由一个端点和一个由此端点出发的矢量决定。即,行标号♯32表示直线段,其中,行标号♯29表示端点,代表一个笛卡尔坐标点,而行标号♯31代表矢量,而该矢量的方向又是由行标号♯30决定的。这些实例化的语句就是 IFC 文件的主要内容。

2. XML

XML 是 extensible markup language(可扩展标记语言)的缩写,是一种用于标记电子文件使其具有结构性的语言。XML 于 1998 年 2 月 10 日成为万维网联盟(World Wide Web Consortium,W3C)的标准。

XML 的核心特征是将内容与对内容的描述分离,在这里,对内容的描述是指 XML 通过使用标记实现对内容进行规范化的描述。在 XML 文件中,标记是成对使用的,形如"〈XXX〉"表示一个标记的开始,形如"〈/XXX〉"表示该标记的结束。下面以张三向李四发送一条提醒其参加会议的消息为例,向读者简介 XML 文档的使用。

```
〈note〉
〈to〉李四〈/to〉
〈from〉张三〈/from〉
〈heading〉提醒〈/heading〉
〈body〉请准时参加周一早八点的例会〈/body〉
〈/note〉
```

在上面的例子中,"〈note〉"和"〈/note〉","〈to〉"和"〈/to〉","〈from〉"和"〈/from〉","〈heading〉"和"〈/heading〉"以及"〈body〉"和"〈/body〉"是 5 对标记,它们都是对这条消息的描述。标记对"〈note〉"和"〈/note〉"表示夹在其中的内容是一条完整的消息,标记对"〈to〉"和"〈/to〉"表示夹在其中的内容是消息的接收者,标记对"〈from〉"和"〈/from〉"表示夹在其中的内容是消息的发送者,标记对"〈heading〉"和"〈/heading〉"表示夹在其中的内容是消息的标题,标记对"〈body〉"和"〈/body〉"表示夹在其中的内容是消息的正文。

使用标记对内容进行规范化描述前,首先需要定义标记。定义 XML 标记需要使用 XSD,XSD 是 XML schema definition(XML 模式定义)的缩写。下面以对"〈note〉"标记的定义为例,向读者简介 XSD 的使用。

```
〈xs：element name="note"〉
〈xs：complexType〉
〈xs：sequence〉
〈xs：element name="to" type="xs:string"/〉
〈xs：element name="from" type="xs：string"/〉
〈xs：element name="heading" type="xs:string"/〉
```

```
〈xs：element name＝"body" type＝"xs:string"/〉
〈/xs：sequence〉
〈/xs：complexType〉
〈/xs：element〉
```

上例中，"〈xs：element name＝"note"〉"表示定义了名为 note 的标记，"〈xs：complexType〉"表示被定义的 note 标记是复合类型，因为它还包含了"〈to〉""〈from〉""〈heading〉""〈body〉"等四个子标记。这四个标记分别由"〈xs：element name＝"to" type＝"xs：string"/〉""〈xs：element name＝"from" type＝"xs：string"/〉""〈xs：element name＝"heading" type＝"xs：string"/〉"和"〈xs：element name＝"body" type＝"xs：string"/〉"定义，其中，"type＝"xs：string""表示受该标记描述的内容必须是字符串类型，"〈/xs：sequence〉"表示 note 的四个子标记在使用时层级相同。

3.3 分类编码标准

建筑全生命周期涉及大量的信息，有效地存储与利用这些信息是相关参与方降低成本、提高工作效率的关键，而实现信息有效存储与利用的基础是信息分类和代码化。鉴于建筑全生命周期的信息量非常大，种类也非常多，分类编码标准是开展信息分类和代码化工作不可缺少的工具。

信息分类编码包含分类和编码两个部分。分类的目的是甄别具体的信息属于哪个类别。一般来说，分类结果取决于分类角度。例如，对建筑信息可以按材料、构件、使用者分类。编码是给分类后的条目赋予一个唯一代码，其目的是便于计算机处理，因为与实际名称相比，代码更适合计算机处理。在 BIM 技术应用中信息分类编码标准的重要性体现在，它不仅可以用于对 BIM 信息的管理，而且可以用于对 BIM 信息的表示，例如，用分类编码表示建筑构件所采用的材料或施工方法。

建筑信息分类编码标准的编制可以追溯到 20 世纪 60 年代。美国施工规范协会（Construction Specifications Institute，CSI）和加拿大建筑规范协会 1963 年开发的 MasterFormat 标准在北美地区有较大的影响。1989 年，美国建筑师协会（American Institute of Architects，AIA）和美国联邦总务署（General Services Administration，GSA）联合开发了 UniFormat 标准，采用了与 MasterFormat 标准不同的分类角度。国际标准 ISO 12006 - 2 颁布后，美国和加拿大共同开发了 OmniClass 标准，力求涵盖建设项目全方位信息。

OmniClass 标准的建立借鉴了 MasterFormat 标准和 UniFormat 标准。OmniClass 标准已被列入美国国家 BIM 标准作为参考标准。英国建设项目信息学会参考国际标准 ISO 12006 - 2 与 ISO 12006 - 3 开发了 UniClass 分类标准，作为英国的国家 BIM 参考标准。我国目前虽然拥有分类编码标准，但主要是针对建筑产品的建筑产品分类和编码标准与用于清单预算的工程量清单计价规范，还没有形成基于国际标准 ISO 12006 - 2 的分类编码标准，这势必对应用 BIM 技术产生一定的不利影响。

本书重点介绍 OmniClass 标准与我国的分类编码标准。目的是通过对 OmniClass 标准的介绍，使读者了解一个典型的支持 BIM 技术应用的分类编码标准；通过对我国相关分类编码标准的介绍，使读者了解目前应用 BIM 技术时必须支持的分类编码标准，并通过与 OmniClass 标准比较，把握我国相关分类编码标准的发展方向。

➢ 3.3.1 OmniClass 标准

OmniClass 标准是参考国际标准 ISO 12006-2 与 ISO 12006-3 开发的建筑信息分类与编码标准,涵盖了建筑专业全生命周期(包含规划、设计、施工、运维等各阶段)的所有信息(例如建筑原料、建筑过程、建筑产品、建筑专业等)的建筑信息分类与编码方法。

1. OmniClass 标准的主要特征

OmniClass 标准最主要的特征可以归结为以下四点:

(1)依据国际标准化组织制定的基础标准 ISO 12006-2 与 ISO 12006-3,并且借鉴了很多已有的分类体系与标准。OmniClass 标准的建立充分参考了北美目前普遍使用的建筑信息分类与编码标准——MasterFormat 标准与 UniFormat 标准,以减小与现有标准的冲突。即,OmniClass 标准的表 22"工作结果"引用了大量 MasterFormat 标准中的数据与结构,并进行了拓展;表 21"元素"引用了大量 UniFormat 标准中的数据与结构,并进行了拓展。OmniClass 标准也借鉴了英国建筑信息分类与编码标准 UniClass。

(2)涵盖建筑全生命周期的各类信息,主要分为建造资源、建造过程和建造结果三方面,依据描述角度的不同划分为 15 张表,与国际标准 ISO 12006-2 形成对应关系,见表 3-1。例如,OmniClass 标准中表 31"阶段"对建筑项目阶段信息进行了分类和编码(如 31-100000 初始阶段和 31-900000 终止阶段),表 22"工作结果"对建筑全生命周期各项活动所产生的结果信息进行了分类和编码(例如,施工早期的 22-01311913 施工前会议,建筑最终成品 22-064813 建筑外部木门框)。

表 3-1 OmniClass 标准与 ISO 12006-2 标准表的对应

OmniClass 标准	ISO 12006-2 标准
表 11 建筑实体(按功能分类)	表 A.2 建筑实体(按功能或用户活动分类) 表 A.3 建筑复合体(按功能或用户活动分类) 表 A.6 设施(建筑复合体、建筑实体和空间按功能或用户活动分类)
表 12 建筑实体(按形式分类)	表 A.1 建筑实体(按形式分类)
表 13 空间(按功能分类)	表 A.5 空间(按功能或用户活动分类)
表 14 空间(按形式分类)	表 A.4 空间(按围绕层级分类)
表 21 元素	表 A.7 元素(按建筑实体典型的功能分类)
表 22 工作结果	表 A.9 工作结果(按工作类型分类)
表 23 产品	表 A.13 建筑产品(按功能分类)
表 31 阶段	表 A.11 建筑实体全生命阶段(按每阶段中各过程的总体特点分类) 表 A.12 项目阶段(按每阶段中各过程的总体特点分类)
表 32 服务	表 A.10 管理过程(按过程特点分类)

续表

OmniClass 标准	ISO 12006-2 标准
表 33 学科	表 A.15 建筑代理人（按学科分类）
表 34 组织角色	表 A.15 建筑代理人（按学科分类）
表 35 工具	表 A.14 建筑辅助（按功能分类）
表 36 信息	表 A.16 建筑信息（按载体分类）
表 41 材料	表 A.17 属性和特点（按类型分类）
表 49 属性	表 A.17 属性和特点（按类型分类）

（3）针对不同的表格，依据分类对象的属性和特征建立不同的分类规则，对表格内容进行多层次细分。但由于不同表格对建筑项目描述的角度有所差异，各角度涉及的内容划分层次也并不相同，因此 OmniClass 标准中对象的编码层次并不统一。

这里以表 21"元素"为例。该表参照已有分类标准 UniFormat 标准对建筑的组成元素进行了分类与编码，分类依据主要是建筑元素的物理构成关系，层次以 4 层为主。其中表格层按照对象所处表格的编号进行分类和编码（统一为 21），并与第一层通过短横线分隔开；第一层主要按照建筑元素的不同功能粗分为 21-01 下部结构、21-02 客体、21-03 内部等；第二层将建筑元素划分为一些能实现一定功能的实体，例如 21-01 下部结构中用于传递上部荷载的建筑元素划分到 21-01 10 基础这一子类下，用于实现排水的设施则划分到 21-01 60 排水排气这一子类下；第三层和第四层根据功能实体的不同属性特征进行细分，如 21-01 10 基础首先可以分为 21-01 10 10 标准基础和 21-01 10 20 特殊基础，21-01 10 10 标准基础又可以分为 21-01 10 10 10 墙下条形基础和 21-01 10 10 30 柱下独立基础等，如图 3-2 所示。

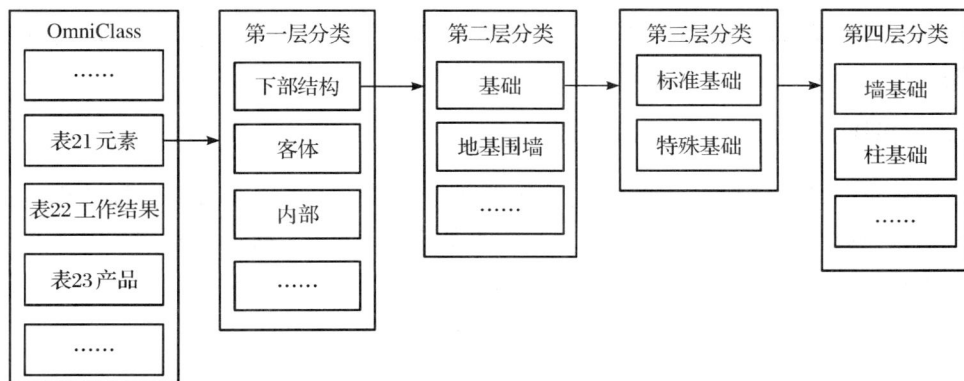

图 3-2   OmniClass 标准表 21"元素"分类结构示意

OmniClass 标准采用纯数字编码方法，表格中每一层次编码由 2 位数字来表示，取值范围为 01～99。例如，22-07 32 19 表示金属屋顶瓦，22 表示表 22，07 32 19 表示表 22 中的具体位置，其中，07 表示第一层分类防水保温，32 表示第二层分类屋顶瓦，19 表示第三层分类金属屋顶瓦，这就唯一地确定了需要表示的对象，如图 3-3 所示。

金属屋顶瓦

22	—	07	32	19

第三层细分：金属屋顶瓦
第二层细分：屋顶瓦
第一层细分：防水保温
表名：表22 工作结果

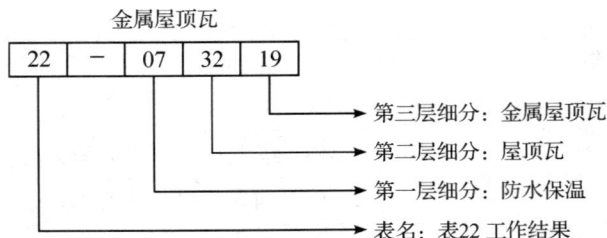

图 3 - 3　OmniClass 标准金属屋顶瓦编码方法

（4）可以通过不同条目的组合来描述更加复杂的对象。OmniClass 标准提供了对象之间的关系符号以表明对象之间的关系，增加了 OmniClass 标准的表达能力。其中，"<"与">"表示从属关系，"/"表示区间，"+"表示合并关系。例如，13 - 15 11 34 11 表示办公空间，11 - 13 24 11 表示医院实体，则 13 - 15 11 34 11<11 - 13 24 11 表示医院中的办公空间。11 - 12 00 00/11 - 12 29 21 表示从 11 - 12 00 00 到 11 - 12 29 21 的所有对象，即所有的教育设施。又如 23 - 30 20 17 21 14+13 - 15 11 34 11 表示用于办公室的窗户。

2. OmniClass 标准的应用

OmniClass 标准在国外实际项目中有着广泛的应用。

（1）该标准用于信息的组织、保存，便于建筑信息的利用。

（2）该标准用于数据库建设。以代码代替类别名称保存在数据库中，以便用计算机进行高效处理。

（3）该标准用于成本估算。利用该标准提供的详细分类，组织工程量信息及成本信息，不仅提供了一个容易理解的框架，也使估算者避免疏漏。

OmniClass 标准通过对建筑全生命周期所有信息进行有序的分类和唯一的编码，为建筑项目不同阶段、不同参与方之间的信息交互奠定了基础。

3.3.2　我国的相关分类编码标准

参考国际已有的分类编码标准，结合我国基本国情，我国先后颁布了针对建筑产品的建筑产品分类和编码标准与用于工程计价的工程量清单计价规范及其配套使用的各专业工程工程量计算规范，作为我国的建筑专业分类编码标准。这些标准的现行标准分别是《建筑产品分类和编码》(JG/T 151—2015)、《建设工程工程量清单计价规范》和各专业工程工程量计算规范（如《房屋建筑与装饰工程工程量计算规范》）。

1.《建筑产品分类和编码标准》

我国在参照 MasterFormat 标准并考虑我国实际情况的基础上，通过多次试行与再调整，开发了我国建筑产品分类标准——《建筑产品分类和编码标准》作为行业标准。

《建筑产品分类和编码标准》规定了建筑产品分类和编码的基本方法并给出了编码结构类目组成及其应用规则，主要适用于建筑小区建设和使用全过程中所涉及的各种建筑产品的信息管理和交流，可作为各类建筑产品数据库建库和档案管理中分类和编码的依据。

（1）建筑产品宜分为结构类产品、建筑类产品、机电类产品和人防类产品四种类型。

（2）类目包含有大类类目、中类类目、小类类目和细类类目四种类型。其中，大类类目应为建筑产品的专业分类信息。大类类目将结构类产品按材料分为 5 个大类,建筑类产品按用途分为 12 个大类,机电类产品按用途分为 24 个大类,人防类产品按用途分为 1 个大类。中类类目是大类类目的细化,小类类目是中类类目的细化,细类类目是小类类目的细化。

(3)建筑产品编码由大类代码、中类代码、小类代码和细类代码组成。编码应采用数字编码方式,每个层级采用 2 位数字,表示到小类,各层级代码间加"."。当需要表示到细类时,细类编码应在小类编码末尾增加 2 位数字,并在 2 位数字前加"."。大类编码应由 6 位数字表示,6 位数字的前两位表示大类代码,其余四位用零补充,例如:03.00.00。中类编码由大类类目代码加中类代码,最后两位用零补齐,例如:03.10.00。小类编码由大类代码、中类代码与小类代码 6 位数字组成,小类代码由中类代码后面的两位数字表示,例如:03.10.10。细类编码在小类编码后增加 2 位数字表示,细类编码由大类代码、中类代码、小类代码与细类代码构成,并在细类代码之前加".",例如:03.10.10.10。

2.《建设工程工程量清单计价规范》

2003 年 7 月 1 日,我国颁布实施了《建设工程工程量清单计价规范》(GB 50500—2003),标志着我国清单计价模式的确立。随后,根据我国建筑业发展的实际需要,我国又分别颁布实施了 2008 年版的《建设工程工程量清单计价规范》(GB 50500—2008)、2013 年版的《建设工程工程量清单计价规范》(GB 50500—2013)及 2024 年版的《建设工程量清单计价规范》(GB 50500—2024)(2025 年 9 月 1 日起实施)。工程量清单计价是一种"量价分离"的计价模式,建设单位先统一编制工程量清单,招投标单位再依据工程量清单结合单位自身能力进行综合报价。建设工程工程量清单计价规范是工程量计算的依据,规定了建筑项目工程量计算对象的分类方法与编码标准。

《建设工程工程量清单计价规范》(GB 50500—2024)和与之配套使用的各专业工程工程量计算规范[如《房屋建筑与装饰工程工程量计算规范》(GB 50854—2024)]的主要特征可以归纳为以下两点:

(1)根据我国建设项目实际情况从材料、工种等的角度对建筑工程进行了分部分项划分,将其划分至可以作为独立计价单元的层次,即清单项目。工程量清单的项目编码应采用 12 位阿拉伯数字表示。

(2)依据建筑工程对象的特点不同,分别从 5 个层次对工程项目进行了细分和编码,即专业工程层(比如房屋建筑与装饰工程、通用安装工程等)、附录顺序层(比如土石方工程、混凝土及钢筋混凝土工程等)、分部工程层(比如现浇混凝土柱、预制混凝土梁等)、分项工程层(比如带形基础、钢屋架等)和清单项目层,并定义了 12 位编码对各层次进行分类编码。例如,根据其所属专业,可将工程项目首先划分为 01 房屋建筑与装饰工程、02 仿古建筑工程、03 通用安装工程、04 市政工程、05 园林绿化工程等。其中,针对 01 房屋建筑与装饰工程,又根据附录顺序,可以划分为 0101 土石方工程、0102 地基处理与边坡支护工程、0103 桩基工程、0104 砌筑工程、0105 混凝土及钢筋混凝土工程等,而 0105 混凝土及钢筋混凝土工程按分部工程又划分为 010501 基础及楼地面垫层、010502 现浇混凝土构件、010503 一般预制混凝土构件等,010502 现浇混凝土构件依据其所属分项工程划分为 010502001 独立基础、010502002 条形基础和 010502003 筏形基础等。

工程造价人员还可以对上述分类再进行细化。例如,依据 010502001 独立基础的清单项目名称和项目特征(如混凝土种类等)进行细化分类。

《建设工程工程量清单计价规范》和各专业工程工程量计算规范在我国的应用是强制性的,即所有的工程都需要按规范计算工程量,组织招投标。

《建筑产品分类和编码标准》及《建设工程工程量清单计价规范》在 BIM 项目中可以广泛利用,例如,BIM 项目中涉及建筑产品的数据可以根据《建筑产品分类和编码标准》进行分类和存储。例如,运用数据库进行装配式建筑预制部品的数据存储时,可以参考《建筑产品分类和编码标准》中大类、中类、小类和细类目之间层级关系,进行数据表结构与表之间关系的设计。

利用 BIM 技术开发符合我国规范的自动成本预算软件时,可以依据《建设工程工程量清单计价规范》建立清单规则库,以指导 BIM 信息分类编码。

3.4　数据模型 IFC 标准

➤ 3.4.1　IFC 标准概述

IFC 标准是开放的建筑产品数据表达与交换的国际标准,其中,IFC 是 industry foundation class 的缩写。IFC 标准由国际协同工作联盟(International Alliance for Interoperability,IAI)制定并维护。该组织目前已改名为 buildingSMART International (bSI)。IFC 标准可被应用在从勘察、设计、施工到运维的工程项目全生命周期中,每个项目阶段都有支持 IFC 标准的应用软件。所有宣布支持 IFC 标准并已经通过 bSI 认证的商业软件的名单已经公布在该组织的官方网站上。

BIM 的 IFC 标准

IAI 自 1997 年 1 月发布 IFC 1.0 版以来,它又分别在 1998 年 7 月发布 IFC 1.5.1 版,在 2000 年 7 月发布 IFC 2×2 版,在 2006 年 2 月发布 IFC 2×3 版。2013 年 3 月,bSI 组织发布了 IFC 4 版。本节针对 IFC 4 版进行介绍。

与前四个主要版本的 IFC 标准相比,IFC 4 版在参数化设计方面强化了对 NURBS(non-uniform rational B-spline,非均匀有理 B 样条)曲线和曲面等复杂几何图形的支持,增加了 IFC 扩展流程模型、IFC 扩展资源模型和约束模型。另外,MVD(model view definition,模型视图定义)已经被正式确定为 IFC 标准的一部分,并使用 mvdXML 格式(基于 XML 的 MVD 描述格式)实现了在计算机可读与在文档中人工可读的双重可读性。同时,bSI 组织还为其提供了 IFC-DOC 工具,用于自动生成相关文档。

IFC 标准采用面向对象方法进行描述,其中类被称作实体,其他概念的含义与在面向对象设计方法中相同。IFC 标准的体系架构如图 3-4 所示。IFC 标准的体系架构由四个层次构成,从下到上分别是资源层(resource layer)、核心层(core layer)、共享层(interoperability layer)和领域层(domain layer)。每层都包含一系列信息描述模块(图中的几何形状),每个信息描述模块包含了对实体、类型及属性集等的定义。在定义中遵循如下规则:每个层次只能引用同层次和下层的信息资源,而不能引用上层资源;当上层资源发生变动时,下层资源不受影响。IFC 4 版包含 766 个实体,391 个类型(59 个选择类型,206 个枚举类型,126 个定义类型),以及 408 个预定义属性集(相对于预定义属性集,IFC 标准允许用户自己定义属性集)。

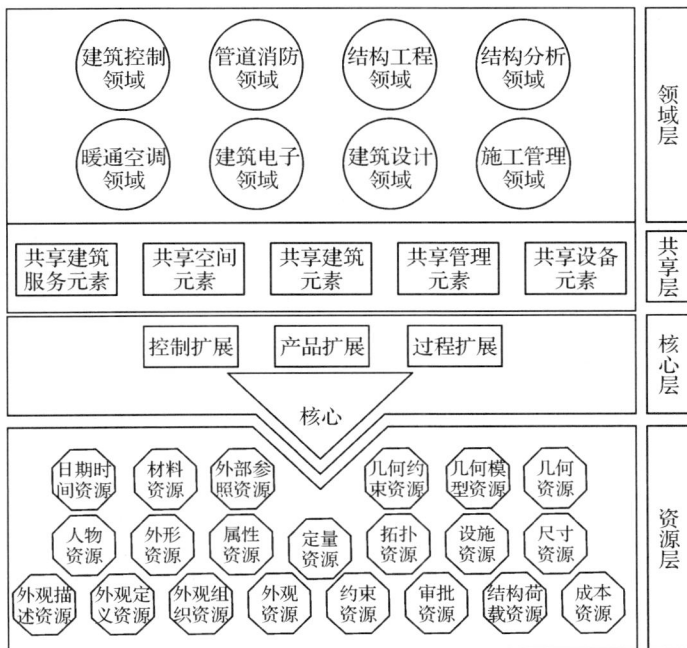

图 3-4 IFC 标准的体系架构

➤ 3.4.2 IFC 标准体系架构

IFC 标准体系架构由以下四个方面的内容组成。

(1)资源层：IFC 标准体系架构中的最低层，可以被其他三层引用，主要描述 IFC 标准需要使用的基本信息，不针对具体专业。这些信息是无整体结构的分散信息，主要包括材料资源信息、几何约束资源信息和成本资源信息等。

(2)核心层：IFC 标准体系架构的第二层，可以被共享层与领域层引用，主要提供数据模型的基础结构与基本概念，将资源层信息组织成一个整体，用来反映建筑物的实际结构。该层包括核心、控制扩展、产品扩展和过程扩展四个组成部分。

(3)共享层：IFC 标准体系架构的第三层，主要为领域层服务，使领域层中的数据模型可以通过该层进行信息交换。它用以表示不同领域的共性信息，便于领域之间的信息共享。共享层主要由共享空间元素、共享建筑元素、共享管理元素、共享设备元素和共享建筑服务元素五部分组成。

(4)领域层：IFC 标准体系架构的最高层，其中的每个数据模型分别对应于不同领域，独立应用。它能深入各个应用领域的内部，形成专题信息，比如暖通领域和工程管理领域。另外，它还可根据实际需要进行扩展。

➤ 3.4.3 IfcRoot 实体及其子实体

基于上述体系架构，IFC 标准使用 EXPRESS 语言和图形表示方法 EXPRESS-G 描述工程信息。以下使用 EXPRESS-G 图形表示方法对 IFC 标准的内容进行较为具体的介绍。IFC 标准中定义了一个根实体 IfcRoot，它提供了一些诸如 GlobalId 和 Name 等基本属性定义，并由其派生出三个基本的抽象实体,如图 3-5 所示。

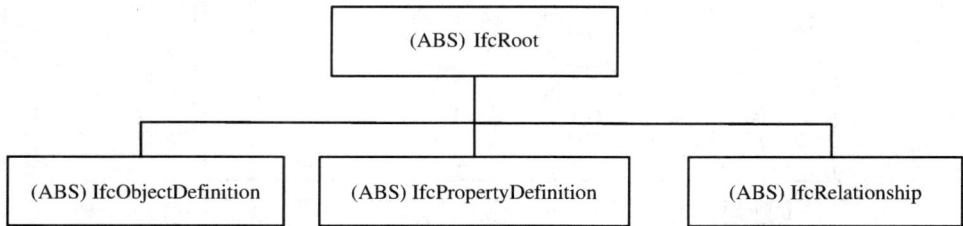

图 3-5　IfcRoot 实体及其子实体

1. IfcObjectDefinition 实体

它表示数据模型中一切可以处理的对象或工程项目,比如墙体、空地、虚拟边界、工作任务、建筑过程或建筑设计人员等。实体名前的 ABS 表示该实体是抽象实体,它又派生出三个子实体,如图 3-6 所示。其中,IfcContext 实体表示上下文环境,IfcObject 实体表示工程中一切可以被定义的对象,IfcTypeObject 实体表示某对象的类型。IfcObject 实体又派生出六个子实体,其中,IfcProduct 实体表示工程项目中的物理对象;IfcProcess 实体表示在工程中发生并带有意图的行为,比如获取和建造等;IfcControl 实体表示控制或是约束其他对象;IfcResource 实体表示对象所需的资源;IfcActor 实体表示参与工程的角色;IfcGroup 实体表示对象的分组。

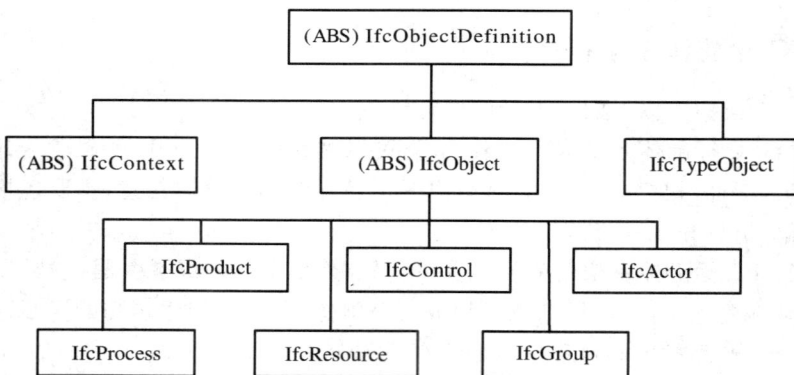

图 3-6　IfcObjectDefinition 实体及其子实体

2. IfcPropertyDefinition 实体

它用来描述对象的特征,反映了对象在具体工程中的特殊信息,其子类如图 3-7 所示。其中,IfcPropertySetDefinition 实体表示用来描述对象特征的一组属性;IfcPropertyTemplateDefinition 实体表示定义属性时使用的模板。

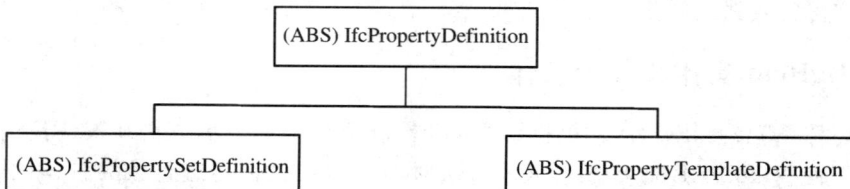

图 3-7　IfcPropertyDefinition 实体及其子实体

3. IfcRelationship 实体

它用来描述对象间的相互关系,它的子实体如图 3-8 所示。其中,IfcRelAssigns 实体描述当一个对象使用另一个对象提供的服务时与其的关系;IfcRelAssociates 实体描述对象与外部资源信息(如库、文档等)的联系;IfcRelDecomposes 实体描述对象间的组成或分解关系;IfcRelDefines 实体通过类型定义或属性定义来描述对象的实例;IfcRelConnects 实体定义了两个或多个对象间以某种方式连接的关系,这种连接可以是物理的,也可以是逻辑的;IfcRelDeclares 实体定义了对象或者属性与项目或者项目库之间的关系。

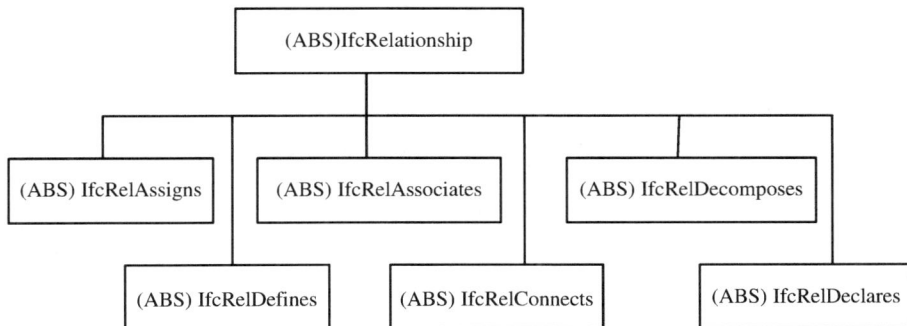

图 3-8　IfcRelationship 实体及其子实体

IFC 标准中包含的其他实体均是从上述三个抽象实体的子实体派生出来的。例如,表示梁的 IfcBeamStandardCase 实体就派生自 IfcBeam 实体,IfcBeam 实体派生自 IfcBuildingElement 实体,IfcBuildingElement 实体派生自 IfcElement 实体,IfcElement 实体派生自 IfcProduct 实体,IfcProduct 实体派生自 IfcObject 实体,IfcObject 实体派生自 IfcObjectDefinition 实体,IfcObjectDefinition 实体派生自 IfcRoot 实体。这样 IfcBeamStandardCase 实体最终由七个父实体层层派生产生。

3.5　过程标准

在建筑工程项目中,BIM 信息的传递分为横向传递(不同专业间)与纵向传递(不同阶段间)两种。若要保证信息传递的准确性与完整性,需对传递过程中涉及的信息内容、传递流程、参与方等进行严格的规定。过程标准就用于满足这一要求,以便提高各参与方、各阶段间的 BIM 信息传递的效率与可靠性。过程标准主要包含三类标准,即 IDM 标准、MVD 标准以及 IFD 库。

▶ 3.5.1　IDM 标准

如前所述,数据模型标准用于对建筑工程项目全生命周期涉及的所有信息进行详细描述。然而,在建筑工程项目的具体阶段,参与方使用一定的应用软件进行业务活动时,其信息交换需求是具体而有限的。如果对信息交换需求没有规定,即使两个应用软件支持同一数据模型标准(如 IFC 标准),在两者之间进行信息交换时,也很可能出现提供的信息非对方所需的情况,从而无法保证信息交互的完整性与协调性。IDM 标准可以用于解决这个问题。

但是,建筑工程项目包含规划、设计、施工、运营维护等多个阶段,每个阶段以及阶段之间都包含很多不同主题,究竟 IDM 标准应该涵盖哪些主题,特别是,考虑目前 BIM 技术的成熟度,应先针对哪些主题建立 IDM 标准,是编制 IDM 标准时必须考虑的问题。

为引导 IDM 健康有序的发展,bSI 于 2011 年提出了 IDM 发展路线图。该路线图将项目过程划分为 10 个阶段,这 10 个阶段分为项目前(pre-project)、施工前(pre-construction)、施工期(construction)、施工后(post-construction)四个组,并以矩阵的形式对各阶段有待开发的 IDM 标准进行总结。该路线图共涉及 44 个 IDM 项目,其中优先项目有 9 项,如表 3-2 所示。

表 3 - 2　bSI 确定的优先发展的 IDM 项目

IDM 项目	阶段	活动
能耗分析	总体可行性(outline feasibility)	性能分析
建立 BIM 建筑专业模型	总体概念设计(outline conceptual design) 详细概念设计(full conceptual design) 协调设计(coordinated design)	建模
建立 BIM 电气专业模型	概念设计概述 详细概念设计 协调设计	建模
建立 BIM 暖通专业模型	概念设计概述 详细概念设计 协调设计	建模
建立 BIM 结构专业模型	概念设计概述 详细概念设计 协调设计	建模
算量	协调设计	成本计算
计价	协调设计	成本计算
设备信息建档	协调设计	建档
一致性控制	协调设计	协调

不少研究机构根据此路线图开发相应的 IDM 标准,并提交 bSI 进行审核,以不断完善 IDM 体系。

➢ 3.5.2　MVD 标准

在 IDM 标准中,信息交换需求是用自然语言定义的。对于计算机,只有将这些自然语言基于数据模型标准"翻译"成机器能读懂的语言才具有实际应用价值。MVD 就是对应于这些信息交换需求的、机器能读懂的"语言",这里的数据模型标准特指 IFC 标准。

MVD 的应用

bSI 对其的描述是:MVD 标准是将信息交换需求映射至 IFC 大纲形成的基于 IFC 标准的概念集,该概念集定义了利用 IFC 标准描述交换的建筑信息模型中数据元素与数据约束的方法。

MVD 标准的特征可归结为以下两点:①基于 IFC 标准,是 IFC 大纲的子集。②对应于 IDM 标准中的信息交换需求,是它在 IFC 标准中的映射。

下面在 IDM 标准实例的基础上，介绍其对应的 MVD 标准实例。如图 3-9 所示，ePset_建筑能耗目标(ePset_Building Energy Target)实体对应于 IDM 标准中信息交换需求所包含的建筑能耗目标信息，MVD 中建筑能耗目标计量单位(building energy target units)与建筑能耗目标值(building energy target value)分别对应于信息交换需求中建筑能耗目标的属性——能耗目标计量单位与能耗目标值。

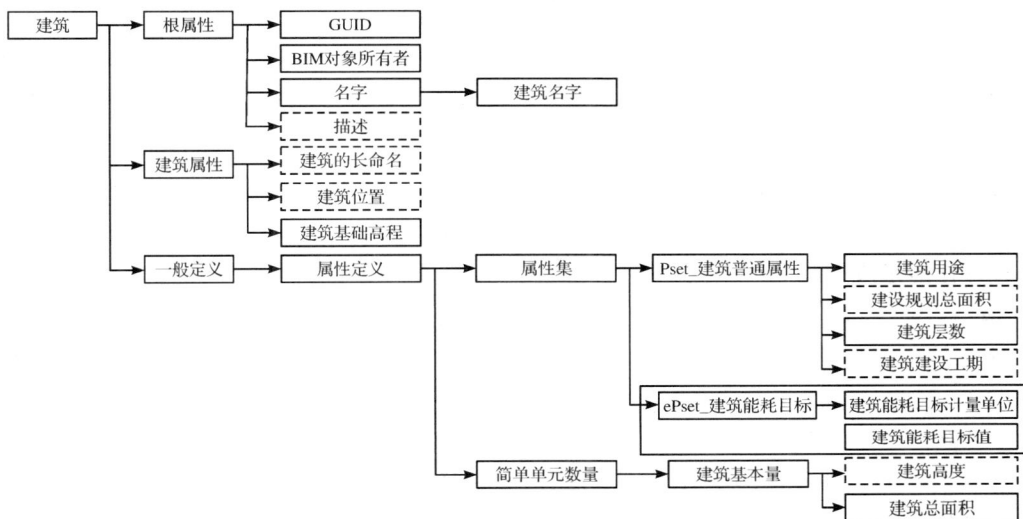

图 3-9　MVD 中 Building 实体的层次图(限于篇幅，只截取部分)

以上层次图的结构已符合 IFC 标准的要求，但依然以自然语言表达，计算机尚不能直接使用，具体落实到 IFC 标准，如图 3-10 所示。ePset_Building Energy Target 以扩展属性集的方式成为 IfcBuilding 中的属性，建筑能耗目标计量单位与建筑能耗目标值为该属性集的子属性。

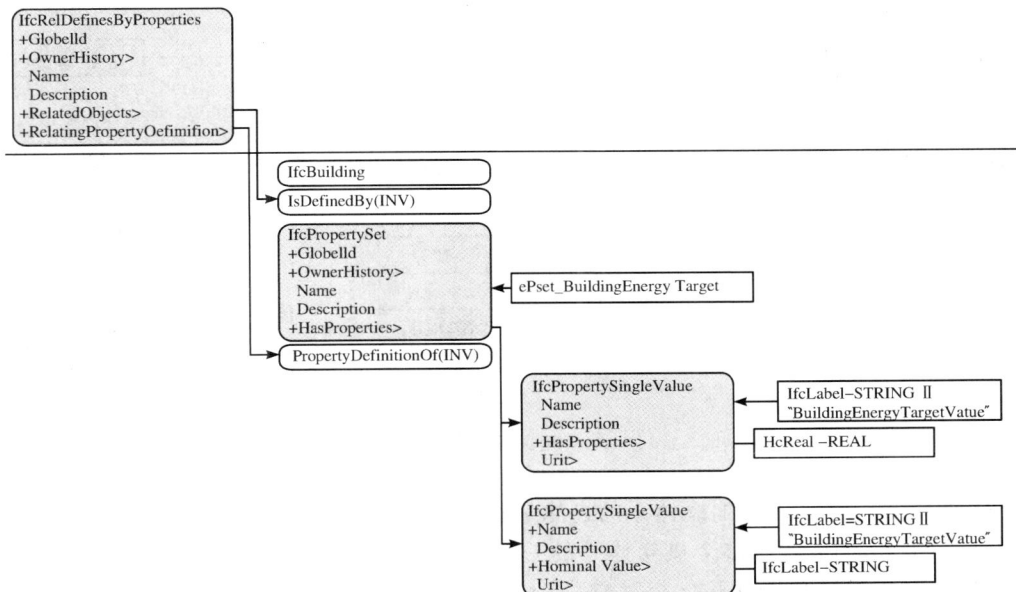

图 3-10　MVD 中 ePset_Building Energy Target 的 IFC 表达

因为 MVD 标准是 IDM 标准在 IFC 标准中的映射,普通 BIM 用户通常不需要涉及。对于 BIM 应用软件开发者来说,MVD 标准具有以下两个作用:一个是确定在软件开发过程中采用哪些 IFC 数据元素;另一个是确定如何基于这些 IFC 数据元素实现信息交换。

➤ 3.5.3 IFD 库

在信息交换过程中会碰到这样的情形:基于某数据标准(如 IFC 标准)描述某事物时,需用自然语言为一些属性赋值,但这一自然语言能否被另一个 BIM 应用软件理解是不能确定的。例如,一名建筑师在建立建筑信息模型时,可将梁的组成材料设置为"混凝土",也能设置为"砼",甚至可以用英文表示为"concrete"。这种信息表示形式存在很大的随意性,对于人来讲理解不是问题,但计算机则不能直接识别出该信息。为解决以上问题,IFD 的概念应运而生。

1. IFD 的组成

IFD 以 ISO 12006 - 3 为基础,由以下三部分组成:

(1)概念(concept)。每一个概念包含全局唯一标识符(globally unique identifier,GUID)、名字(name)、描述(description)三个部分。其中,概念的对应是全球唯一的;但一个概念可以对应多种名字,如混凝土这个概念可对应"混凝土""砼""concrete"等;可对应多种描述,如对混凝土可描述其材料组成、力学性质等。在信息交换时,各计算机系统只需交换 GUID 便完成了该概念涉及信息的交换。

(2)关系(relationship)。概念与概念间存在各种关系,如组成关系、父子类关系等,如图 3 - 11 所示,该关系表示门由门扇与门框组成。

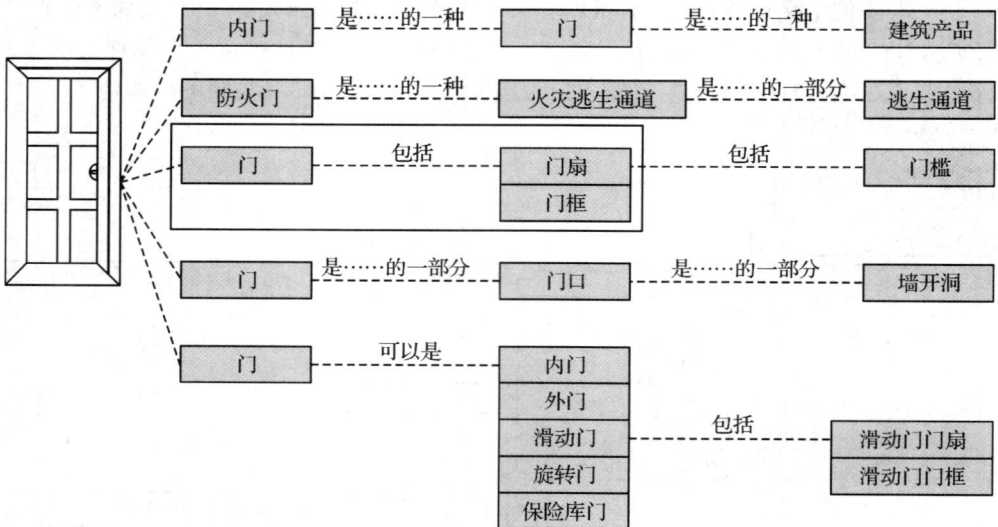

图 3 - 11　与门相关的各概念间关系示意

(3)过滤(filtering)。对概念体系的过滤是基于一定标准的,即背景(context)。背景是一系列关系的集合,用以表示整个概念体系的一部分。例如,基于某背景过滤 IFD 形成的概念体系可与前面介绍的 OmniClass 相对应。

2. IFD 的内涵

虽然称 IFD 字面意思为"字典",但其意义不仅限于此。可以从三个层面上对其进行理解:

(1)字典。IFD 中每一个概念都有一个 GUID,都对应多个名字与描述方式。就像查字典一样,计算机或用户通过查找 GUID 就能找到该概念对应的多个名字或描述方式。

(2)概念体系(或本体)。IFD 中各概念并不是孤立存在的,其间存在着关系,概念之间利用该关系可以互相描述。例如,对"门"的描述可以为"门"由"门扇"与"门框"组成,对"门框"的描述可以为"门框"是"门"的组成部分。具体某用户或工程项目的某阶段可能不需要该概念体系的所有概念,可基于背景对其进行过滤,从而获得符合需要的子概念体系(或视图)。

(3)映射机制。这里以图 3 - 12 描述的"窗"为例来说明此机制。IFD 字典集合了窗的概念及与其关联的所有属性概念(property concept,概念的一种),从而形成了一个包含所有窗的属性的最一般意义上的"窗"的概念。基于不同的背景,如"In a CAD System",只有部分属性用于描述"窗"。在不同的背景中,有些属性可以共享,有些则不一样,这些属性都与 IFD 字典中的属性相映射。这样带来的好处是,当某背景下的 BIM 数据传送到另一背景下时,两个背景共享的属性概念能在新的背景下得到识别与应用,保证了信息传递的准确性与可靠性。

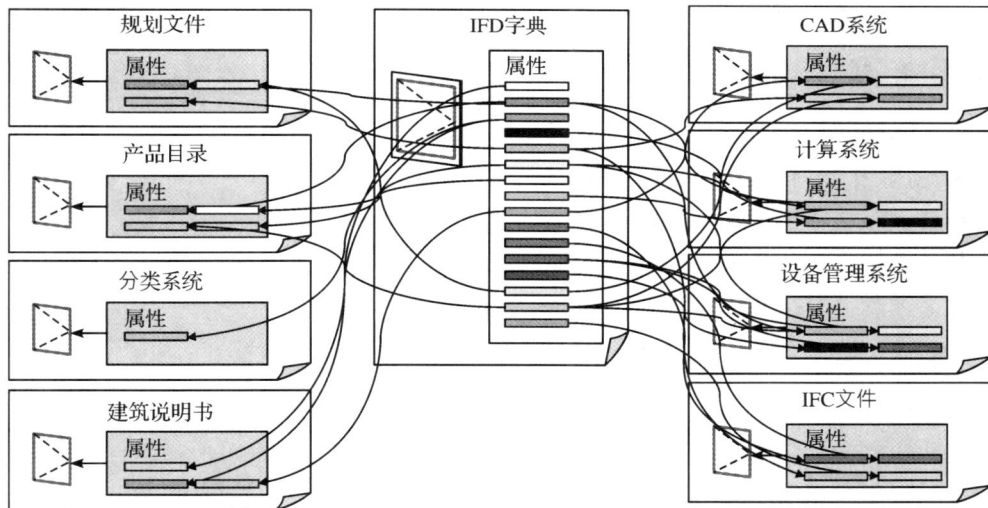

图 3 - 12   IFD 对"窗"的描述示意

3. IFD 库的建设及应用

IFD 应用的具体形式是数据库,即 IFD 库。很显然,对 IFD 库来说,建立其包含的内容要比建立其结构困难得多。在国际上,随着 ISO 12006 - 3 的发布,荷兰的 STABU LexiCon 和挪威的 BARBI 两个机构分别开始了数据库建设工作。2006 年 1 月,两个机构决定共同建设该数据库,并取名为 IFD 库。2006 年 9 月,在葡萄牙里斯本由 bSI 组织举办的 IFD 专题研讨会上,美国施工规范协会、加拿大建筑规范协会也加入进来,依据 ISO 12006 - 3 共同开发这个数据库的内容,使之成为统一的建设术语字典。2009 年,这个四方组织又向 bSI 组织提出申请,成为 bSI 组织国际委员会下的一个小组,并把开发一个国际化、多语言 IFD 库作为目标。

IFD 库的应用方式是调用其提供的 API(应用程序接口)。对该数据库的应用有在线与离线两种模式。利用在线模式时,BIM应用软件开发人员将本地软件远程连接到IFD官方服务器,BIM应用软件运行时实时与IFD官方服务器交互,该方式可保证软件调用的IFD数据是最新数据;利用离线模式时,BIM应用软件开发人员先下载IFD数据库到本地,BIM应用软件在本地调用该数据库,该方式不能保证软件调用的IFD数据是最新数据。此外,IFD官方组织提供了相关工具用于查看IFD的信息、向IFD数据库录入信息(录入的信息需经IFD组织审核通过)等。有兴趣的读者可以访问IFD官网查找相关信息。

　　IFD作为一套中立的概念体系,可以应用于多个领域。下面以两个常见应用场景为例说明IFD库的应用:

　　(1)语言翻译。将BIM中的信息翻译成其他语言,系统只需识别该信息在IFD库中对应的GUID,然后选择该GUID下对应的其他语言将其替代即可完成翻译。

　　(2)IFC概念与IFC实体的绑定。IFD库中的概念在IFC标准中分别以实体IfcLibraryDereference与IfcLibraryInformation的形式存在。这两个实体共同组成IfcLibrarySelect,并通过关系实体IfcRelAssociatesLibrary与IFC标准中的IfcRoot实体关联,从而实现IFD概念与IFC实体的绑定。通过该绑定,软件开发商可以基于相同的GUID将产品数据库中的产品信息与BIM进行连接,实现两类信息的集成,大大丰富了BIM的内容。具体技术细节,有兴趣的读者可访问IFD官网了解相关内容。

复习思考题

　　1.建立BIM标准的目的是什么?

　　2.与BIM标准相关的基础标准有哪些?

　　3.OmniClass标准的主要特征是什么?

　　4.IFC标准体系包括哪些内容?

　　5.什么是过程标准?

第4章　BIM 应用的相关软硬件及技术

4.1　BIM 应用的相关硬件及技术

通常来说,系统都是基于 3D 模型的,因此相比于建筑行业传统 2D 设计软件,其无论是模型大小还是复杂程度都超过 2D 设计软件,因此 BIM 应用对计算机的计算能力和图形处理能力要求都要高得多。BIM 是 3D 模型所形成的数据库,包含建筑全生命周期中大量重要信息数据,这些数据库信息在建筑全过程中动态变化调整,并可以及时准确地调用系统数据库中包含的相关数据,所以必须要充分考虑到 BIM 系统对硬件资源的需求,配置更高性能的计算机硬件以满足 BIM 软件应用。

BIM 的一个核心功能是将在创建和管理建筑过程中产生的一系列模型作为共享知识资源,为全生命周期过程决策提供支持,因此 BIM 系统必须具备共享功能。共享可分为三个层面:①BIM 系统共享;②应用软件共享;③模型数据共享。第一层级的 BIM 系统共享是构建一个全新的系统,由该系统解决全过程中所有的问题,目前难度较大,尚难以实现。第三层级的模型数据共享则相对较容易实现,配置一个共享存储系统,将所有数据存放在共享存储系统内,供所有相关方进行查阅参考。该系统还需考虑数据版本和使用者的权限问题。第二层级是应用软件共享,是在数据共享的基础上,同时将 BIM 涉及的所有相关软件集中部署供各方共享使用,可基于云计算的技术实现。

▶ 4.1.1　BIM 系统管理构建

BIM 以 3D 数字技术为基础,集成了建筑工程项目各种相关信息的数据模型,可以使建筑工程在全生命周期内提高效率、降低风险。传统 CAD 一般是平面的、静态的,而 BIM 是多维的、动态的。因此构建 BIM 系统对硬件的要求相比传统 CAD 将有较大的提高。BIM 信息系统随着应用的深入,精度和复杂度越来越大,建筑模型文件容量为 10 MB~2 GB。工作站的图形处理能力是第一要素,其次是 CPU(中央处理器)和内存的性能,还有虚拟内存,以及硬盘读写速度也是十分重要的。

相比于 AutoCAD 等平面设计软件,BIM 软件对图形的处理能力要求有很大的提高。对于 BIM 的应用较复杂的项目需配置专业图形显示卡,例如,Quadro K2000 以上的图形显示卡。在模型文件读取到内存后,设计者不断对模型进行修改、移动、变换等操作以及通过显示器即时显现出最新模型样式,图形处理器(GPU)承担着用户对模型文件操作结果的每一个过程显示,这体现了 GPU 对图形数据与图形的显示速度。

1. 强劲的处理器

由于 BIM 模型是多维的,在操作过程中通常会涉及大量计算,CPU 交互设计过程中承担更多关联运算,因此需配置多核处理器以满足高性能要求。另外,模型的 3D 图像生成过程中需要渲染,大多数 BIM 软件支持多 CPU 多核架构的计算渲染,所以随着模型复杂度的增加,对 CPU 频率要求越高,核数越多越好。CPU 推荐主流规格的 4 核 Xeon E5 系列。CPU 和内存关系,通常是 1 个 CPU 配 4G 内存,同时还要兼顾到使用的模型的容量来配置。

以基于 Bentley 软件的 BIM 图形工作站为例,可配置 4 核至 8 核的处理器,内存 16 G 以上为佳。再以 Revit 为例,当模型达到 100 MB 时,至少应配置 4 核处理器,主频应不低于 2.4 GHz,4 GB 内存;当模型达到 300 MB 时,至少应配置 6 核处理器,主频应不低于 2.6 GHz,8 GB 内存;当模型达到 700 MB 时,至少应配置 4 个 4 核处理器,主频应不低于 3.0 GHz,16 GB 内存(32～64 GB 为最佳)。

2. 共享的存储

项目中的建筑信息模型,希望能贯穿于整个设计、施工、运维过程中,即贯穿于建筑全生命周期。因此必须保证模型共享,实现不同人员和不同阶段数据共享。BIM 系统的基本构成是多个高端图形工作站和一个共享的存储。

硬盘的重要性经常被使用者忽视,大多数使用者认为硬盘就用于数据存储,但是很多用于处理复杂模型的高端图形工作站,在编辑过程中移动、缩放非常迟钝,原因是硬盘上虚拟内存在数据编辑过程中数据交换明显迟滞,严重影响正常的编辑操作,所以要充分了解硬盘的读写性能,这对高端应用非常重要。如果是非常大的复杂模型,由于数据量大,从硬盘读取和虚拟内存的数据交换时间长短显得非常重要,推荐使用转速 10000 或以上的硬盘,并可考虑阵列方式提升硬盘读写性能,也可以考虑使用企业级固态硬盘阵列。建议系统盘采用固态硬盘。

▷ 4.1.2　BIM 系统企业平台

1. 企业传统使用模式的主要问题

(1)高投入:传统 CAD 设计模式中,由于软件运行在本地图形工作站,图形处理和计算都在本地,且有时候模型数据也存放在本地,需要在本地为每一个设计人员配置高性能图形工作站、高性能的图卡、高性能的处理器和高性能的硬盘,导致硬件整体投入高。

(2)数据安全性低:对于单机设计模式和基于 PDM(产品数据管理)的 CAD 设计早期阶段,由于设计数据存放在设计人员本地图形工作站,设计人员可以自由控制和管理,因此数据安全性低。

(3)管理复杂:IT(信息技术)管理人员需要管理和维护每一台设计人员的工作站及其设计软件和数据,当 CAD 设计人员较多时,如何有效管理这些软、硬件及其模型数据便是个相当烦琐的问题,而且工作量大。

(4)性能瓶颈:基于 PDM 的 CAD 设计,虽然引入了 PDM 服务器,集中存放和管理设计完成的模型数据,实现了数据集中管理,但当同时访问 PDM 数据服务器人数较多时,PDM 服务器本身便成为性能瓶颈。

(5)影响 CAE(计算机辅助工程)分析效率:在基于 HPC(高性能计算)的 CAE 分析计算过程中,由于需要不断地上传模型和下载结果数据,尤其是分析结果数据量非常庞大,通常是几 GB、几十 GB 甚至上百 GB 的数据,系统配置不当将大大影响分析的效率。

2. 用云计算技术构建企业级 BIM 系统平台

对于企业级 BIM 系统,由于 BIM 系统作为一个建筑设计、施工和运维等全过程管理的系统,不可避免地涉及多个应用软件、多个业务部门甚至是外部关联企业,这就决定了 BIM 系统是跨专业、跨部门的平台。为实现跨专业、跨部门系统共享,作为企业 BIM 平台可采用云计算技术构建基于应用软件共享的 BIM 系统平台。

在图 4-1 构建的 BIM 系统企业平台中,所有工作站和共享存储设备均部署在企业内部中心机房,BIM 相关应用均部署在中心工作站上,据此构建的 BIM 系统企业平台实现了设计人员在本地无须安装任何应用软件,通过 Web 页面即可访问并操作云端 BIM 应用软件,BIM 设计的所有模型和数据也均存放在云端,依赖云端工作站的图形处理能力和计算能力,在企业内部的任何地方,只要有网络,低端配置的计算机即可实现 BIM 应用的操作。

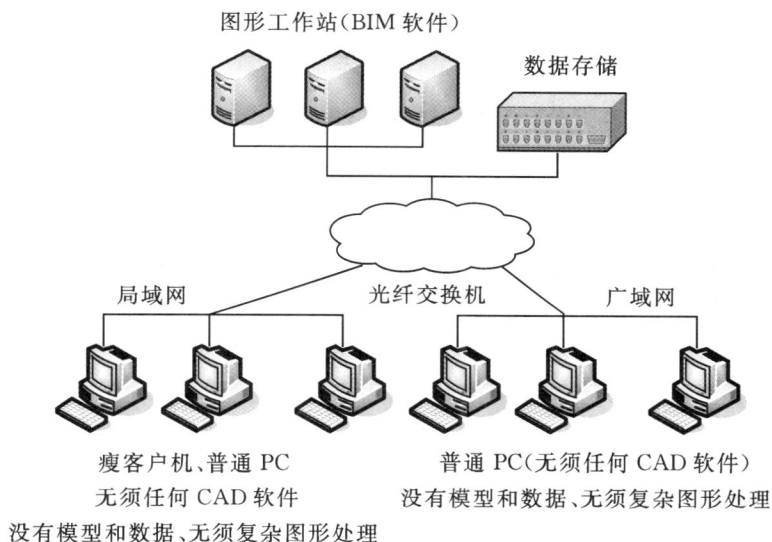

图 4-1 企业 BIM 系统平台示意图

对数据集中存储及协同工作下的数据服务器及网络环境配置要求如表 4-1 所示。

表 4-1 **Revit Server 技术及网络服务器环境要求**

描述项	需求		
操作系统	Microsoft® Windows Server® 2008 64 位 Microsoft® Windows Server® 2008 R2 64 位		
Web 服务器	Microsoft® Internet Information Server 7.0 或更高版本		
小于 100 个并发用户(多个模型并存)	最低要求	高性价比	性能优先
CPU 类型	4 核及以上 2.6 GHz 及以上	6 核及以上 2.6 GHz 及以上	6 核及以上 3.0 GHz 及以上
内存	4 GB RAM	8 GB RAM	16 GB RAM
硬盘	7200＋RPM	10000＋RPM	15000＋RPM

续表

描述项	需求		
100 个以上并发用户（多个模型并存）	最低要求	高性价比	性能优先
CPU 类型	4 核及以上 2.6 GHz 及以上	6 核及以上 2.6 GHz 及以上	6 核及以上 3.0 GHz 及以上
内存	8 GB RAM	16 GB RAM	32 GB RAM
硬盘	10000＋RPM	15000＋RPM	高速磁盘阵列
网络	支持 VMware 和 Hyper-V 系统（请参考 Revit Server 管理员指南手册）； 百兆或千兆局域网，支持本地网络协同设计； 安装 Revit Server 工具并配置专用服务器可支持广域网协同设计		

在 BIM 系统企业云平台中，BIM 应用软件逻辑计算和图形界面显示是分开执行的，应用软件逻辑执行完全在云端工作站上完成。把键盘和鼠标动作等控制信息传输到云端工作站由应用软件处理，将图形界面的信息进行压缩，通过网络协议传输到本地客户机进行解压并显示在用户界面上。传输的只是增量变换的压缩图像信息，而无须将整个模型传输到本地客户机，降低了对本地客户机及网络的资源要求，本地客户机图形操作速度能够等同或接近图形工作站的速度。由于一般情形下这种信息带宽仅需 1 MB 或者 2 MB，因此通常企业内部局域网都可满足要求。

基于云计算模式的 BIM 系统企业平台，对云端工作站采用多用户共享模式，而不是传统的虚拟化技术，此时不同的用户可以共用一个工作站，只是根据模型的需要和实际操作分别占用一部分系统资源。由于现在处理器的核数较多，6 核、8 核甚至 12 核的处理器和单根容量为 16 GB 的内存条都已经大规模使用，单台机器 16 核 CPU 和 128 GB 内存都可以轻易配置，在传统模式中一个设计软件通常只能用到 1 个核以及有限的内存，因此这样配置是浪费的，但是基于多用户共享模式恰恰能够发挥多处理器和大内存的优势。

基于云计算技术的 BIM 系统企业平台的硬件部分主要包含工作站、管理服务器、存储服务器和网络四个部分。其中，工作站部分主要运行 BIM 设计的应用软件，因此其对 CPU 的要求比较高，考虑到多用户的模式，建议配置 2 个 6 核或 8 核处理器，而处理器的主频应不低于 2.6 GHz，内存应不少于 64 GB。管理服务器的负载一般不会太重，因此采用普通的单路处理器，12 GB 内存即可满足要求。存储服务器中存储容量一般根据设计人员的规模进行配置，需充分考虑构建系统的可扩展性以便今后升级扩容。网络也是一个核心组成部分，由于所有的数据均存放在后端，因此一般建议在平台内部以万兆网络构建数据存储和通信网络。构建基于云计算的企业 BIM 系统架构拓扑图如图 4-2 所示。

BIM 系统平台中的部分产品目前支持市场主流的虚拟化技术系统。一般的瘦客户端硬件资源就可以满足 BIM 系统平台在虚拟化 IT 基础架构上的运行。瘦客户端的硬件要求基本等同于或低于个人计算机终端，是服务器集中存储的 IT 基础架构中对个人终端机器的最低要求（入门级配置）。

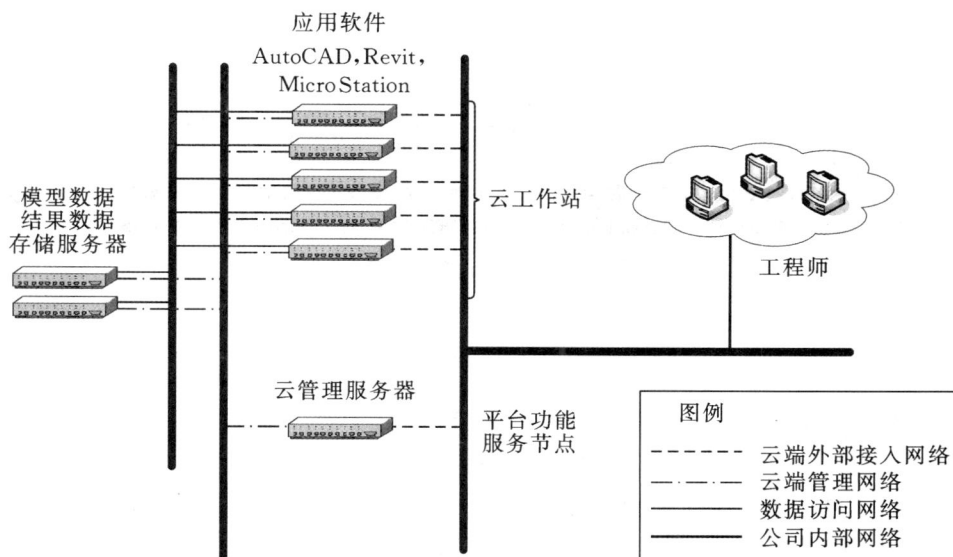

图 4 - 2　企业 BIM 系统架构拓扑图

➢4.1.3　BIM 系统行业平台

随着网络技术的不断发展,带宽也在不断被刷新。这为基于互联网的 BIM 系统行业平台提供了必要保障。除了企业 BIM 系统中作为 BIM 设计资源库配置的工作站、管理服务器、存储服务器和网络四个部分外,BIM 系统行业平台还将涉及基于 CAE 的建筑性能分析等(见图 4 - 3)。

图 4 - 3　企业 BIM 系统行业平台示意图

建筑性能分析的内容很多,可以分成舒适性能、环境性能、安全性能和经济性能等四类。它对平台硬件配置提出了更高的计算性能要求,具体配置一般包括以下方面。

(1)计算节点:负责并行计算分析,计算节点配置高端处理器,如 Intel E7 等。

(2)管理节点:负责整个高性能计算系统的监控和管理,配置要求相对较低。

(3)存储节点:负责模型的存放和计算数据的保存,需配置较大容量的云数据存储。

(4)计算网络:负责计算节点的数据通信,当前一般选择带宽为 56 Gb/s 的 InfiniBand。

(5)管理网络:负责管理节点和计算节点间的信息和通信管理。

系统各节点构建如图 4-4 所示。

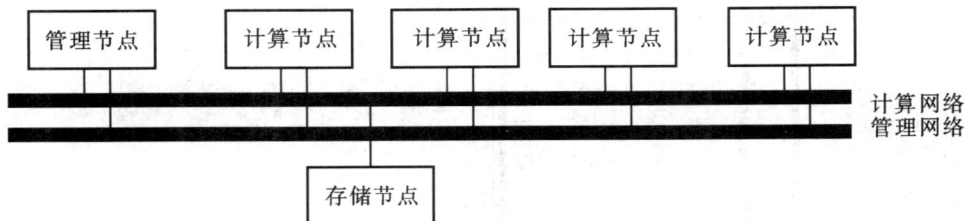

图 4-4　BIM 系统行业云平台拓扑结构

上述系统构建主要应用于设计阶段,而实际上在 BIM 系统的全生命周期中,还会用到如激光测距仪、3D 扫描仪、卫星定位仪、全站仪、高清摄像机、大量的传感器等一系列数据采集和监控设备。这些设备都是保证 BIM 系统完整性和可靠性的重要依据。

Autodesk 公司基于公有云、通过互联网向商业用户提供了 BIM 云服务及云产品,如AutoCAD WS、Autodesk Design Review Mobile、Autodesk Cloud Rendering 等。

4.2　BIM 应用的相关软件简介

在 BIM 的应用中,人们已经认识到,没有一种软件可以覆盖建筑物全生命周期的 BIM 应用,必须根据不同的应用阶段采用不同的软件。

现在很多软件都标榜自己是 BIM 软件。严格来说,只有在 bSI 获得 IFC认证的软件才能称得上 BIM 软件。这些软件一般具有本书在第 1 章介绍过的BIM 技术特点,即操作的可视化、信息的完备性、信息的协调性、信息的互用性。许多 BIM 应用的主流软件如 Revit、MicroStation、ArchiCAD 等就属于这一类软件。

BIM 软件

还有一些软件,并没有通过 bSI 的 IFC 认证,也不完全具备以上的四项技术特点,但在BIM 的应用过程中也常常被使用,它们和 BIM 的应用有一定的相关性。这些软件能够解决设施全生命周期中某一阶段、某个专业的问题,但它们运行后所得的数据不能输出为 IFC 格式,无法与其他软件进行信息交流与共享。这些软件只是与 BIM 应用相关的软件而不是真正的BIM 软件。

本节介绍的软件既包括严格意义的 BIM 软件,也包括与 BIM 应用相关的软件。

▶4.2.1　项目前期策划阶段的 BIM 软件

1. 数据采集

数据的收集和输入是有关 BIM 一切工作的开始。目前国内的数据采集方式基本有"人工搭建""3D 扫描""激光立体测绘""断层模型"等,数据的输入方式基本有"人工输入"和"标准化模块输入"等。其中"人工搭建"与"人工输入"的方式在实际工程应用较多,通常有两种形式:一是由设计人员直接完成,其投入成本较低,效率也较低,且往往存在操作不规范和难以解决的技术问题;二是由公司内部专门的 BIM 团队来完成,其团队建设、软硬件投入与日常维护成本高,效率也较高,基本不会存在技术难题,工作流程较为规范,但由于设计人员并未直接控制,所以对二者之间的沟通与协作有较高的要求。

常用于数据采集的软件的功能简介见表 4-2。

表 4-2 常用于数据采集的软件的功能简介

常用软件	数据获取	数据输入	数据分析	2D/3D 制图
ArcGIS	◎	◎	◎	◎
AutoCAD Civil 3D		◎	◎	◎
Google Earth 及插件	◎		◎	
理正系列	◎	◎	◎	◎

注:◎表示软件具备对应功能,下同。

2. 投资估算

在进行成本预算时,预算员通常要先将建筑师的纸质图纸数字化,或将其 CAD 图纸导入成本预算软件中,或者利用其图纸手工算量。上述方法增加了出现人为错误的风险,也使原图纸中的错误继续扩大。

如果使用建筑信息模型来取代图纸,所需材料的名称、数量和尺寸都可以在模型中直接生成。而且这些信息将始终与设计保持一致。在设计出现变更时,如窗户尺寸缩小,该变更将自动反映到所有相关的施工文档和明细表中,预算员使用的所有材料名称、数量和尺寸也会随之变化。

通过自动处理烦琐的数量计算工作,BIM 可以帮助预算员利用节约下来的时间从事项目中更具价值的工作,如确定施工方案、套价、评估风险等,这些工作对于编制高质量的预算非常重要。

常用于投资估算的软件的功能简介见表 4-3。

表 4-3 常用于投资估算的软件的功能简介

常用软件	数据库	成本估算	多维信息模型	工程算量	资产管理
Allplan Cost Management		◎			◎
CostOS BIM	◎	◎			
DDS-CAD		◎	◎		
DProfiler		◎		◎	
ISY Calcus	◎	◎	◎		
iTWO	◎	◎	◎	◎	
Newforma	◎	◎			◎
Revit		◎	◎	◎	
SAGE	◎	◎			◎
Tokoman		◎		◎	
Vico Office		◎	◎		
广联达算量系列	◎	◎		◎	
理正系列	◎	◎		◎	
鲁班算量系列		◎	◎	◎	◎
斯维尔系列	◎	◎	◎	◎	

3.阶段规划

基于 BIM 的进度计划包括了各工作的最早开始时间、最晚开始时间和本工作持续时间等基本信息,同时明确了各工作的前后搭接顺序。因此计划的安排可以有所弹性,伴随着项目的进展,为后期进度计划的调整留有一定余地。利用 BIM 指导进度计划的编制,可以将各参与方集中起来协同工作,充分沟通交流后进行进度计划的编制,对具体的项目进展、人员、资源和工期等布置进行具体安排,并通过可视化的手段对总计划进行验证和调整。同时各专业分包商也将以 4D 可视化动态模型和总体进度计划为指导,在充分了解前后工作内容和工作时间的前提下,再对本专业的具体工作安排进行详细计划。各方相互协调进行进度计划,可以更加合理地安排工作面和资源供应量,防止本专业内以及各专业间的不协调现象发生。

常用于阶段规划的软件的功能简介见表 4-4。

表 4-4　常用于阶段规划的软件的功能简介

常用软件	时间规划	工程算量	团队协作	多维信息模型
Newforma		◎	◎	
SAGE	◎		◎	
VICO Suite	◎		◎	◎
广联达算量系列	◎	◎	◎	◎

➢ 4.2.2　设计阶段的 BIM 软件

1.场地分析

在建筑设计开始阶段,基于场地的分析是影响建筑选址和定位的决定因素。气候、地貌、植被、日照、风向、水流流向和建筑物对环境的影响等自然及环境因素,相关建筑法规、交通系统、公用设施等政策及功能因素,保持地域本土特征、与周围地形相匹配等文化因素,都在设计初期深刻影响了设计决策。由于应用 BIM 的流程不同于之前的场地分析流程,BIM 强大的数据收集处理特性提供了对场地的更客观科学的分析基础,也具备更有效平衡大量复杂信息的基础和更精确定量导向性计算的基础。运用 BIM 技术进行场地分析的优势在于:①量化计算和处理以确定拟建场地是否满足项目要求、技术因素和金融因素等标准;②降低实用需求和拆迁成本;③提高能源效率;④最小化潜在危险情况发生;⑤最大化投资回报。

BIM 场地模型分析了布局和方向信息,参考了地理空间基准,包括明确的施工活动要求,例如,现存或拟建的排水给水等地下设备、道路交通等信息。此外这些模型也涵盖了劳动力资源、材料和相关交付信息,为环境设计、土木工程等提供了充分客观的信息。对于设计早期的模型,基本的概念形态、基本的信息以及大概的空间模型即可满足大部分对初步分析的要求。但是建筑信息模型所包含的大量相关数据不仅可以在设计深化过程中起到重要作用,也能在初步设计中帮助建筑师进行更深入全面的考量。

常用于场地分析的软件的功能简介见表 4-5。

表 4 - 5　常用于场地分析的软件的功能简介

常用软件	地理信息(地形、水文等)	气候信息(温度、降水等)	设计信息(阴影、光照等)
ArcGIS	◎		
Bentley Map	◎	◎	◎
DProfiler	◎		◎
Ecotect Analysis		◎	◎
Shadow Analyzer			◎

2. 设计方案论证

BIM 方案设计软件的成果可以转换到 BIM 核心建模软件里面进行设计深化,并继续验证满足业主要求的情况。在方案论证阶段,项目投资方可以使用 BIM 来评估设计方案的布局、设备、人体工程、交通、照明、噪声及规范的遵守情况。BIM 甚至可以做到建筑局部的细节推敲,迅速分析设计和施工中可能需要应对的问题。在方案论证阶段,BIM 可以提供不同的解决方案供项目投资方进行选择,项目投资方通过数据对比和模拟分析,找出不同解决方案的优缺点,并迅速评估建筑投资方案的成本和时间。

运用 BIM 技术进行设计方案论证的优势在于以下方面。

(1)节省费用:准确的论证可以减少潜在的设计问题。在设计初始时进行论证可以有效减少规范及标准的错误、遗漏或者失察所带来的时间浪费,以及避免后期设计及施工阶段更为昂贵的修改。

(2)提高效率:建筑师借助 BIM 工具自动检查论证各种规范及标准得到快速的反馈并及时进行修改,这样他们可以将更多的时间花在设计过程中而不是方案论证中。

(3)精简流程:为本地规范及标准审核机构减少文件传递时间或者减少与标准制定机构的会议时间,以及参观场地进行修改的时间;改变规范及标准的审核以及制定方式。

(4)提高质量:本地的设计导则以及任务书可以在 BIM 工具使用过程中充分考量并自动更新。这可以节省多重检查规范及标准的时间,以及通过避免对支出及时间的浪费而达到更高效的设计。

常用于设计方案论证的软件的功能简介见表 4 - 6。

表 4 - 6　常用于设计方案论证的软件的功能简介

常用软件	布局	设备	人体工程	交通	照明	噪声
AIM Workbench	◎					◎
Autodesk Navisworks	◎	◎	◎	◎	◎	
DDS - CAD	◎	◎		◎	◎	
Onuma System	◎	◎		◎		
斯维尔系列	◎	◎			◎	

3. 设计建模

BIM 在设计过程中的建模流程和方法可以归为以下五种。

1)初步概念 BIM 建模

在初步概念建模阶段,设计者需要对形体和体量进行推敲和研究。另外对于复杂形体的建模和细化也是初期的挑战。在这样的情况下,运用其他建模软件可能比直接使用 BIM 核心建模软件更方便、更高效,甚至可以实现很多 BIM 核心建模软件无法实现的功能。这些软件的模型也可以通过格式转换插件较为完整地导入 BIM 建模软件中进行细化和加工。Rhinoceros(包括 Grasshopper 等插件)、SketchUp、form·Z 等是较为流行的概念软件。这些工具可以实现快速的 3D 初步建模,满足设计初期的各种初步条件要求,并便于团队初步熟悉和了解项目信息。另外,由于这些软件的几何建模优势,在 BIM 中的复杂建模所需要的时间可以大大缩短。

2)可适应性 BIM 建模

在设计扩初阶段,模型需要有大量的设计意见反馈和修改。可适应性的 BIM 建模流程可以大大提高工作效率并对设计的不同要求快速高效地提供不同的解决方式。CATIA、Digital Project 以及 Revit 在设计初级阶段以及原生族库中,需要设计或者已具有大量可适应性的构件,然而由于其设置复杂性的时间考量,以及设计对复杂形态的处理,在此阶段往往需要借助编程以及用户开发插件等辅助手段。Rhinoceros 平台下的 Grasshopper 插件很大程度上对这方面的需求进行了较为完善的处理和考量,其所具备的大量几何以及数学工具可以处理设计过程中所面对的大量重复和复杂计算。通过大量用户开发的接口软件,例如纽约 CASE 公司的一系列自研发工具,Grasshopper 所生成的几何模型可以较为完整地导入 Revit 等原生 BIM 建模平台以进行进一步的分析及处理。同时在 Revit 平台下,软件自身所具有的可适应性构件、建模方式,为幕墙划分、构件生成及设计等需求提供了有力的支持,在一次完整参数设定下,可即时对不同环境、几何及物理状况进行反馈和修改,并及时更新模型。

3)表现渲染 BIM 建模

在设计初期阶段,大量的建筑渲染图需要进行不断的生成和修改。在 Revit 中,Autodesk 360 的云渲染技术,能在极短时间内对所需要表现的建筑场景进行无限次、可精确调节、及时修改的在线渲染服务。Lumion、KeyShot、CryEngine 等专业动画及游戏渲染软件也对 BIM 提供了完善接口的支持,使得建筑师能够通过 IFC、FBX 等通用模型格式,对 BIM 的原生模型进行更专业和细致的表现处理。

4)施工级别 BIM 建模

设计师可以通过 BIM 技术实现施工级别的建筑建模。以往建筑师无法对设计建造施工过程进行直接的控制和设计,只能提供设计图纸和概念。但是由于建筑信息模型不再是以前的 CAD 图,不会再将图纸和 3D 信息、材料及建设信息分开,建筑师获得了更多的控制项目施工和建造细节的能力,提高了设计的最后完成度。建筑信息模型可以详细准确地表达设计师的意图,使得承建商在设计初期即可运用建筑师的建筑信息模型创立自己独立的建筑模型和文件,在建筑过程中可以进行无缝结合和修改,并且在遇到困难和疑问时能够及时向建筑师了解情况并协调做出相应对策。模拟施工过程在 BIM 设计过程中也可以得到实际的体现,在各个方面的建设中,BIM 都能起到重要的整合作用,设计和建造以及预先计划都被更详细地表示出来,各个细节的建造标准会被清晰分类和表现,从而使设计团队和承建商的合作更加顺畅。另外,施工级别的 BIM 建模技术也可以使施工方对设计有更深刻的理解,在建造过程中对建筑施工的安排也会得到优化,以提高建筑生产的效率和质量。

5)综合协作 BIM 建模

在过去,各个不同专业的建模经常会由于图纸或者模型的不配套,或者理解误差和修改时间差,造成很多问题和难以避免的损失。沟通不便和设计误差也会造成团队合作的不和谐。BIM 的协同合作模式也是最为引人注目的优势。在设计过程中,结构、施工、设计、设备、暖通、排水、环境、景观、节能等专业从业人员可以运用 BIM 软件工具进行协同设计,专注于一个项目。在 BIM 建模过程中,建筑设计不仅是整体工作的一部分,也是整个过程中同等重要的贡献者,其他专业工作同样重要。BIM 软件例如 Revit 所提供的协同工作模式可以帮助不同专业工作人员通过网络实时更新和升级模型,以避免在设计后期发生重大的错误。另外,由于综合协作的实现,团队合作和交流可以更好实现,建筑质量会得到显著提高,成本可以得到更好的控制。

常用于设计建模的软件的功能简介见表 4 - 7。

表 4 - 7　常用于设计建模的软件的功能简介

常用软件	初步概念 BIM 建模	可适应性 BIM 建模	表现渲染 BIM 建模	施工级别 BIM 建模	综合协作 BIM 建模
Affinity	◎				
Allplan Architecture	◎	◎	◎		◎
Allplan Engineering		◎		◎	◎
ArchiCAD	◎	◎	◎	◎	◎
Bentley Architecture	◎	◎	◎	◎	◎
CATIA	◎	◎	◎	◎	◎
DDS - CAD		◎	◎	◎	◎
Digital Project	◎	◎	◎	◎	◎
Eagle Point Suite		◎			◎
IES Suite	◎		◎		
Innovaya Suite	◎	◎	◎		◎
Lumion	◎		◎		
MagiCAD	◎	◎		◎	◎
MicroStation	◎	◎	◎	◎	◎
PKPM	◎	◎	◎	◎	◎
Revit	◎	◎	◎	◎	◎
SketchUp Pro	◎		◎		
Vectorworks Design Suite	◎	◎	◎		◎
鸿业 BIM 系列	◎	◎		◎	◎
斯维尔系列	◎	◎		◎	◎
天正软件系列	◎	◎	◎	◎	◎

4. 结构分析

在 BIM 平台,建筑结构分析被整合在模型中,这使得建筑师可以得到更准确快捷的结果。对不同状态的结构分析,可以分为概念结构分析、深化结构分析和复杂结构分析。

对于概念结构,建筑师可以运用 BIM 核心建模软件自带的结构模块进行大概的分析与研究,以取得初步设计时所需要的结果。

针对建筑复杂结构,建筑师可以使用参数化分析软件(如 Millipede 和 Karamba 等插件)进行复杂形体的正对型分析。

对于后期深化的结构模型,建筑师应该结合其他的专业结构分析软件进行分析与研究。

常用于结构分析的软件的功能简介见表 4-8。

表 4-8 常用于结构分析的软件的功能简介

常用软件	概念结构	深化结构	复杂结构
AutoCAD Structural Detailing		◎	
Bentley RAM Structural System	◎	◎	◎
ETABS	◎	◎	
FasTrak		◎	
Robot	◎	◎	◎
SAP2000	◎	◎	◎
SDS2		◎	
Tekla	◎	◎	◎
3D3S		◎	◎

5. 能源分析

当下针对建筑室内环境的热舒适性以及节能措施的优化,国内外通常采用单目标的模拟软件进行评价,然后提出一些改进的意见。在热工性能方面,目前国内外计算空调负荷和热工舒适性的软件工具更是多种多样。其中较精确且被广泛运用的有英国的 Integrated Environmental Solutions 公司开发的 IES(VE)等软件。在节能方面,通常对整体建筑的能耗进行解析评价。较具代表性和被广泛应用的软件当属美国的 DOE2、EnergyPlus 等软件。目前国际上也有一些软件可以对建筑设计进行多目标优化,比如 modeFRONTIER、Optimus、Isight、MATLAB 等软件。然而,在采用多目标性能算法进行综合优化之前,对每个单一目标的定量评价,以及各个单一目标之间的折中条件的设定并非一个简单、自动的过程,至今还没有一个统一的优化建筑综合性能的方式。

通常情况下,在不同的设计阶段,因为建筑信息模型需要提供的信息内容的深度不同,环境性能分析是一个逐步深化达到的过程。在前期方案设计阶段,因为建筑信息模型主要提供包括建筑体型、高度、面积等信息,评价往往集中于相对较宏观的分析,如气象信息、朝向、被动式策略和建筑体量;而在方案深化设计阶段,因为建筑信息模型可以提供包括基本的建筑模型元素、总体系统以及一部分非几何信息,分析会相对集中于日照、遮阳、热工性能、通风以及基本的能源消耗等;最后的施工设计阶段,因为建筑信息模型的组成元素实现了精确的数量、尺寸、形状、材料以及与分析研究相关的信息深化,分析可以完成非常细致的采光、通风、热工计算以及能源消耗报告。

常用于能源分析的软件的功能简介见表 4 - 9。

表 4 - 9　常用于能源分析的软件的功能简介

常用软件	概念能源分析	生命周期能耗	再生能源分析
Affinity	◎		
Design Advisor	◎		◎
DProfiler	◎	◎	
EcoDesigner	◎	◎	
Ecotect Analysis	◎	◎	◎
EnergyPlus		◎	◎
Green Building Studio	◎	◎	◎
MagiCAD	◎	◎	◎
Project Vasari	◎		
斯维尔系列	◎	◎	

6. 照明分析

建筑信息模型借助其数据库的强大能力,可以完成大量以前不可想象的任务。在 BIM 技术的支持下,照明分析得到大大简化。

与照明分析相关的参数包括了几何模型、材质、光源、照明控制以及照明功率密度等几个方面,它们基本上都可以直接在 BIM 软件中定义。因此,与能耗分析软件相比,照明分析软件对建筑信息的需求量也就相对低一些。例如,它往往不需要知道房间的用途、分区以及各种设备的详细信息。

目前照明分析软件还不是那么完美,信息的交流与共享还不是那么顺畅,但就当前的情况来看已经够用了。随着技术的发展和进步,期望 BIM 与照明分析之间的结合将会臻于完美。

常用于照明分析的软件的功能简介见表 4 - 10。

表 4 - 10　常用于照明分析的软件的功能简介

常用软件	自然采光	人工照明
Daysim	◎	
DProfiler	◎	
Ecotect Analysis	◎	◎
EnergyPlus	◎	
Model IT	◎	
Radiance	◎	◎
斯维尔系列	◎	

7. 其他分析与评估

常用于其他分析与评估的软件的功能简介见表 4 - 11。

表 4 - 11　常用于其他分析与评估的软件的功能简介

常用软件	环境评估	构建评估	噪声评估
CATIA			◎
e - SPECS	◎	◎	
Ecotect Analysis	◎		
EnergyPlus	◎		
MagiCAD	◎	◎	◎
Project Vasari	◎		
Solibri Suite		◎	
Vectorworks	◎	◎	

➢ 4.2.3　施工阶段的 BIM 软件

1. 3D 视图及协调

施工阶段是将建筑设计图纸变为工程实物的生产阶段,建筑产品的交付质量很大程度上取决于该阶段:将基于 BIM 技术的施工 3D 视图可视化应用于工程建设施工领域,在计算机虚拟环境下对建筑施工过程进行 3D 虚拟分析,以提高对建筑施工过程的事前预测和事中动态管理能力,为改进和优化施工组织设计提供决策依据,从而提升工程建设行业的整体效益;基于 BIM 技术的施工可视化应用在工程建设行业中的引入,能够拓宽项目管理的思路,改善施工管理过程中信息的共享和传递方式,有助于 BIM 实践及其效益发挥,提高工程管理水平和建筑业生产效率。

常用于 3D 视图及协调的软件的功能简介见表 4 - 12。

表 4 - 12　常用于 3D 视图及协调的软件的功能简介

常用软件	3D 浏览	建筑元素信息	综合协同	施工管理
Bentley Architecture	◎	◎	◎	◎
BIMx	◎	◎	◎	
DDS - CAD	◎	◎	◎	◎
Innovaya Suite	◎	◎	◎	
iTWO	◎	◎	◎	◎
Navisworks	◎	◎	◎	◎
Onuma System	◎		◎	
Revit	◎	◎	◎	
斯维尔系列	◎	◎	◎	◎

2. 数字化建造与预制件加工

随着数字时代的设计方法、理念与计算工具的迅猛发展,各种复杂形体的建筑如雨后春笋般遍布世界各地。复杂形体建筑如何实现数字化建造? 复杂系统建筑如何实现快速建造? 预制、预装配、模块定制成了必要条件,先进建造理念、先进制造技术、计算机及网络技术的应用再次推动了建筑产业工业化的进程。随着3D打印技术已经逐步走向产业化,数字工业时代的工具日新月异,个性化定制已经不再是梦想。复杂的设计会随着技术的进步得以实现,例如,在过去因为加工工序较为复杂,外墙的规格越少越好,而现在通过数控机床,每一块可加工材料都可以是不同的——做一种和几百种所耗费的成本是趋于相同的。

当前数字化建造还经常被用于自由曲面设计,而由于面积较大,必须根据材料的特性分割成可加工、运输、安装的模块。这样求出每一个模块的几何信息和坐标位置,并能结合施工图和加工详图进行施工模拟,将变得非常重要。如果没有BIM技术,对复杂形体建筑的加工制造将难以实现,设计效果将很难保证。

BIM系统能将模块可参数化、可自定义化、可识别化,使得定制模块建造成为可能。但由于条件的限制,如数字加工材料有限、加工成本昂贵、数字加工工具尺寸限制、大量的各不相同的模块等,制造成本和施工难度必然会增加。尽量以直代曲,将模块调整成单一或者几种尺寸、形状仍然是现在数字化建造的主流。

常用于数字化建造与预制件加工的软件的功能简介见表4-13。

表4-13 常用于数字化建造与预制件加工的软件的功能简介

常用软件	参数化构件	结构性能分析	施工支持
CATIA	◎	◎	
Digital Project	◎		◎
FasTrak	◎	◎	
Navisworks	◎		◎
Revit	◎		◎
SDS2	◎	◎	◎
Tekla	◎		◎
Vico Office	◎		◎
3D3S	◎	◎	◎

3. 施工场地规划

传统的施工平面布置图,以2D施工图传递的信息作为决策依据,并最终以2D图形式绘出施工平面布置图,不能直观、清晰地展现施工过程中的现场状况。随着施工进度的展开,建筑按3D方式建造起来,以2D的施工图及2D的施工平面布置图来指导3D的建筑建造过程具有先天的不足。

在基于BIM技术的模型系统中,首先,建立施工项目所在地的所有地上地下已有和拟建建筑物、管线道路、施工设备和临时设施等实体的3D模型;其次,赋予各3D实体模型以动态时间属性,实现各对象的实时交互功能,使各对象随时间的动态变化形成4D的场地模型;最后,在 4D 场地模型中,修改各实体的位置和造型,使其符合施工项目的实际情况。在基于 BIM 技术的模型系统中,建立统一的实体属性数据库,并存入各实体的设备型号位置坐标和存在时间等信息,包括材料堆放场地、材料加工区、临时设施、生活文化区、仓库等设施的存放数量及时间、占地面积和其他各种信息。通过漫游虚拟场地,可以直观地了解施工现场布置,并查看到各实体的相关信息,这为按规范布置场地提供了极大的方便;同时,当出现影响施工布置的情况时,可以通过修改数据库的相关信息来更改需要调整的地方。

常用于施工场地规划的软件的功能简介见表 4－14。

4－14　常用于施工场地规划的软件的功能简介

常用软件	施工规划	施工管理	施工项目可视化
Navisworks	◎	◎	◎
ProjectWise	◎	◎	
Vico Office	◎	◎	◎

4. 施工流程模拟

据统计,全球建筑业普遍存在生产效率低下的问题,其中 30％的施工过程需要返工,60％的劳动力被浪费,10％的损失来自材料的浪费。建筑信息模型中集成了材料、场地、机械设备、人员甚至天气情况等诸多信息,并且以天为单位对建筑工程的施工进度进行模拟。通过 4D 施工进度模拟,可以直观地反映施工的各项工序,方便施工单位协调好各专业的施工顺序,提前组织专业班组进场施工,准备设备、场地和周转材料等。同时,4D 施工进度的模拟也具有很强的直观性,即使是非工程技术出身的业主方相关人员也能快速准确地把握工程的进度。

基于 BIM 技术的 4D 施工模拟在高、精、尖和特大工程中正发挥着越来越大的作用,大大提高了建筑行业的工作效率,减少了施工过程中出现的问题,为越来越多的大型、特大型建筑的顺利施工提供了可靠的保证,为建设项目工程各方带来了可观的经济效益和社会效益。

常用于施工流程模拟的软件的功能简介见表 4－15。

表 4－15　常用于施工流程模拟的软件的功能简介

常用软件	4D 施工进度模拟	碰撞检查	建筑全生命周期管理
BIM 360 Field	◎	◎	◎
iTWO	◎	◎	
ProjectWise			◎
Tekla	◎	◎	
Tokoman	◎		
Vico Office	◎	◎	
鲁班算量系列	◎		

➢ 4.2.4　运维阶段的 BIM 软件

建筑信息模型可以为业主提供建设项目中所有系统的信息,在施工阶段做出的修改将全部同步更新到建筑信息模型中形成最终的竣工模型,该竣工模型作为各种设备管理的数据库为系统的维护提供依据。

此外,BIM 可同步提供有关建筑使用情况或性能、入住人员与容量、建筑已用时间以及建筑财务方面的信息,同时还可提供数字更新记录,并改善搬迁规划与管理。BIM 还促进了标准建筑模型对商业场地条件(例如零售业场地,这些场地需要在许多不同地点建造相似的建筑)的适应。有关建筑的物理信息(例如完工情况、承租人或部门分配、家具和设备库存)和关于可出租面积、租赁收入或部门成本分配的重要财务数据都更加易于管理和使用。稳定访问这些类型的信息,可以提高建筑运维过程中的收益与成本管理水平。

常用于运维阶段的软件的功能简介见表 4 - 16。

表 4 - 16　常用于运维阶段的软件的功能简介

常用软件	竣工模型	维护计划	资产管理	空间管理	防灾规划
AiM		◎	◎	◎	
ArchiFM		◎	◎	◎	
CityMaker				◎	
Innovaya					◎
ProjectWise		◎			
SAGE			◎		
Solibri Suite	◎				
Vico Office	◎				
VRP				◎	
斯维尔系列			◎		

复习思考题

1. BIM 系统的共享功能包括哪几个方面?
2. 项目前期策划阶段 BIM 软件的功能有哪些?
3. 设计阶段运用 BIM 技术进行场地分析的优势体现在哪些方面?
4. 浅谈 BIM 技术在数字化建造中的应用。

第 5 章　BIM 实施的规划与控制

5.1　BIM 实施的规划与控制概述

管理学科的发展和研究表明,信息技术改变组织特点以至于从总体上改变一个组织是通过提高信息效率和信息协同的能力来实现的。BIM 技术的出现和发展对建设项目的规划、实施和交付均产生了巨大影响。随着 BIM 应用范围的日益广泛和应用的逐渐深入,广义的 BIM 并不能简单地被理解为一种工具或技术,它体现了建筑业广泛变革的人类活动,这种变革既包括工具技术方面的变革,也包含生产过程和生产模式的变革。

BIM 的应用需要下游参与方及早进入项目与上游参与方共同对 BIM 的应用事宜进行规划,如明确 BIM 要实现的功能、选择 BIM 工具、定义信息在不同组织间的流转方式等。工程建设各参与单位之间有很强的依赖性和互补性,一方的工作往往需要其他参与方提供必要的信息。BIM 的应用和实施需要工程项目各参与方组织间更加紧密、透明、无错、及时的联系。在基于 BIM 的生产环境和流程下,信息的可达性和可用性都将极大提高。一方面,BIM 作为一种系统创新技术,其应用会对建设项目某一方参与主体的活动方式产生影响,同时也会影响和改变建设项目相关活动间的依赖关系,对建筑业带来的影响和变革具有明显的跨组织性。另一方面,BIM 技术的发展和应用也给传统的建筑业带来极大的挑战。要使 BIM 技术尽快融入工程建设的实践,切实带来效率和效益,对 BIM 技术的应用和实施进行系统的规划十分重要。国际上一些先进的建筑业企业(包括设计、施工、工程咨询等机构,也包括业主)在大型建设项目实施前,均对 BIM 的应用和实施进行系统的规划,并在项目实施过程中进行组织和控制。如同大型项目实施前需要建设项目实施规划(计划)一样,进行 BIM 实施的规划和控制是提高建设项目 BIM 应用实施效率和效益的重要工作。

BIM 实施规划是指导 BIM 应用和实施工作的纲领性文件,BIM 实施规划包括企业级 BIM 实施规划和项目级 BIM 实施规划。企业级 BIM 实施规划主要是针对一个建筑企业应用和实施 BIM 这一创新技术的总体规划和设计,属于企业管理中的技术创新和应用计划,涉及一个企业内部,这个企业可以是业主、设计单位、施工单位和咨询单位等;项目级 BIM 实施规划是针对一个具体工程项目规划和建设中 BIM 技术的应用计划,涉及一个项目的多个参与方。

应该指出的是,无论是企业级 BIM 实施规划还是项目级 BIM 实施规划,很多规划的工作内容与企业或项目的组织流程有关,这些与组织流程有关的内容是企业和建设项目组织设计的核心内容。一般宜先讨论和确定企业或建设项目组织设计,待组织方面的决策基本确定后,再着手编制 BIM 实施规划。大型建筑企业和大型复杂建设项目一般应编制相应的 BIM 实施规划。

企业级 BIM 实施规划一般由企业的总经理牵头,企业管理办公室和技术部门具体负责编制;项目级 BIM 实施规划涉及项目整个建设阶段的工作,属于业主方项目管理的工作范畴,一般由业主方及其委托的工程咨询单位编制。如果采用建设项目总承包的模式,一般由建设项目总承包方编制建设项目管理规划。

5.2 企业级 BIM 实施规划

我国建筑工程领域的 BIM 实施主要体现在企业具体项目的应用方面。目前,我国已经有相当数量的施工、设计、咨询企业开展了不同程度的 BIM 技术应用实践,并具备了一定水平的 BIM 实施能力。然而,我国的 BIM 技术应用实践在很大程度上仍局限于项目范围内具体功能或具体阶段的应用,企业级别的 BIM 应用涉及的范围、组织和工作流程会更广泛,在实践中可以说是刚刚起步。

企业级 BIM 平台

与项目级 BIM 实施规划不同,企业级 BIM 实施规划聚焦于通过合理的规划,促进企业 BIM 技术的有效吸收和应用。虽然 BIM 技术及其潜在项目价值已经被广泛认知,但很多建筑业企业仍然不知道如何在企业内部有效推动 BIM 技术的应用,进而为建设项目实施奠定良好基础。因此,需要基于不同类型的企业现状,有针对性地编制企业级 BIM 实施规划。

5.2.1 企业级 BIM 实施目标

只有实现企业级的 BIM 实施目标,才可以建立新的企业业务模式,充分调动企业的一切有利资源,才能充分发挥出建筑信息化的巨大优势,推动我国建筑业的变革和发展。具体来说,企业级 BIM 实施的目标主要有以下几个方面。

1. 提高企业团队协作水平

传统企业内部各个部门之间的协作主要体现在业务的进展过程,载体主要以纸质材料为主,模式以人与人之间的沟通为主,协作水平偏低。基于 BIM 的企业部门协作以共同的信息平台为基础,企业中每个成员都可以通过企业数据平台随时与项目、企业保持沟通。基于 BIM 信息共享、一处更改全局更新的特点,企业部门之间的协作变得更加方便和快捷。

2. 提升信息化管理程度

通过对项目执行过程中所产生的与 BIM 相关的数据的整理和规范化,企业可以实现数据资源的重复利用,利用企业信息和知识的积累、管理和学习,进而形成以信息化为核心的企业资产管理运营体系,提高企业的核心竞争力。

3. 改善规范化管理

BIM 技术将建筑业企业的各项职能系统联系起来,并将建筑所需的信息统一存储于一定的建筑模型之中,更加规范和具体了企业的管理内容与管理对象,减少管理对象的不具体、管理过程的不明确造成的企业人力、物力及时间等资源的浪费,使得企业管理层的决策和管理更加高效。

4. 提高劳动生产率

BIM 被认为是建筑业创新的革命性理念,是建筑业未来的发展方向。国际上相关研究表明,设计企业在熟练运用 BIM 相关技术后,劳动生产率得到了很大程度的提高,主要表现为图纸设计的效率与效果都得到提升。由于 BIM 技术带来的标准化的工程施工过程变革,工程施工企业、咨询企业的劳动生产率均会得到提高。

5. 提高企业核心竞争力

企业采用 BIM 有政策方面、经济方面、技术发展方面、组织能力提升方面等许多原因,然而最为核心的原因是获得或者继续保持企业的核心竞争力。目前,建筑业采用 BIM 技术较好的企业已经在许多项目上赢得了经济和声誉双丰收。BIM 技术的熟练运用已经成为提升企业核心竞争力的重要因素之一。

➤ 5.2.2 企业级 BIM 实施原则

企业 BIM 实施规划作为企业战略的一个子规划,战略规划的编制原则同样适用于 BIM 实施规划的编制过程。

1. 适应环境原则

BIM 实施规划的编制必须基于对 BIM 的发展趋势有清晰的判断,同时对自身的优势、劣势有客观的认识,一定要注重企业与其所处的外部环境的互动性。实施规划既不能好高骛远、不切实际,又要充分认识到 BIM 技术的快速发展,不能裹足不前。如果制定的目标过低,三五年后可能会丧失市场机会。

2. 全员参与原则

BIM 实施规划的编制绝不仅仅是企业领导和战略管理部门的事或者是 BIM 业务部门的事,在实施规划的全过程中,企业全体员工都应参与。规划编制过程中要对企业领导层、职能部门、业务部门和具体实施部门做充分的调研。企业领导层的调研重点集中在是否有统一的趋势判断和发展意愿,职能中心的调研集中在企业的各项资源配置,业务部门的调研集中在市场机会和发展动力,具体实施部门的调研集中在当前业务发展存在的主要问题和困难。

3. 反馈修正原则

BIM 实施规划涉及的时间跨度较大,一般在五年以上。规划的实施过程通常分为多个阶段,因此实施要分步骤地进行。在规划实施过程中,环境因素可能会发生变化。此时,企业只有不断地跟踪反馈方能保证规划的适应性。

➤ 5.2.3 企业级 BIM 实施标准

企业级 BIM 实施的关键是实现企业的资源共享、流程再造。BIM 的实施将会带来企业业务模式的变化和企业业务价值链的重组,因此,企业级 BIM 实施的标准是建立一系列与 BIM 工作模式相适应的企业级技术标准与相应的管理标准,并最终形成与之配套的企业 BIM 实施规范(指南)。

企业级 BIM 实施标准是指企业在建筑生产的各个过程中基于 BIM 技术建立的相关资源、业务流程等的定义和规范。参照《设计企业 BIM 实施标准指南》中 BIM 实施的过程模型,建筑企业的企业级 BIM 实施标准可以类似地概括为以下三个方面。

1. 资源标准

资源只是企业在生产过程中所需要的各种生产要素的集合,主要包括环境资源、人力资源、信息资源、组织资源和资金资源等。

2. 行为标准

企业行为主要是指在企业生产过程中,与企业 BIM 实施相关的过程组织和控制,主要包括业务流程、业务活动和业务协同三个方面。

3. 模型与数据标准

模型与数据标准主要是指企业在生产活动中进行的一切与 BIM 相关的各类建模标准、数据标准和交付物标准。

▷ 5.2.4　企业级 BIM 实施的程序与内容

企业级 BIM 实施规划的内容一般包括行业背景分析、发展趋势预测、企业现状分析、战略目标定位、实施路径选择与实施方案制订等几个主要方面。

1. 行业背景分析

行业背景主要包括政治、经济、社会和技术环境。要制定企业级的 BIM 实施规划,就必须要了解和把握国内外 BIM 技术发展现状、国内政策及市场环境与当前市场规模等情况。具体来说,首先,企业应对 BIM 技术在各自相关专业方面的应用水平、应用特点、应用效益以及应用范围等具体技术问题进行分析;其次,企业应该了解国内外权威机构对 BIM 技术的评价,合理地选择相关软硬件;最后,作为企业最关注的内容,投资收益率是行业关注的焦点,所以企业必须对 BIM 的应用价值进行分析。

2. 发展趋势预测

对行业市场未来发展趋势的判断,以及对将来市场规模与服务模式的预测都将影响企业未来的发展战略与经营模式。国内 BIM 技术的应用呈点状分布,多停留在相关科研机构及创新性企业的尝试应用阶段,多数企业仍处于观望状态,然而可以预见,未来 BIM 技术扩散速度会不断提升。

3. 企业现状分析

要制定企业级的 BIM 实施规划必须对企业的 BIM 应用能力现状进行分析。企业的 BIM 应用能力现状分析一方面包括对企业当前的技术状况、资源配置情况等企业内部环境进行分析,另一方面要对发展 BIM 相关业务的企业优劣势以及外部环境的机会威胁进行分析。目前 SWOT 分析法、CMM 经常作为企业现状分析的主要工具。图 5 - 1 与图 5 - 2 分别为某企业的 CMM 与 SWOT 分析结果。

4. 战略目标定位

战略目标定位主要分为两个方面,一是要制定出企业的 BIM 实施目标,二是要把企业级的 BIM 实施目标与企业的战略目标相结合,并最终制定出基于 BIM 的企业发展战略目标,进而对企业级的 BIM 战略目标做出诠释,使之成为企业所有人员的共识,并朝着这一战略目标付诸行动。

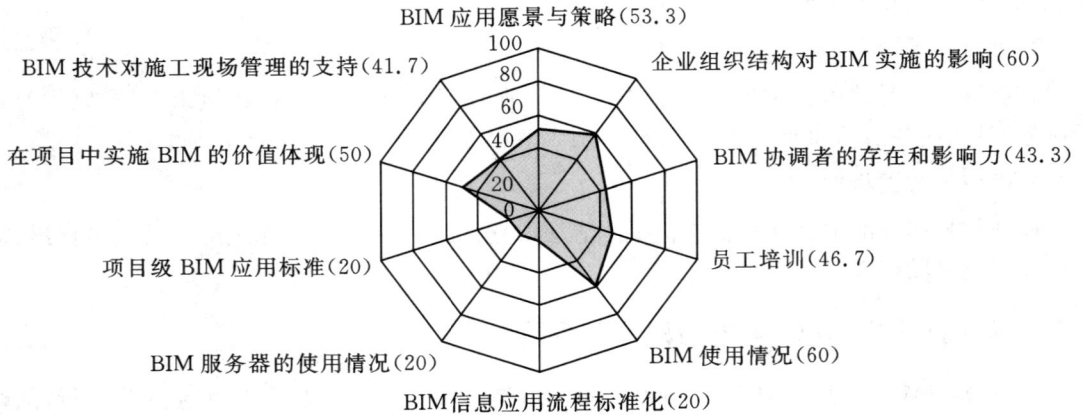

图 5-1 典型的 10 个影响因素的评估结果

	优势(S)	劣势(W)
内部条件	1.领导层把握了 BIM 作为建筑业变革的主流趋势,着力推行 BIM 应用且已具有良好 BIM 应用愿景; 2.企业长期将技术创新置于战略层面,现已具备较强的自主研发能力,并已具有多项技术创新成果; 3.企业 BIM 科研项目已获得政府相关部门支持; 4.作为施工企业已率先在几个大项目中应用 BIM 技术,这不但为企业实施 BIM 积累了宝贵经验,而且为 BIM 业务的拓展提供了先决条件	1.企业处于 BIM 应用初期,BIM 实施能力较弱,缺乏专业的 BIM 人才,缺少 BIM 方面的专项培训; 2.企业缺乏成熟的 BIM 实施保障机制; 3.企业 BIM 的实施业绩较少,对市场的影响力不够; 4.企业内部组织结构和流程制度不能有效推动 BIM 实施; 5.作为机电安装专业的集成商,在 BIM 尚处科研先导的市场环境下,企业推行 BIM 应用阻力较大
	机会(O)	威胁(T)
外部环境	1.国家大力推广 BIM 技术; 2.行业内逐步认识到并接受 BIM 能发挥的巨大价值潜力; 3.BIM 在未来行业中应用市场容量大,对公司长期发展有利; 4.目前建筑业内施工单位应用 BIM 的企业非常少,尚属"蓝海",因此竞争对手很少	1.BIM 作为新技术,在政策实施、法律法规层面支持不足,推广应用存在许多障碍,由此也带来了一定风险; 2.BIM 技术引进国内时间较短,行业内实施标准较少; 3.短期内,BIM 实施的价值体现不明晰,市场对新技术的接纳程度较低,使得目前 BIM 的市场需求不足,投资收益较小; 4.竞争对手已认识到 BIM 的价值,并开始推广 BIM 应用

图 5-2 某企业 BIM 应用实施 SWOT 分析

5.实施路径选择

目标的实现具有阶段性,为了实现企业级的 BIM 战略目标,需要对企业级 BIM 实施目标进行逐步分解,将 BIM 实施划分为几个阶段,采用自上而下、自下而上或者两种模式相结合的方法,确定实施路径。

6. 实施方案制订

实施方案是实现企业级 BIM 目标的根本途径,主要包括企业制度流程的适配、关键性 BIM 技术的研发与应用管理、应用能力建设、市场培育、组织分工及相应的激励政策和成本效益分析等。企业应根据自身特点选择合适的实施方案,而不应该一味地模仿甚至照搬成功的 BIM 实施方案。

7. 改革企业经营模式

在全面推广应用 BIM 技术之后,企业的主要任务就是分析以往业务的主要特点,总结经验,分析原因,总结归纳适合自身特点的商业发展模式,使企业在保持以往业绩的基础上,不断创新,发展多元化的盈利模式。

➤ 5.2.5 企业级 BIM 实施方法

企业级 BIM 实施方法是指规划、组织、控制和管理建筑企业 BIM 实施工作的具体内容和过程。企业级 BIM 实施方法综合考虑了 BIM 规划实施中的多种因素,主要包括企业的战略规划、企业生产经营的要求、企业生产发展的约束、企业的组织结构、企业的工作流程以及企业现有的 BIM 应用基础等。

企业 BIM 实施方法的核心是要结合企业的战略要求和组织结构,在考虑企业现有 BIM 应用基础的水平上,制定一个全面详细的企业 BIM 规划和标准,并建立一个可扩展的 BIM 实施框架,给出具有可操作性的实施路径。

目前,企业级 BIM 实施方法主要有自上而下与自下而上两种基本形式。

1. 自上而下

自上而下,顾名思义即从企业整体的层面出发,首先建立立足于企业宏观层面的 BIM 战略和组织规划,通过试点项目的 BIM 应用效果验证企业整体规划的准确性,不断完善,并在此基础上向企业的所有项目推广。

2. 自下而上

目前多数中小型企业主要采用这种方式。它是指企业自身并没有 BIM 应用规划,而是在项目进展过程中为了满足项目要求而开展的 BIM 实践活动。这种模式是企业在积累了一定量 BIM 实施经验后开展的,其策略是由项目到企业逐步扩散。

BIM 实施是一个复杂的系统工程,只采用任意一种模式都不能保障企业 BIM 规划的顺利实施。企业应该采用两种模式相结合的方式。具体来说,在企业级 BIM 前期,企业应该咨询第三方 BIM 专业服务机构,结合专业机构对企业状况的评估,提出包括 BIM 实施基本方针路线、重点内容、资金投入等要素在内的企业级 BIM 实施规划。

3. 应用案例

下面给出某机电安装企业委托咨询单位共同编制的企业级 BIM 的应用实施规划。该企业级 BIM 实施主要包括如下六个阶段。

1)初期阶段

企业主要管理层通过相关途径了解到 BIM 技术,在对 BIM 技术进行深入了解和分析行业发展趋势的基础上,做出企业要采用 BIM 技术的战略决策。

2)筹备阶段

(1)邀请咨询团队对企业开展企业级 BIM 进行咨询和研讨,最终确定委托该研究团队为企业的 BIM 实施提供建议和咨询。

(2)成立 BIM 工作小组,确定 BIM 工作小组的人员组成、人员数量和相关职责。其中,直接负责人由企业的 CEO 担任,负责企业的资源调配;工作小组成员主要由设计部门、人力资源部门、工程部门的负责人员组成。

3)调研阶段

根据委托内容,咨询团队先后对公司进行了三次实地调研,比较充分地了解公司的市场环境、组织环境和 BIM 应用三个方面的能力,最终形成该公司 BIM 应用的调研报告。

4)规划制定阶段

规划方案由咨询团队负责制订,形成草案,并提交给公司审阅。规划方案经双方讨论修改后通过。

5)全面启动阶段

(1)BIM 实验室搭建:根据 BIM 系列相关软件的软硬件要求,搭建企业的 BIM 实施设施环境。

(2)制定标准和规范:根据公司的业务范围,制定企业的 BIM 实施标准,主要包括建模步骤、构件库标准与管理流程等规范。

(3)BIM 培训:在公司前期培训的基础上,对公司的员工展开更加系统分层次的相关培训。

(4)项目展开:在公司已经运用 BIM 技术开展的项目中选择示范性项目,逐步尝试全过程、全方位地开展项目的 BIM 实施,并制定相关考核标准。

6)企业级推广阶段

根据咨询团队对公司的 BIM 应用规划,公司的 BIM 战略分为培育期、发展期和推广期三个阶段。推广期的主要任务是:组织企业的全体成员开展 BIM 应用推广活动,明确企业的发展战略,使企业全员、全过程地开展项目实践;完善企业的 BIM 应用标准、考核机制、经营模式与质量管理体系。

5.3 项目级 BIM 实施规划

➤ 5.3.1 编制的目标与原则

1. 项目级 BIM 实施规划的重要性和编制原则

1)编制项目级 BIM 实施规划的重要性

为了将 BIM 技术与建设项目实施的具体流程和实践融合在一起,真正发挥 BIM 技术应用的功能和巨大价值,提高实施过程中的效率,建设项目团队需要结合具体项目情况制定详细的 BIM 应用实施规划,以指导 BIM 技术的应用和实施。

项目级 BIM 实施规划应该明确项目 BIM 应用的范围,确定 BIM 工作任务的流程,确定项目各参与方之间的信息交换,并描述支持 BIM 应用需要项目和公司提供的服务和任务。内容包括 BIM 项目实施的总体框架和流程,并且提供各类技术相关信息等多种可能的解决方案和途径。①多种解决方案。其可帮助项目团队在项目各阶段(包括设计、施工和运营)创建、修改和再利用信息量丰富的数字模型。②多种分析工具。项目团队可在项目动工前透彻分析建筑物的可施工性与潜在性能,利用这些分析数据,可在建筑材料、能源和可持续性方面更加明智地决策并及早发现和预防一些构件(如管道和梁)间的冲突,减少资金损失。③项目协作沟通信息平台。其不仅有助于强化业务过程,还可确保团队所有成员以结构化方式共享项目信息。

项目级 BIM 实施规划将帮助项目团队明确各成员的任务分工与责任划分,确定要创建和共享的信息类型,使用何种软硬件系统,以及分别由谁使用;还能让项目团队更顺畅地协调沟通,更高效地建设实施项目,降低成本。

BIM 技术作为提升企业发展能力与市场竞争能力的主要手段,在现阶段往往会被认为是建筑企业发展战略中一项重要内容。企业 BIM 应用能力的提升需经历项目实践的历练。项目级 BIM 实施规划对企业发展的作用主要有以下三个方面:①通过建设项目 BIM 实施规划、实施与后评价的参与,培养与锻炼企业的 BIM 人才。②基于 BIM 应用在不同建设项目中存在的相似性,借鉴已有项目来策划新项目,有事半功倍的效果;通过对比新老建设项目的不同之处,也有助于改进新项目 BIM 的实施策划。③试点性的项目级 BIM 实施规划,是制定企业级 BIM 技术应用及发展规划的基础资料。

2)项目级 BIM 实施规划编制原则

BIM 的实施规划时间应涵盖项目建设的全过程,包括项目的决策阶段、设计准备阶段、设计阶段、施工阶段和运维阶段,涉及项目参与的各个单位。一个整体战略和规划将对 BIM 项目的效益最大化起到关键作用。

项目级 BIM 实施规划应该在建设项目规划设计阶段初期进行编制,随着项目阶段的深入,各参与方亦不断加入,规划应不断完善。在项目整个实施阶段根据需要和项目的具体实际情况对规划进行监控、更新和修改。

考虑 BIM 技术的应用跨越建设项目各个阶段的全生命周期,如可能应在建设项目的早期成立 BIM 实施规划团队,在正式实施前进行 BIM 实施规划的制定。

项目级 BIM 实施规划编制前,项目团队成员应对以下问题进行分析和研究:项目应用的战略目标及定位,参与方的机会以及职责分析,项目团队业务实践经验分析,项目团队的工作流程以及所需要的相关培训。

项目 BIM 规划和实施团队要包括项目的主要参与方,如业主、施工单位、材料供应商、设备供应商、工程监理单位、设计单位、勘测单位、物业管理单位等。其中业主或项目总承包单位是最佳的 BIM 规划团队负责人。

在项目参与方还没有较成熟的 BIM 实施经验的情况下,可以委托专业的 BIM 咨询服务公司牵头制定 BIM 实施规划。

从技术层面分析,BIM 可以在建设项目的所有阶段使用,可以被项目的所有参与方使用,可以完成各种不同的任务和应用。项目级 BIM 实施规划就是要综合考虑项目建设的特点、项目团队的能力、当前的技术发展水平、BIM 实施成本等多个方面从而得到一个对特定建设项目而言性价比最优的方案。

2. BIM 实施目标的制定

在一个具体项目实施过程中,制定 BIM 实施目标是 BIM 实施规划中首要和关键工作,也是十分困难的工作。制定 BIM 实施的目标往往需要综合考虑环境、企业和项目等多方面的因

素共同确定。一般情况下,BIM 实施的目标包括以下两大类:

(1)与建设项目相关的目标。这包括缩短项目施工周期、提高施工生产率和质量、降低因各种变更而造成的成本损失、获得重要的设施运行数据等。例如,基于 BIM 强化设计阶段的限额设计控制力度,提升设计阶段的造价控制能力就是一个具体的项目目标。

(2)与企业发展相关的目标。在最早实施 BIM 的项目上以这类目标为主是可以接受的。例如,业主也许希望将当前的 BIM 项目作为一个实验项目,试验在设计、施工和运行之间信息交换的效果,或者某设计团队希望探索并积累数字化设计的经验。在项目建设完工时,可以向业主提供完整的建筑信息模型,其中包含管理和运营建筑物所需的全部信息。

BIM 实施目标必须具体、可测量。一旦定义了可测量的目标,与之对应的潜在 BIM 应用就可以识别出来。表 5-1 是一个商业建筑项目的 BIM 应用实施目标分析典型事例。

表 5-1 某商业建筑的 BIM 实施目标和应用

优先级(1—最重要)	目标描述(附加值目标)	潜在 BIM 应用
1	为运营管理提供精确的模型	模型跟踪
2	提升施工现场生产率	设计检查,3D 协调
3	提升设计效率	设计建模,设计检查,3D 协调
1	提升设计阶段的成本控制能力	5D 建模,成本预算
2	提升可持续目标	工程分析,LEED 评估
2	施工进度跟踪	4D 建模
1	快速评估设计变更引起的成本变化	5D 建模,成本预算
2	消除现场冲突	3D 协调,4D 建模

目标优先级的设定将使得后面的规划编制工作具有灵活性。确定目标后的下一步工作是对 BIM 应用进行评估与筛选,以确定每个潜在 BIM 应用是否付诸实施。①为每个潜在 BIM 应用设定责任方与参与方;②评估每个 BIM 应用参与方的实施能力,包括其资源配置、团队成员的知识水平、工程经验等;③评估每个 BIM 应用对项目各主要参与方的价值和风险水平。

在综合分析以上因素的基础上,项目各参与方应进一步综合分析讨论,对项目潜在 BIM 功能应用进行分析筛选,逐一确定。表 5-2 显示了上述商业项目在 BIM 应用目标确定后进行的功能应用分析筛选。

表 5-2 某商业建筑 BIM 功能应用分析筛选

BIM 应用	对项目的价值(三级)	责任方	对责任方的价值(三级)	能力			需增加的资源	备注	实施
				资源	资格	经验			
模型跟踪	高	承包方 设施管理 设计方	中 高 中	中 低 高	中 中 中	中 低 高	培训及软件		是
成本预算	高	承包方	高	高	中	中	培训及软件		是

BIM 应用	对项目的价值（三级）	责任方	对责任方的价值（三级）	能力			需增加的资源	备注	实施
				资源	资格	经验			
5D建模	高	承包方 分包方	高 高	中 中	中 低	低 低	培训及软件	可选软件不足	是
4D建模	高	承包方	高	中	中	中	培训、软件及其他设施	复杂阶段的应用价值	否
3D协调（施工）	高	承包方 分包方 设计方	高 高 低	高 低 中	高 高 高	高 高 高	数字制造转换		是
3D协调（设计）	高	设计方	高	高	高	高	需协调软件	由 BIM 协调人促进实施该任务	是
设计检查	中	设计方	中	中	中	中		在设计建模时检查，无更高要求	否
优化分析	中	设计方	高	中	中	中			可能

▷ 5.3.2 编制的主要内容

项目级 BIM 规划编制内容和步骤包括确定项目 BIM 目标和应用，建立项目 BIM 实施流程，制定信息交换标准和要求以及定义 BIM 实施的支持设备，如图 5-3 所示。

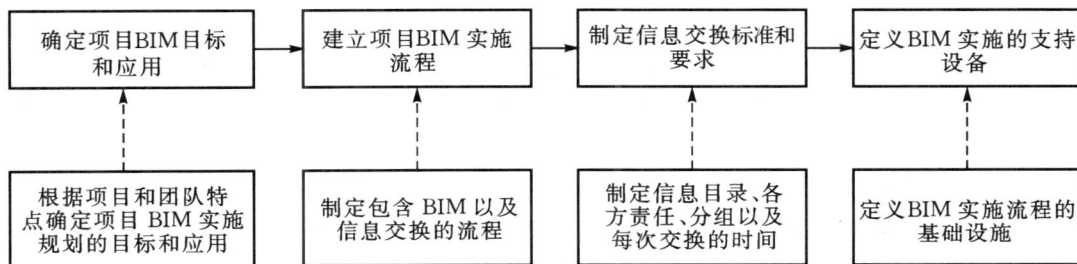

图 5-3 项目级 BIM 实施规划内容和步骤

1. 确定项目 BIM 目标和应用

为项目制定 BIM 实施规划的作用是定义 BIM 的正确应用，BIM 的实施流程、信息交换以

及支持各种流程的软硬件基础设施。

明确项目 BIM 实施规划的总体目标可以清晰地识别 BIM 可能给项目和项目团队成员带来的潜在价值。BIM 实施目标应该与建设项目的目标密切相关，包括缩短工期、提高现场生产能力、提高质量、减少工程变更、节约成本、利于项目的设施运营等内容。

BIM 实施目标应该与提升项目团队成员的能力相关，例如在 BIM 应用的初期，业主可能希望将项目作为验证设计、施工和运营之间信息交换的实验项目；而设计企业可以通过项目获得数字化设计软件的有效应用的经验。当项目团队明确了可测量的目标，包括项目角度的目标和企业角度的目标后，就可以确定项目中 BIM 技术的应用范围了。

BIM 技术的功能应用是建设项目 BIM 实施规划中一个十分重要的内容，它明确了 BIM 技术在建设项目实施中应用的功能和可能的价值。在具体项目应用时，项目团队应该明确他们认为对项目有益的 BIM 的适当用途并区分优先次序。

2. 建立项目 BIM 实施流程

BIM 实施提供控制性流程需要确定每个流程之间的信息交换模块，并为后续规划工作提供依据。BIM 实施流程包括总体流程和详细流程。总体流程描述整个项目中所有 BIM 应用之间的顺序以及相应的信息输出情况；详细流程则进一步安排每个 BIM 应用中的活动顺序，定义输入与输出的信息模块。

在编制 BIM 总体流程图时应考虑以下三项内容：①根据建设项目的发展阶段安排 BIM 应用的顺序；②定义每个 BIM 应用的责任方；③确定每个 BIM 应用的信息交换模块。

项目团队明确了 BIM 用途后，需要开始设计 BIM 应用规划的流程图步骤。首先应编制一个表明项目 BIM 的基本功能应用的排序和相互关系的高层级图，如图 5-4 所示。这可以使所有项目团队成员明晰他们的工作流程与其他团队成员工作流程的联系。

高层级流程图完成之后，负责 BIM 各项详细应用的项目团队成员要选择或设计更加详细的流程图。例如，高层级流程图应该显示出 BIM 在建筑创作、能量建模、成本估算和 4D 建模等方面的用途是如何排序和相互联系的。而详图应该显示出某一组织工作的详细流程，或者有时候是几个组织的工作。图 5-5 是详细层级功能应用（4D 应用）流程示意图。

4D 模型应用示意

3. 制定信息交换标准和要求

在 BIM 技术应用实施过程中，前一 BIM 应用所输出的信息与后一 BIM 应用所需输入的信息不能完全吻合，其原因不仅和软件的开发水平相关，还与每个 BIM 应用所处的项目进展阶段、应用的人员及应用目标和功能相关。BIM 技术的应用涉及项目实施的多个参与单位和多个参与专业人员，制定 BIM 信息交换标准和要求就成为保障 BIM 应用能获得所期望效果的必要工作，一般应考虑以下因素。

（1）信息接收方：确定需要接收信息并执行后续 BIM 应用的项目团队或成员。

（2）模型文件类型：列出在 BIM 应用中使用的软件名称及版本号，它对于确定 BIM 应用之间的数据互用是必要的。

（3）建筑元素分类标准：目前，国内项目可以借用美国普遍采用的分类标准 UniFormat，或已被纳入美国国家 BIM 应用标准的最新分类标准 OmniClass。

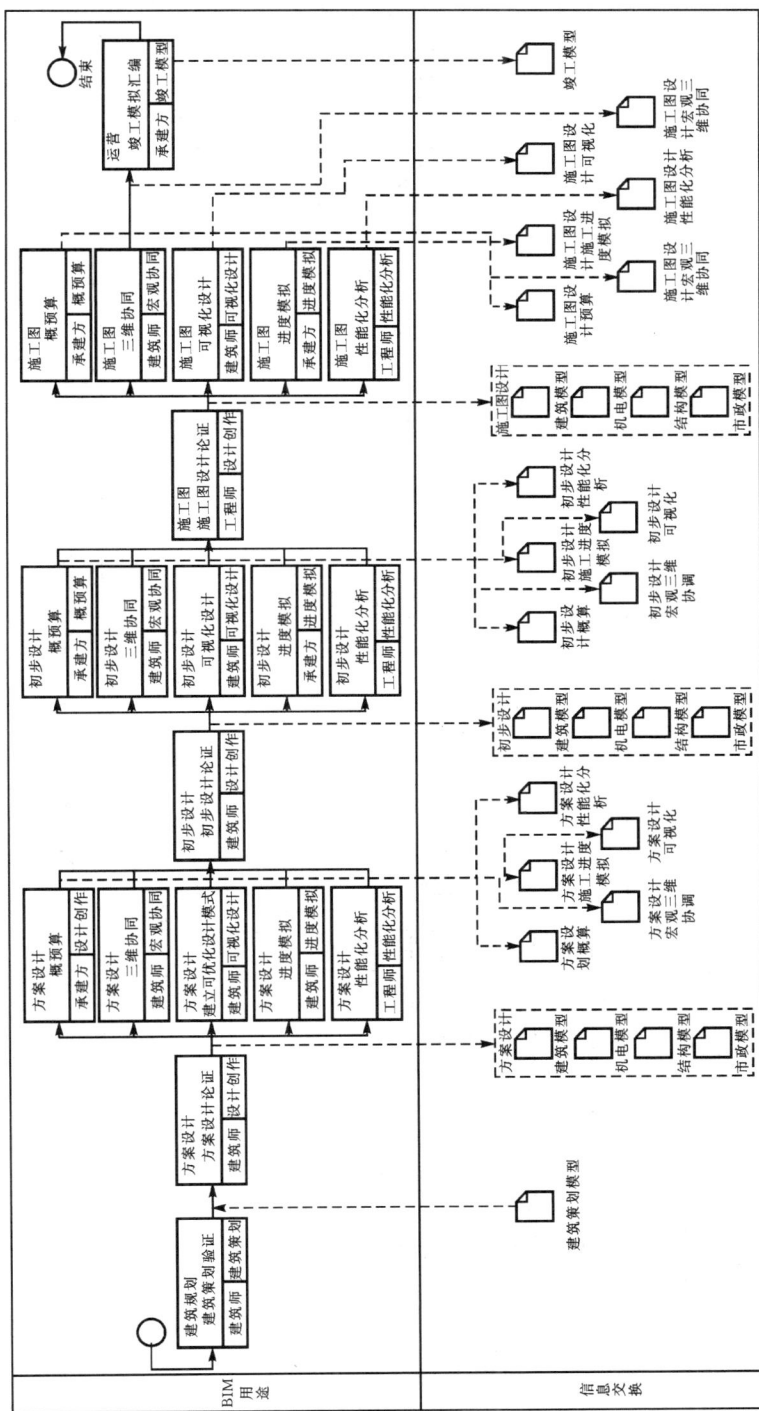

图 5-4　BIM 技术功能应用高层级流程示意图

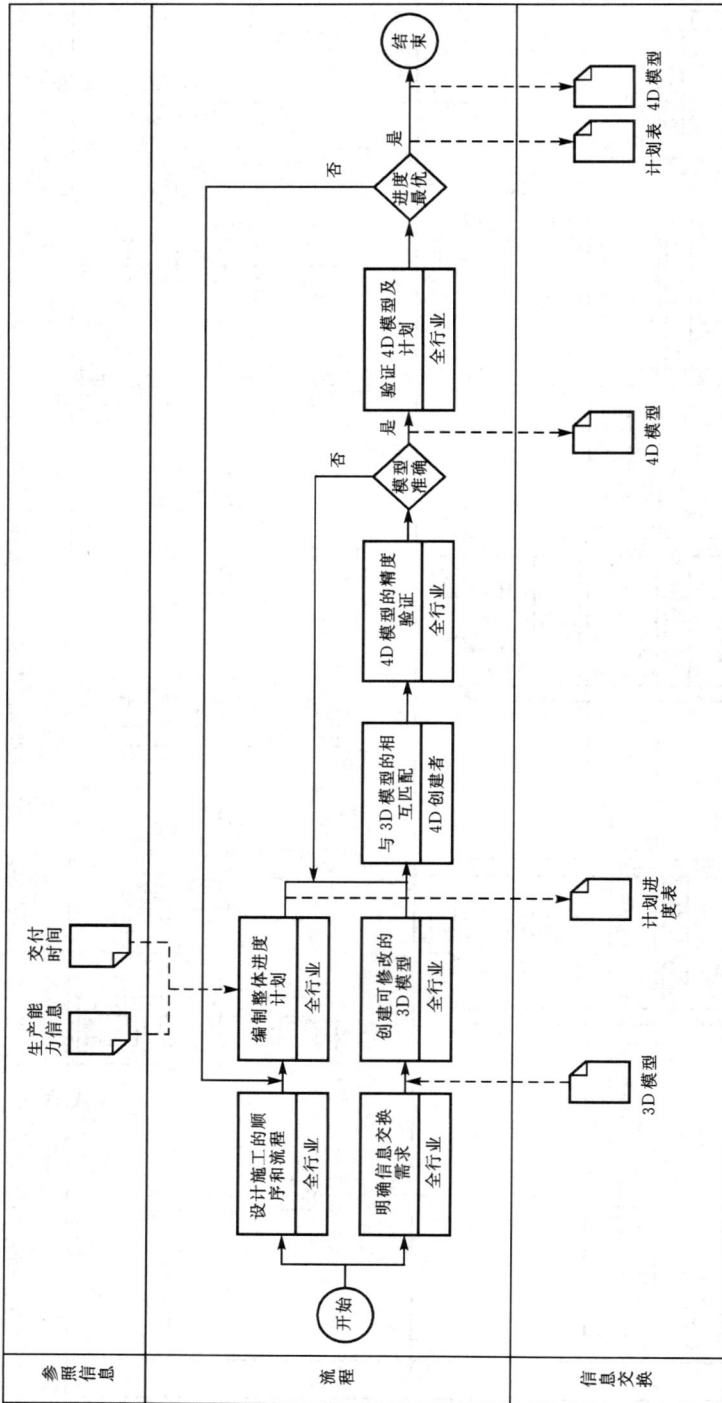

图 5-5 BIM 技术 4D 功能应用详细层级流程示意图

(4)信息详细程度:信息详细程度可以选用某些规则,如美国建筑师协会定义的模型开发级别(level of development,LOD)规则等。

(5)注释:用于解释未被描述清楚的内容。

完成适当的流程图后,应该清楚地识别项目参与方之间的信息交换。对于项目团队成员,尤其是对于每次信息交换交易的发出者和接收者来说,清楚地理解信息内容是非常重要的。

4. 定义 BIM 实施的支持设备

BIM 实施的支持设备即软硬件基础设施,主要是指在明确应用目标和信息交换要求和标准的基础上,确定整个技术实施的软硬件和网络配置方案,这些基础设施是保障 BIM 实施的基础和必要条件,一般包括计算机技术和项目管理治理环境两部分内容。

▷ 5.3.3　实施规划的应用案例

本小节以某项目的 BIM 技术的实施规划为案例,展示项目级 BIM 实施规划的主要内容。

1. 确定 BIM 应用工作目标

(1)通过项目 BIM 应用,有效控制造价,缩短工期,提高设计、施工质量和管理水平,提升建筑品质,推动设计、施工企业对 BIM 的重视和研究应用。

(2)通过项目 BIM 应用积累经验,建立 BIM 的建模标准(绘图、图例标准、传输标准、视图标准)和族库标准,建立 BIM 工作流程体系。

(3)制订培训计划,进一步加强 BIM 团队的建设,初步建立自己的 BIM 团队,BIM 团队应包含监理、造价咨询等合作单位人员。

(4)解决基于 BIM 的协同工作和信息共享问题,建设协同作业平台。

(5)通过项目 BIM 数据的建立,将 BIM 数据库用于运营维护管理,实现建筑物信息的存储、查阅。

2. BIM 实施的功能应用和流程设计

1)基本流程与阶段划分

项目 BIM 应用阶段划分以及各阶段的应用目标如表 5-3 所示。其中深化模型阶段及设计整合阶段将分为建筑、结构配合设备安装及出图深化模型,空调通风系统,给水排水及消防系统和电气系统分别进行,具体工作及详细工作流程将会在后段详细阐述;其他阶段,各专业交互并行实施。

2)BIM 团队的协同工作平台设计

BIM 协同工作平台包括:①BIM 建模平台,主要承担建筑、结构、机电各专业的模型搭建工作;②族库平台,主要为支持平台,将根据设备采购情况和现场构件的加工情况而深化模型,族库深度直接决定整个模型深度;③维护养护信息平台,记录设计以及设备采购时的维护基础数据,为将来的设备运营及维护提供基础数据库。具体架构如图 5-6 所示。

表 5-3 各阶段 BIM 应用目标定义

阶段	阶段目标
前期运作阶段	搭建协同工作平台 制订详细建模计划 制作本项目校审分项单 确定人员配置及时间筹划
初步模型阶段	按照施工图确定建筑主体布局及定位 完成建筑各个工段的初步模型,并通过链接创建整体模型 按照施工图确定结构主体形体、规格及定位 完成结构专业各个工段的初步模型,并通过链接进行整体模型检查 完成机电专业各个工段的初步模型,并通过链接进行整体模型检查 各个工段通过链接进行跨专业协作检查,确定冲突点的位置 确定主要管道穿梁及结构预留洞口位置 确定大型设备安装位置 确定管井内管道布置
深化模型阶段	建立各专业深化模型 提交各专业管线碰撞检查月报 深化管线综合及创建 2D 图纸 建立多方建筑信息模型整合计划表
设计整合阶段	获取幕墙建筑信息模型、钢构建筑信息模型以及各厂商建筑信息模型 整合各区块模型形成总体模型 整合并协调各专业模型
施工配合阶段	根据总体整合模型,确定施工组织及进度模型 提交施工阶段管线综合深化设计 提交工程量材料清单 施工模型最终修正深化完善 汇总并整合全套竣工模型

3)初步模型阶段流程设计

初步模型阶段的实施流程如图 5-7 所示,主要应保障初步模型的准确性,为后面的深化奠定良好的基础。

4)模型深化阶段的实施流程

模型深化阶段应与项目进度相结合,按照专业独立深化,综合讨论。渐次深化的工作计划是根据下个阶段项目的施工区域及施工专业而确定的,BIM 团队接到项目有关资料后,其工作处理流程如图 5-8 所示。

初步模型实施示意

5)设计整合阶段目标和成果

以下内容对后续模型利用及指导施工甚为关键:在建模过程中和建模完成以后,如何确保模型的准确性和完整性,及时发现模型与图纸不一致的问题;如何确保模型的可用性,与其他组件的交互性,组件与组件之间能否"无缝"整合成为一个整体;如何确保创建模型和数据处理人员能遵循工作规范,创建样式协调、参数统一的模型;如何确保材料清单与模型及模型未直接体现的工程量保持一致。

```
                        ┌─────────────────┐
                        │   协同工作平台    │
                        └─────────────────┘
        ┌───────────────────┬───────────────────────┐
┌─────────────┐     ┌─────────────┐        ┌──────────────────┐
│  BIM建模平台  │     │   族库平台    │        │  维护养护信息平台   │
└─────────────┘     └─────────────┘        └──────────────────┘
┌─────────────────┐ ┌─────────────────┐   ┌────────────────────┐
│ 建筑模型搭建平台  │ │  建筑族库平台     │   │ 空调设备维护养护信息平台 │
└─────────────────┘ └─────────────────┘   └────────────────────┘
┌─────────────────┐ ┌─────────────────┐   ┌────────────────────┐
│ 结构模型搭建平台  │ │  结构族库平台     │   │ 水设备维护养护信息平台  │
└─────────────────┘ └─────────────────┘   └────────────────────┘
┌─────────────────┐ ┌─────────────────┐   ┌────────────────────┐
│ 机电模型搭建平台  │ │  机电族库平台     │   │ 消防设备维护养护信息平台 │
└─────────────────┘ └─────────────────┘   └────────────────────┘
┌─────────────────┐ ┌─────────────────┐   ┌────────────────────┐
│ 总图模型搭建平台  │ │  总图族库平台     │   │ 动力设备维护养护信息平台 │
└─────────────────┘ └─────────────────┘   └────────────────────┘
                                          ┌────────────────────┐
                                          │ 自控设备维护养护信息平台 │
                                          └────────────────────┘
                                          ┌────────────────────┐
                                          │关键位置维护养护信息平台 │
                                          └────────────────────┘
```

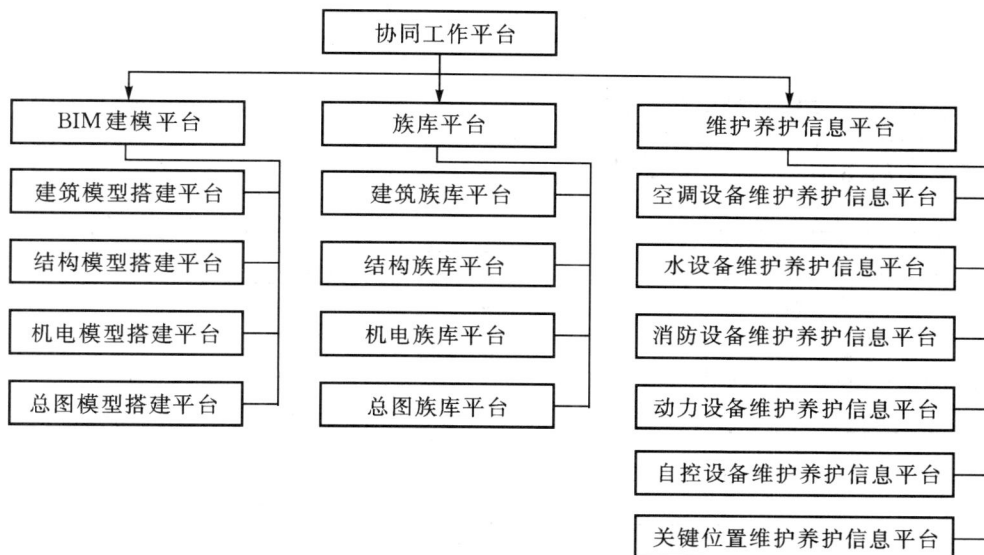

图 5-6　BIM协同工作平台架构图

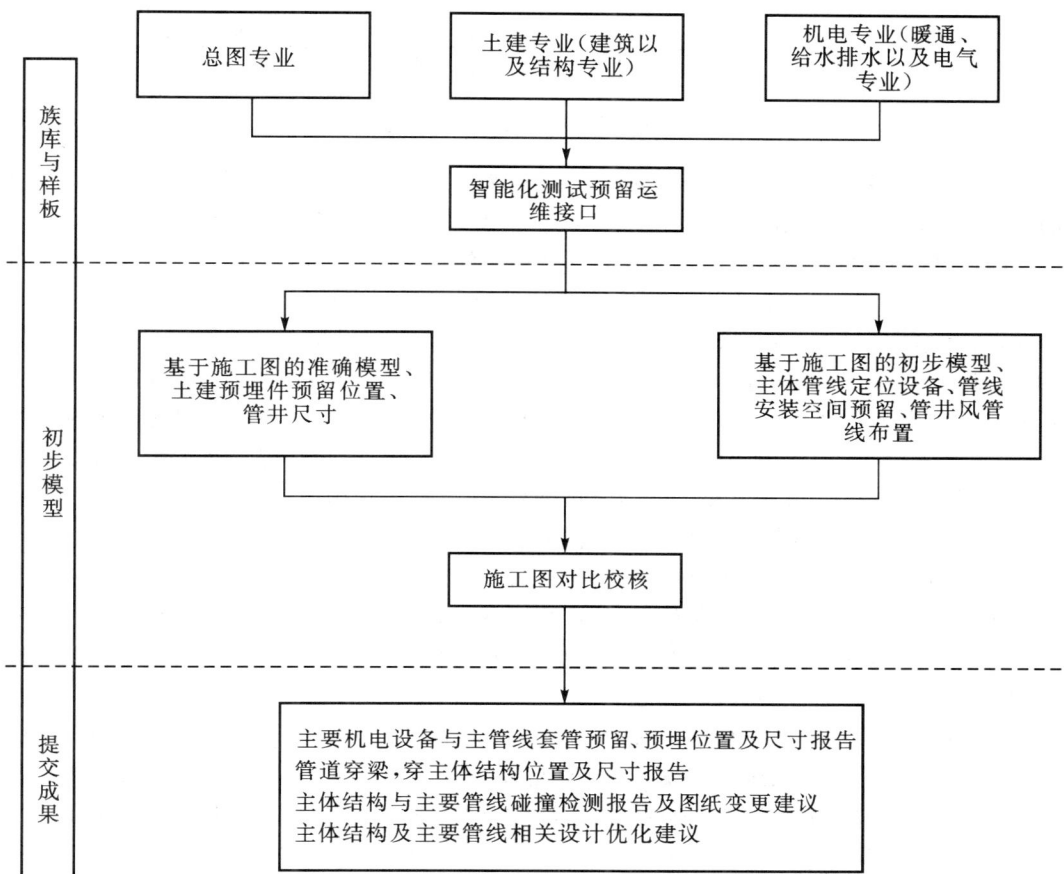

```
┌──────────┐  ┌──────────────┐  ┌────────────────┐
│ 总图专业  │  │土建专业(建筑以 │  │机电专业(暖通、   │
│          │  │及结构专业)    │  │给水排水以及电气  │
└──────────┘  └──────────────┘  │专业)            │
                                 └────────────────┘
                ┌──────────────┐
                │智能化测试预留运│
                │维接口         │
                └──────────────┘
┌──────────────────┐          ┌──────────────────┐
│基于施工图的准确模型、│          │基于施工图的初步模型、│
│土建预埋件预留位置、 │          │主体管线定位设备、管线│
│管井尺寸           │          │安装空间预留、管井风管│
└──────────────────┘          │线布置             │
                              └──────────────────┘
                ┌──────────────┐
                │ 施工图对比校核 │
                └──────────────┘
┌────────────────────────────────────────┐
│主要机电设备与主管线套管预留、预埋位置及尺寸报告  │
│管道穿梁、穿主体结构位置及尺寸报告            │
│主体结构与主要管线碰撞检测报告及图纸变更建议     │
│主体结构及主要管线相关设计优化建议            │
└────────────────────────────────────────┘
```

族库与样板 / 初步模型 / 提交成果

图 5-7　初步模型实施流程图

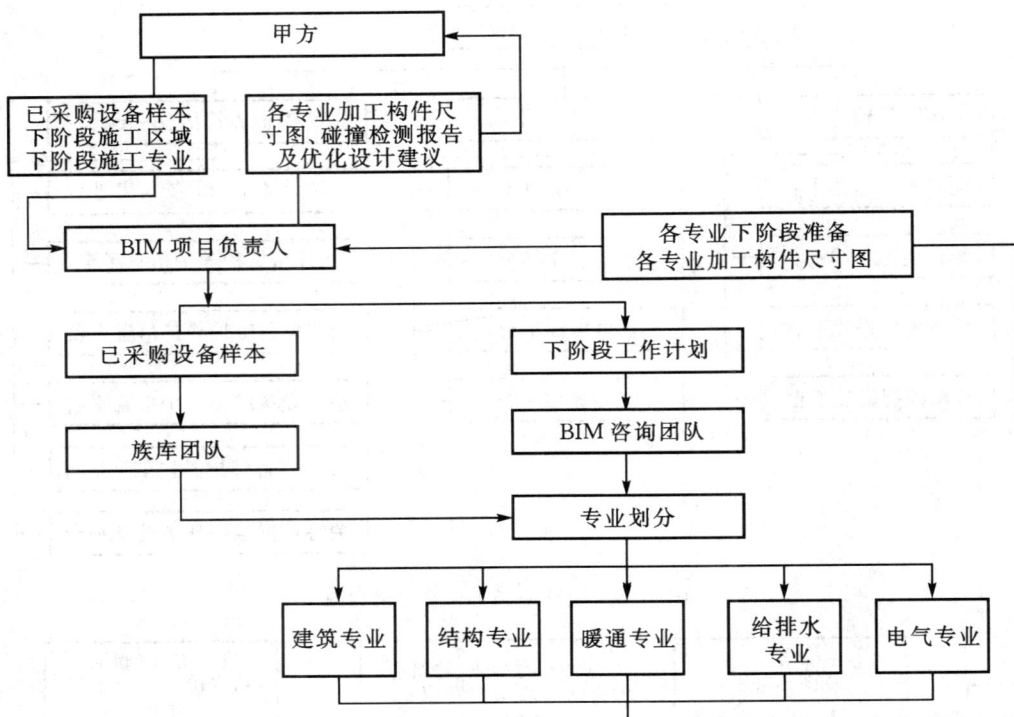

图 5-8　模型深化阶段的 BIM 实施流程图

为此,需要在各个环节都设定质量保障体系,以消除个体偏好、能力高低等不确定性对各项成果的质量造成的影响,使得成果不因人而异,质量稳定可靠,应用顺畅。质量保障体系包含两个方面:一方面是制订基于软件规则的逻辑合理、操作简便的工作规范,另一方面是确保这些工作规范得以贯彻执行。而竣工模型的校对与整合,是严格的校审制度的最后一环。

(1)设计整合目标。由于项目开始制定的拆分原则,模型将按照建筑分区、机电系统等进行拆分,那么最终的模型整合过程也将遵循相应的原则进行整合;对甲方的幕墙顾问团队、钢构顾问团队以及各厂商而言,按照既定的拆分原则搭建模型,在最后整合阶段方能顺利进行。

(2)设计整合流程。校审整合是模型完工前最后一道关口,也是保证竣工模型和现场高度一致的最后一道屏障。为保障竣工模型的精确性,应进行工程施工图校审、规则校审和接口测试层层把关,并按照先区域内校核、后全部模型拼装的过程,从制度上严格控制模型的质量。

(3)提交成果。在本阶段应根据所有甲方以及主要工程参与方的情况提交全部校审记录、设备数据库以及工程量清单,具体包括:①整合各区块模型形成总体模型;②整合并协调各顾问团队及各分包商的模型;③整合各方工程量材料清单。

6)施工配合阶段任务和流程

(1)施工配合目标。在工程施工过程中,BIM 全专业综合模型应配合施工方分区或整体进行施工组织、施工进度及施工方法模拟,对重要机房管线安装实施施工模拟以控制工程质量;并在设计阶段模型的基础上,进行施工阶段的管线综合深化设计以及最终算量的工作。

(2)施工配合流程。在工程施工过程中,已经在设计阶段整合过的模型,为配合工程项目的施工,甲方和施工方应协同工作,继续修正并深化完善模型,以达到竣工模型级别。两方协同工作流程如图 5-9 所示。

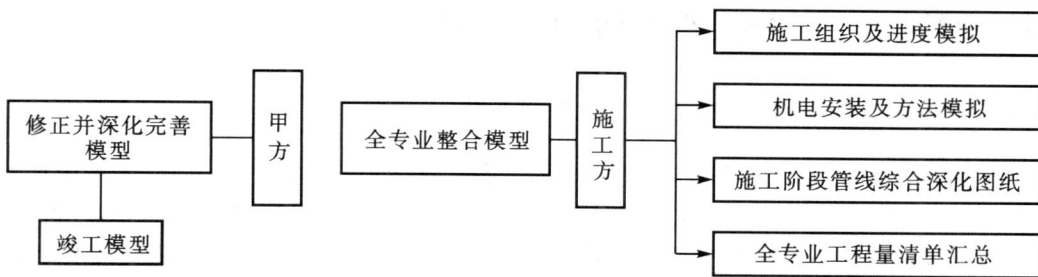

图 5-9　工程施工过程中甲乙方协同工作流程图

（3）提交成果。在本阶段，将根据项目以下进度，继续修正并深化完善模型，以达到竣工模型级别：①施工组织进度模拟；②机电安装及方法模拟；③施工阶段管线综合深化图纸；④全专业工程量汇总清单；⑤竣工模型。

7）软件平台

软件的平台是 BIM 项目的基础平台，除基本的模型搭建平台和施工模拟平台以外，数据管理平台和协同工作平台是保证整个 BIM 团队信息同步、数据源一致的关键；而协同工作平台同时具备模型检查的功能，保证高质量模型的基础，如图 5-10 所示。

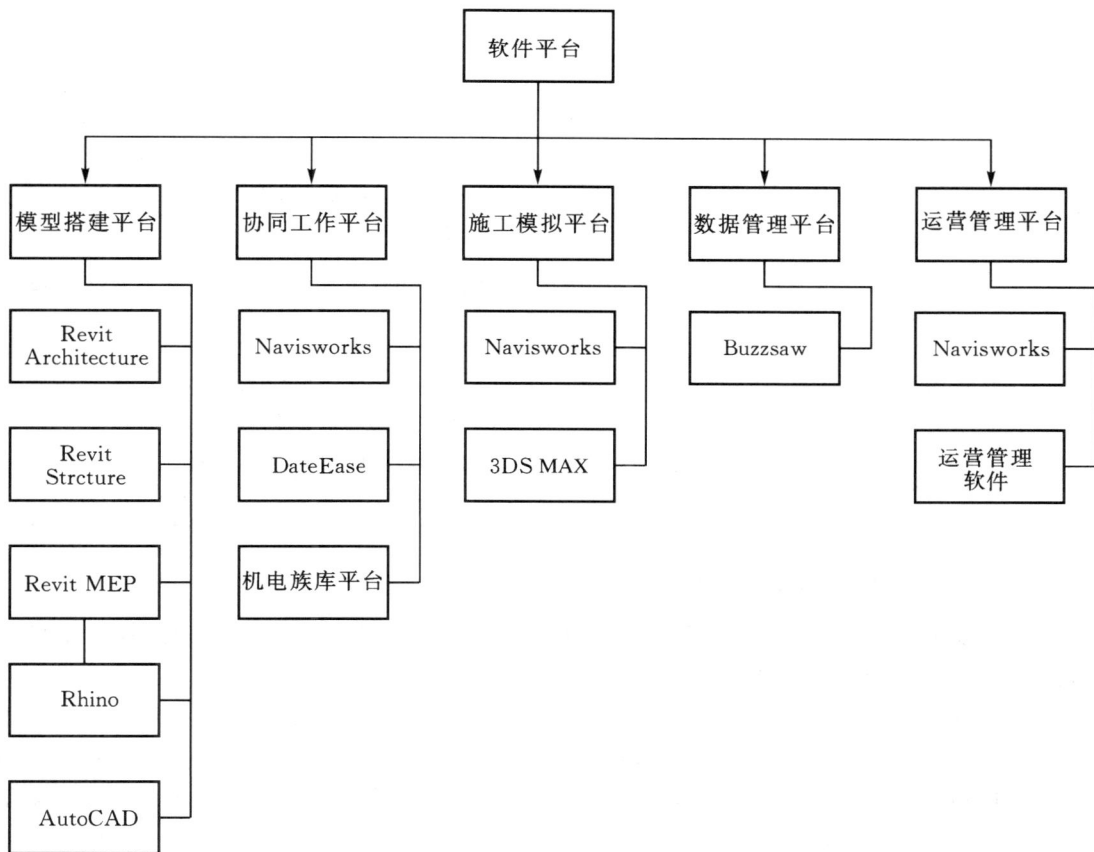

图 5-10　BIM 软件平台方案架构图

5.4 BIM 实施过程中的协调与控制

5.4.1 BIM 应用协调人

BIM 作为一种建筑业创新性技术,相对长期盛行的 2D CAD 技术而言,具有突破性和颠覆性。由于学习曲线效应的存在,现有建筑业各专业人员并不能很快过渡到 BIM 环境下。因此,围绕 BIM 技术项目应用诞生了一些新的岗位和角色,如表 5-4 所示。考虑到 BIM 实施过程中需要多专业、多项目参与方的积极参与,需要不同界面下的协调与控制,BIM 应用协调人是建筑业企业和建设项目组织由 2D 的 CAD 向 BIM 技术转变的关键角色之一。本节将重点分析 BIM 应用协调人的角色及职责定位、能力要求。

表 5-4 BIM 技术应用的相关职位

序号	职位	说明
1	BIM 经理	管理 BIM 实施和维护过程中的参与人员
2	BIM 应用协调人	BIM 应用协调人不局限于熟练 BIM 操作软件,其角色是在模型信息可视化方面帮助其他专业工程师
3	BIM 分析员	基于模型进行仿真与分析
4	BIM 建模员	模型构建及从模型提取 2D 图纸
5	BIM 咨询师	在已采纳 BIM 技术但缺乏有经验的 BIM 专家的大型公司中,BIM 咨询师指导项目设计、开发及建造者的 BIM 实施,主要包括战略咨询师、功能咨询师、实施咨询师
6	BIM 研究员	致力于 BIM 领域的制度、组织治理、教学、协调与开发研究等
7	BIM 软件开发员	负责从 BIM 插件到 BIM 服务器等软件开发以支持 BIM 流程和集成
8	BIM 专家	熟悉 IFC 数据结构及模型概念,精通 IFC 标准、数据兼容及需求等领域的专家

1. BIM 应用协调人角色及职责定位

项目实施阶段的 BIM 应用需要项目参与方具备 BIM 专门人才、软件及硬件,使 BIM 价值得到有效实现。基于项目参与方角色及定位的不同,不同项目参与方的 BIM 应用协调人角色和职责不同。通常情况下,项目的承发包模式决定了项目参与方的角色和数量。一般 BIM 应用协调人主要可以分为设计方 BIM 应用协调人、施工方 BIM 应用协调人及业主方 BIM 应用协调人。业主方 BIM 应用协调人通常是 BIM 应用的总体协调人。基于业主团队能力及管控模式,有时业主不设该职位。

1）业主方 BIM 应用协调人

业主方是项目的总集成者，同时具有契约设计权。业主方是 BIM 应用的主要推动者。业主方 BIM 应用协调人应负责执行、指导和协调所有与 BIM 有关的工作，确保设计模型和施工模型的无缝集成和实施，包括项目规划、设计、技术管理、施工、运营和总体协调以及在所有和 BIM 相关的事项上提供权威的建议、帮助和信息，协调和管理其他项目参与方 BIM 的实施。在项目实践中，业主方项目管理能力及 BIM 应用能力不同，业主方 BIM 应用协调人职责定位也会不同。业主方 BIM 应用协调人的主要角色及职责可分为以下四部分。

（1）数据库管理（25％的时间）。数据库管理角色主要承担以下职责：

①基于工作经验、完整的工程知识和一般设计要求以及其他相关成员的意见，制定和维护一个标准数据集模板、一个面向标准设施的专门数据集模板，以及模块目录和单元库，准备和更新这些数据产品，供内部和外部的设计团队、施工承包商、设施运营和维护人员用于项目整个生命周期内的项目管理工作。

②审核在 BIM 设计项目过程中产生的单元（例如门、窗等）和模块（例如卫生间、会议室等），同时把最好的元素合并到标准模板和标准库里面去；审核所有信息以保证它们和有关的标准、规程和总体项目要求一致。

③协调项目实施团队、软硬件厂商、其他技术资源和客户，直接负责解决和确定与数据库关联的各种问题。确定来自组织其他成员的输入要求，维护和所有 BIM 相关组织的联络，及时通知标准模板和标准库的任何修改。

④作为基于 BIM 进行建筑设计的设计团队、使用 BIM 产生竣工文件的施工企业、使用 BIM 导出模型进行设施运营和维护的设施管理企业的接口，为其提供访问合适的数据集、库和标准的权限，在上述 BIM 用户需要的时候提供问题解决和指引。

⑤对设计和施工提交内容与各自合同规定的 BIM 有关事项的一致性进行审核并提供建议，把设计团队和施工企业产生的模型中适当的元素并入标准数据库。

（2）项目执行（30％的时间）。项目执行角色主要承担以下职责：

①协调所有内部设计团队在 BIM 环境中做项目设计时有关软硬件方面的问题。

②对设计团队的构成给管理层提出建议。

③和设计团队成员、软件厂商、客户等协调安排项目启动专题讨论会的相关事项。

④基于项目和客户要求设立数字工作空间和项目初始数据集。

⑤根据需要参加项目专题讨论会，包括为项目设计团队成员提供培训和辅导。

⑥随时为设计团队提供疑难解答。

⑦监控和协调模型的准备工作以及支持项目设计团队组装必要的信息以完成最后的产品。

⑧监控 BIM 环境中生产的所有产品的准备工作。

⑨监控和协调所有项目需要的专用信息的准备工作以及支持所有生产最终产品必需的信息的组装工作。

⑩审核所有信息保证其符合标准、规程和项目要求。

⑪确定各种冲突并把未解决的问题连同建议解决方案一起呈报上级主管。

（3）培训（20％的时间）。培训角色主要承担以下职责：

①提供和协调最大化 BIM 技术利益的培训。

②根据需要协调年度更新培训和项目专用培训。

③根据需要参与更新培训和项目专题研讨培训班。

④根据需要在项目设计过程中对 BIM 个人用户提供随时培训。

⑤根据设计团队、施工承包商、设施运营商接口开发的需求,提升他们的 BIM 应用能力。

⑥为管理层提供有关技术进步以及相应建议、计划和状态的简报。

⑦给管理层提供员工培训需要和机会的建议。

⑧在有需要和被批准的前提下为会议和专业组织做 BIM 演示介绍。

(4)程序管理(25%的时间)。程序管理角色主要承担以下职责:

①管理 BIM 程序的技术和功能环节,最大化客户的 BIM 利益。

②和业主总部、软件厂商、其他部门、设计团队以及其他工程组织对接,始终走在 BIM 相关工程设计、施工、管理软硬件技术的前沿。

③为管理层和客户代表介绍各种程序的状态、阶段性成果和应用的先进技术。

④与设计团队、业主方总部、客户和其他相关人员协调,建立本机构的 BIM 应用标准。

⑤管理 BIM 软件,实施版本控制,向管理层建议软件版本升级费用。

⑥积极参加总部各类 BIM 规划、开发和生产程序的制定。

2)设计方 BIM 应用协调人

项目设计方需要设立设计方 BIM 应用协调人。其应具备足够年限的 BIM 实施经验,精通相关 BIM 程序及协调软件,基于项目 BIM 实施过程相关问题与项目业主方或施工方进行沟通与协调。其通常承担以下职责:

(1)制订并实施设计方 BIM 工作计划。

(2)与业主方 BIM 应用协调人协调项目范围相关培训。

(3)协调软件培训及文件管理,建立高效应用软件的方案。

(4)与业主团队及项目 IT 人员协调建立数据共享服务器,包括与 IT 人员配合建立门户网站、进行权限设定等。

(5)负责整合相关协调会所需的综合设计模型,促进综合设计模型在设计协调与碰撞检查会议中的有效应用,并提供所有碰撞的辨识和解决方案。综合设计模型是基于设计视角构建的模型,其包括了建筑、结构、MEP(机械、电气、管道)等完整设计信息的模型,与施工图信息一致。

(6)进行设计方 BIM 的建模质量控制与检查。

(7)确保 BIM 在设计需求和标准测试方面的合理应用。

(8)与项目 BIM 团队及 IT 人员沟通,确保软件被安装和有效应用。

(9)与软件商沟通,提供软件应用反馈和错误报告,并获取相关帮助。

(10)提供 BIM 工作室相关说明,并获取业主认可。

(11)联系 BIM 技术人员推进 BIM 技术会议。

(12)确保设计团队理解、支持及满足业主 BIM 的主要目标及要求。

(13)确保所有团队人员共享同一模型参照点。

(14)与业主团队协调模型及数据交换流程。

(15)协调模型传递及关键事件节点。

(16)与业主方 BIM 应用协调人协调,确保 BIM 最终交付成果的完成。

(17)确保设计合同中设计交付成果以特定格式提供。

3）施工方 BIM 协调人

总包方应该委派专门的施工方 BIM 协调人,作为施工方 BIM 工作计划的执行者。其应具备一定年限的 BIM 实施经验,能够满足项目复杂性要求,具备灵活应用 BIM 软件和帮助发现施工性问题的能力。其通常承担以下职责:

（1）与业主方 BIM 协调人和施工团队沟通 BIM 相关问题。

（2）在施工前及施工过程中,与 IT 人员一起建立和维护门户及权限。

（3）与设计团队沟通,确保施工团队所需施工数据提取及相关需求得到满足。

（4）与设计团队协调,确保设计变更及时在模型中更新和记录。

（5）在批准和安装前,将预制造模型与综合设计模型集成,确保符合设计意图。

（6）负责施工模型的构建与维护,确保建成信息及时在模型中更新。

（7）推动施工阶段充分协调模型在施工协调和碰撞检查会议的有效应用,提供软碰撞和硬碰撞的辨识和解决方案。

（8）协调软件培训及制订施工团队有效应用 BIM 的软件方案。

（9）为施工方 BIM 工作室制订说明书并提交业主批准,确保施工团队具备必需的硬件及BIM 软件。

2. BIM 应用协调人能力要求

BIM 应用协调人能力由其角色和职责决定。现有研究成果对 BIM 能力的定义较少,比较系统分析的是澳大利亚纽卡斯尔大学的比拉尔·苏卡尔（Bilal Succar）教授在分析个体能力相关文献的基础上,给出了个体 BIM 能力的综合定义:个体 BIM 能力指进行 BIM 活动或完成 BIM 成果所需的个体特质、专业知识和技术能力。这些能力、活动或成果必须能够采用绩效标准测度,且能够通过学习、培训及发展而获取或提升。BIM 专业应用能力由低到高分为如下六个层次。

（1）BIM 软件操作能力,即 BIM 专业应用人员掌握一种或若干种 BIM 软件使用的能力,这至少应该是 BIM 建模工程师、BIM 信息应用工程师和 BIM 专业分析工程师三类职位必须具备的基本能力。

（2）BIM 建模能力,指利用 BIM 建模软件建立工程项目不同专业、不同用途模型的能力,如建筑模型、结构模型、场地模型、机电模型、性能分析模型、安全预警模型等,是 BIM 建模工程师必须具备的能力。

（3）BIM 应用能力,指使用 BIM 对工程项目不同阶段的各种任务进行分析、模拟、优化的能力,如方案论证、性能分析、设计审查、施工工艺模拟等,是 BIM 专业分析工程师需要具备的能力。

（4）BIM 应用环境建立能力,指建立一个工程项目顺利进行 BIM 应用而需要的技术环境的能力,包括交付标准、工作流程、构件部件库、软件、硬件、网络等,是 BIM 项目经理在 BIMIT 应用人员支持下需要具备的能力。

（5）BIM 项目管理能力,指按要求管理协调 BIM 项目团队实现 BIM 应用目标的能力,包括确定项目的具体 BIM 应用、项目团队建立和培训等,是 BIM 项目经理需要具备的能力。

（6）BIM 业务集成能力,指把 BIM 应用和企业业务目标集成的能力,包括确认 BIM 对企业的业务价值、计算评估 BIM 投资回报、建立新业务模式等,是 BIM 战略总监需要具备的能力。

BIM 应用协调人是建设项目由传统 CAD 技术向 BIM 技术转换或过渡的关键角色之一。根据上文对 BIM 应用协调人角色及职责定位的分析得知,其应具备以下两方面的能力。

一是工程专业能力,是指完成工程项目全生命周期过程中某一种和几种特定专业任务的能力,例如建筑设计、机电安装、运营维护等。工程项目的全生命周期可分为设计、施工及运维三个阶段，每个阶段又有不同的专业和分工。例如设计阶段的建筑、结构、设备、电气等专业，施工阶段的土建施工、机电安装、施工计划、造价控制等，运维阶段的空间管理、资产管理、设备维护等。该部分能力的分类及构成与高校建筑工程类专业划分有关，其一般由 BIM 应用协调人的专业背景及从业经验决定。

二是 BIM 能力，指应用 BIM 工具给建设项目带来增值的能力。关于 BIM 能力，学术界和实业界尚未有统一的定义，仅有相关研究文献对其进行了概括，其中较为全面的是比拉尔·苏卡尔教授总结的 BIM 能力集合，其把 BIM 能力分为技术、过程和政策三类，如图 5-11 所示。

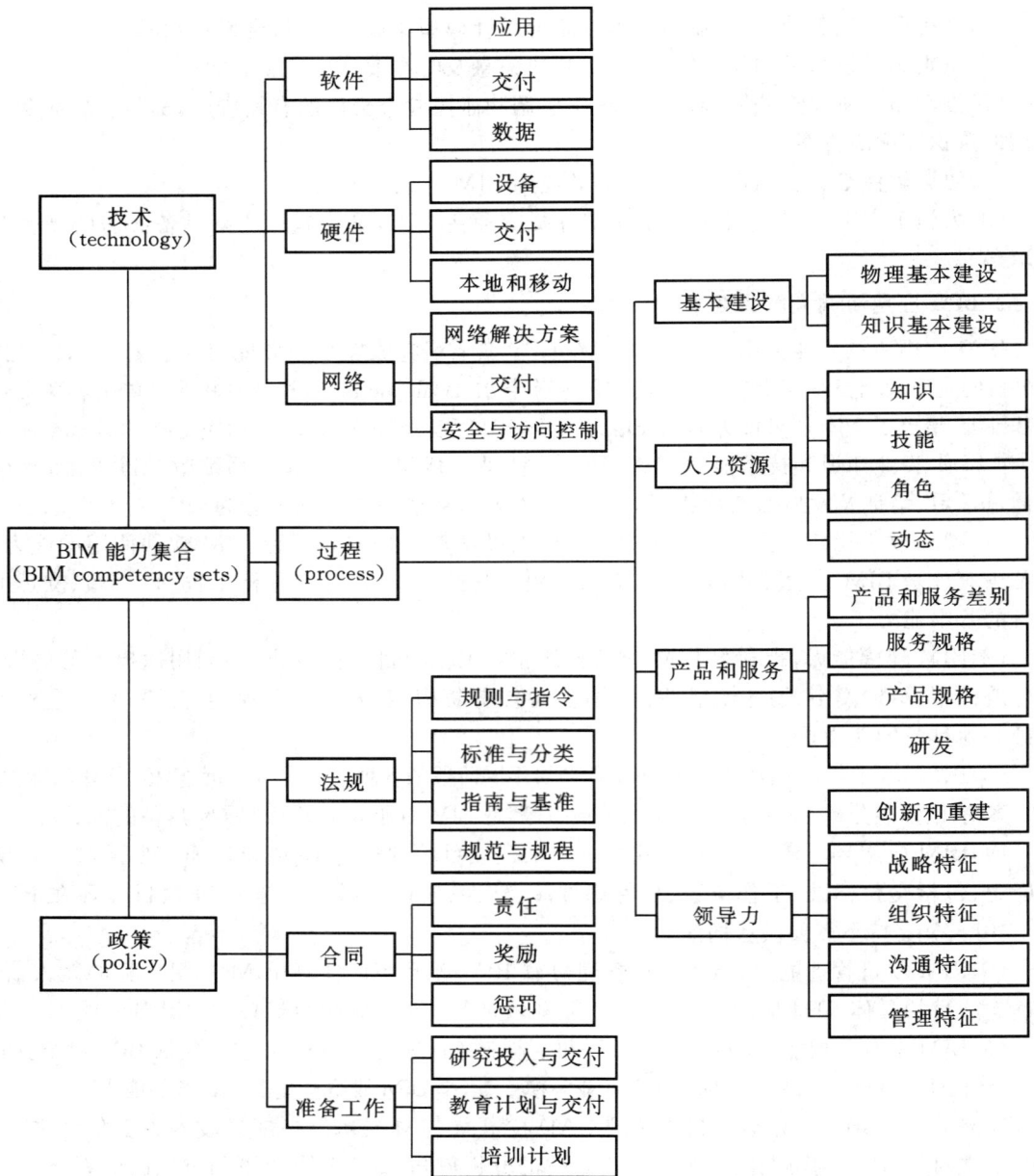

图 5-11 BIM 能力集合图示

➤5.4.2　BIM 应用的质量控制

　　BIM 实施过程质量控制对 BIM 实施效果有很大的影响,因此需要对实施过程进行质量控制。BIM 应用过程中,必须结合 BIM 实施的特点,采用质量控制的方法和程序,保证 BIM 的顺利实施。BIM 应用质量控制指使 BIM 技术应用满足项目需求而采取的一系列有计划的控制活动。BIM 的应用不同于传统 2D CAD 技术的应用,其质量控制的最为突出的特点是影响因素多。影响因素主要包括:①项目 BIM 技术应用需求高低;②项目承发包模式及参建各方 BIM 应用过程协作情况;③参建各方对项目 BIM 应用价值的认知;④参建各方 BIM 实施能力;⑤项目相关投入。

复习思考题

　　1.企业级 BIM 实施目标是什么?

　　2.企业级 BIM 实施原则是什么?

　　3.项目级 BIM 实施规划的编制原则是什么?

　　4.设计阶段 BIM 实施流程包括哪些内容?

第6章 项目业主方的BIM应用

6.1 项目业主方BIM应用概述

建筑行业正面临着信息技术革命带来的巨大变革。这种变革既包括工作流程的改变,也包括管理范式的转变,即从基于二维图和文档的阶段性的采购流程,向数字模式及协同采购流程方向转变。BIM的基础是一个或多个协同的、信息丰富的建筑模型,具有对项目进行虚拟原型设计、分析和虚拟施工的能力。业主可以通过使用BIM工作流程和工具来简化高质量、高性能的建筑交付过程,并且使项目的收益显著提升。这里"业主"指的是发起和投资建设项目的组织。BIM技术和流程促进了项目参与者之间的合作,减少了错误和后期的变更,形成了更高效和可靠的设施交付过程,减少了项目的建设周期和成本。

BIM工具极大地增强了当今CAD系统将设计信息与业务流程相连接的能力,比如估算、销售预测和运营。这些工具支持以协同而不是分散的方式进行项目采购。这种协同建立起了相互信任和为业主服务的共同目标,而非团队间追求各自利益最大化的竞争关系。相比之下,在传统的基于纸质介质的工作流程中,分析与设计信息不同步,各阶段间交付成果时,容易丢失信息资产价值,产生很多错误和遗漏,需要付出更大的努力才能获得准确的项目信息,如图6-1所示。

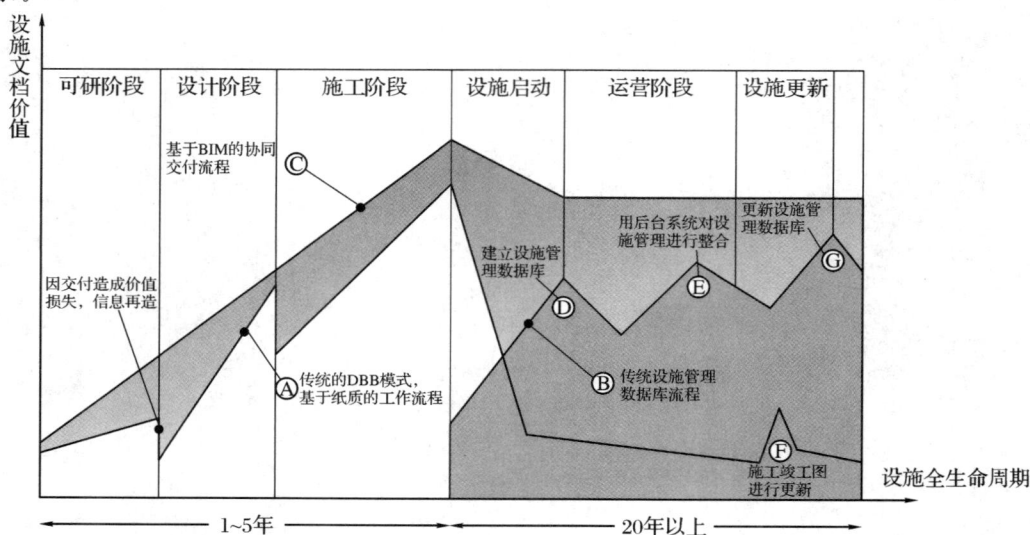

图6-1 设施全生命周期信息生产和维护示意图
（注:线条的斜率反映了生产和维护信息的努力）

基于 BIM 的工作流程,可能会给业主带来更好的投资回报,因为改进后的集成设计流程增加了项目每个阶段的信息价值,使项目团队的效率更高。同时,业主还可以在项目质量、成本及设施的未来运营方面获得收益。业主利用 BIM 可以获得以下好处:

(1)提升建筑性能。基于 BIM 的能源和照明设计及分析可以提升建筑的整体性能。

(2)降低项目的财务风险。利用 BIM 可以更早地获得更可靠的成本估算,并且促进项目团队合作。

(3)缩短项目计划。利用 BIM 来协调和预制设计,可以减少从项目批准到完成的现场劳动时间。

(4)获得可靠且准确的成本估算。利用 BIM 自动算量,可获得可靠且准确的成本估算,在项目早期决策的关键时期,及时提供反馈信息。

(5)确保项目合规性。利用 BIM 对业主和地方性法规的要求持续进行分析,确保建设项目的合规性。

(6)优化设施管理和维护。利用 BIM 可导出竣工建筑及其设备信息模型,并启动项目全生命周期设施管理系统。

几乎所有的项目业主都可以利用 BIM 技术获得以上这些好处。对于所有业主来说,了解 BIM 应用如何能使其获得竞争优势,更好地应对市场需求,进而获得更好的投资回报,是至关重要的。表 6-1 以业主的视角总结了本章所讨论的 BIM 应用领域,以及与这些应用领域相关的各种益处。

表 6-1 BIM 应用领域和对所有业主(含运营商、开发商)潜在益处总结

业主 BIM 应用领域	市场驱动因素	对业主的好处
空间规划和合规性	成本管理、市场复杂性	保证项目要求被满足
能源(环境)分析	可持续性	提高可持续性和能源效率
设计配置/方案规划	成本管理、建筑基础设施复杂性	设计质量沟通
建筑系统分析/仿真	可持续性	建筑性能和质量
设计沟通/审查	市场复杂性及语言障碍	沟通
工程量提取以及成本估算	成本管理	在设计过程中更可靠及更早地进行评估
设计协同(冲突检测)	成本管理及基础设施复杂性	减少领域错误和施工成本
计划模拟/4D	投产时间、人员不足以及语言障碍	可视沟通计划
项目控制	投产时间	跟踪项目活动
预装配	投产时间	减少现场人员,改进设计质量
形势分析	成本管理	提升成本可靠性
运营模拟	可持续性/成本管理	建筑性能及可维护性
试运营及资产管理	资产管理	设施及资产管理

从表 6-1 中可以看出,业主在项目全生命期所有阶段都可以从 BIM 应用中获益。BIM 技术越早使用,业主获益越大。业主在项目前期策划阶段做出投资决策,该阶段将影响项目成本的 95% 以上,对项目成败至关重要。业主应与咨询服务商合作,采用 BIM 技术,进行科学决策。

6.2 项目前期策划阶段业主方的 BIM 应用

▶ 6.2.1 项目前期策划概述

项目前期策划是指在项目前期,通过收集资料和调查研究,在充分获得信息的基础上,针对项目的决策和实施,进行组织、管理、经济和技术等方面的科学分析和论证,以保障项目业主方工作有正确的方向和明确的目标,也能促使项目设计工作有明确的方向并充分体现项目业主的意图。

项目前期策划可以帮助项目业主进行科学决策,并使项目按最有利于经济效益和社会效益发挥的方向实施,主要反映在项目使用功能和质量的提高、实施成本和经营成本的降低、社会效益和经济效益的增长、实施周期缩短、实施过程的组织和协调强化以及人们生活和工作的环境保护和环境美化等诸多方面。传统上,此阶段业主与咨询服务商合作,提出项目方案需求,但他们在执行这一过程中往往在各种方案特点或项目需求的可行性和成本上没有得到及时反馈。

这个阶段常用的 BIM 方案软件工具是 Onuma Planning System,可配合网络使用,使业主或设计师们同时在模拟的场地信息模型上表达自己的观点与意见。它可以使设计师与业主之间的沟通交流更方便,在业主任务书中利用基于几何形体的建筑方案代替基于文字的项目要求,并可验证设计方案与业主的项目要求是否匹配。另外,该设计软件的成果可以转到 BIM 建模软件里面进行设计深化,进一步满足业主的需求。

1. 环境调查与分析

项目环境调查与分析是项目前期策划的基础。以建设工程项目环境调查为例,其任务包括宏观经济与政策环境调查与分析、微观经济与政策环境调查与分析、项目市场环境调查与分析以及项目所在地的建设环境和自然环境的调查与分析等。

1)宏观经济与政策环境调查与分析

宏观经济与政策环境指的是国家层面的宏观经济及项目相关行业经济发展现状与未来趋势的情况,以及国家为发展国民经济、促进行业发展所制定的有关法律、法规、规章等。对宏观经济与政策环境的调查和分析,可以确定拟建项目是否符合国家产业政策方向,以及在可预见的未来,国民经济和行业经济的发展是否为项目的实施带来利好。

2)微观经济与政策环境调查与分析

微观经济与政策环境调查与分析是指项目所在地的地区经济发展及项目所在行业经济发展现状与未来趋势情况,以及当地政府为发展地方经济和行业经济所制定的管理办法和规定等。项目所在地的地区经济以及行业的发展状况,直接关系到项目能否产生盈利,因此,对微观经济与政策环境的调查与分析工作显得尤为重要。

3)项目市场环境调查与分析

项目市场环境调查与分析是指对项目所在地客户需求、市场供应状况的调查,以及项目的优劣分析,确定项目的客户定位、产品定位、形象定位,并提炼出项目的卖点,使项目在实施过程中保持自身的竞争性,以赢得市场的青睐。项目市场环境调查与分析的充分与否直接关系到项目的成败,是项目前期策划的核心。

4)建设环境和自然环境的调查与分析

建设环境和自然环境指的是项目实施地周边的城市环境、建设条件以及自然地理风貌。对项目实施地建设环境、自然环境的调查与分析,可为之后的项目规划和方案的设计提供依据。建设环境和自然环境的调查与分析做得充分,可以使项目更好地利用原有的城市环境和地理风貌,一方面可以适应环境的要求,另一方面可为项目节约大笔投资。业主可以使用BIM工具,结合建设条件和环境条件,做快速空间分析,利用建筑信息模型在空间与数据上的实时对应,来验证项目的合规性。在此阶段,可视化的信息反馈是无价的。因此,业主能够确保其要求得到满足,并且实现项目的运营效率。

2. 项目决策策划

项目决策策划最主要的任务是定义开发项目的类型及其经济效益和社会效益。其具体包括项目主要功能、建设规模和建设标准的明确,项目总投资和投资收益的估算,项目总进度规划的制定以及项目对周边环境的影响和对社会发展的贡献等内容。

根据具体项目的不同情况,决策策划的形式可能有所不同,有的形成一份完整的策划文件,有的可能形成一系列策划文件。一般而言,项目决策策划的工作包括以下方面。

1)项目产业策划

项目产业策划是指根据项目环境的分析,结合项目投资方的项目意图,对项目拟承载产业的方向、产业发展目标、产业功能和标准进行确定和论证。根据对宏观、微观经济发展及产业政策的研究和分析,得出政府层面对拟建项目的产业发展的政策导向,结合拟建项目当地的社会与经济发展状况及未来趋势、市场竞争状态的分析,制订拟建项目的发展目标和主要的产品功能和建设标准。这是一个确定拟建项目建设总目标的过程。

2)项目功能策划

项目功能策划的主要内容包括:项目目的、宗旨和指导思想的明确,项目建设规模、空间组成、主要功能和适用标准的确定,等等。在项目建设总目标的指导下,要对拟建项目的具体功能进行划分,包括主要建筑体量、主要功能空间的布局、各个功能空间的建设规模、各功能空间之间的交通流向、各功能空间建设的适用标准以及建筑风格和外观等。

3)项目经济策划

项目经济策划包括分析开发或建设成本和效益,制订融资方案和资金需求量计划等。针对项目功能策划的成果,对项目的建设成本进行分析,得出项目建设总投资规模;根据业主单位的自有资金能力,制订出项目建设的融资方案,包括融资渠道、融资金额、融资成本分析等,计算分析项目的盈利能力、偿债能力、抵抗风险能力等。

4)项目技术策划

项目技术策划包括技术方案分析和论证、关键技术分析和论证、技术标准和规范的应用和制定等。采取不同的技术方案,会对项目的建设成本产生较大的影响。一般情况下,业主往往会采用相对成熟的技术方案和技术标准,这样可以降低项目建设的技术风险,但有时也会使项目变得平庸。现在很多项目都在各个环节不断创新,大胆使用各种新技术、新工艺、新材料,这就要求在项目技术策划阶段针对不同的技术方案进行详细的论证和评价,在项目实施之前解决所有技术环节问题,使项目能够顺利推进。

项目决策策划的各项工作内容是紧密联系、互为依托的,要做好项目决策策划,必须将上述四个方面的工作做扎实,为决策者决策提供依据。

3. 项目实施策划

项目实施策划最重要的任务是定义如何组织项目的实施。由于策划所处的时期不同,项目实施策划任务的重点和工作重心以及策划的深入程度与项目决策阶段的策划任务有所不同。一般而言,项目实施策划的工作包括以下方面。

1)项目组织结构策划

项目组织结构策划包括项目的组织结构分析、任务分工以及管理职能分工、实施阶段的工作流程和项目的编码体系分析等。要使项目顺利实施,必须要有强有力的组织保证和制度安排。项目的组织结构策划工作的重点是对项目组织内部的职能设置、项目经理人选、核心组织成员的构成、技术要求、工作业务流程定义、项目工作包编码原则等的设计以及对项目内部人员岗位制度、考核机制、激励策略等的安排。

2)项目合同结构策划

项目合同结构策划指的是构建项目合同管理体系,确定哪些工作需以合同方式委托外部资源完成,哪些工作可以由内部项目管理组织完成,并且确定对外招投标的工作安排,确定项目合同结构以及各种合同类型和范本。

3)项目信息流程策划

项目信息流程策划是为了明确项目信息的分类与编码及项目信息流程图,制定项目信息流程制度和会议制度等。项目信息分类与编码应与项目组织所在的组织内部信息管理系统的要求相一致、相兼容。项目组的上一级组织中存在着 ERP(企业资源计划)系统、项目管理系统,那么拟建项目未来所产生的各类信息必须能够便捷地转入上级组织的信息系统中,为此,必须按照上级组织的企业信息管理标准来规划项目信息编码以及信息流程。

另外,项目信息流程策划还需要进一步确定组织内部间、组织内部与外部间进行信息交换的方式,包括:信息交换的内容和范围、信息交换的格式、信息交换的流程,以及业主方或者项目运营方要求的支持项目运营的信息内容、范围及遵循的信息标准。项目信息流程策划最好能与未来项目运维系统数据相融合。

4)项目实施技术策划

针对实施阶段的技术方案和关键技术进行深化分析和论证,明确技术标准和规范的应用与制定。针对重大技术攻关项目,可以组织外部的科研机构参与项目技术深化和论证。在技术标准的设定上按照有国家标准的采用国家标准,没有国家标准的采用行业标准,没有行业标准的采用企业标准,或者借鉴国外的标准的原则进行策划。

项目前期策划是项目管理的一个重要的组成部分。国内外许多项目的经验和教训证明,项目前期策划是项目成功的前提。在项目前期进行系统策划,就是要提前为项目实施形成良好的工作基础、创造完善的条件,使项目实施在定位上完整清晰,在技术上趋于合理,在资金和经济方面周密安排,在组织管理方面灵活计划并有一定的弹性,从而保证项目具有充分的可行性,能适应现代化的项目管理的要求。

传统的项目前期策划,一般采用分析和论证、科学实验、模型仿真、理论推导等手段来实施。项目决策者并非都是专业人士,对于策划方案中所采取的这些手段和方法,决策者很难完全理解和接受,这对其进行决策造成一定的困扰。

随着信息技术的不断发展,特别是计算机软硬件技术水平的快速提高,BIM 技术在传统的建设工程领域逐步得到推广,BIM 技术的可视化及直观性为决策者的决策带来很大的辅助作用,大大提高了决策者决策的效率和准确性。另外,业主通常需要来自项目利益攸关方充分的信息反馈,但他们要么几乎没有时间,要么很难理解有关项目的信息。利用 BIM 技术,项目利益攸关方可以快速地对比不同的方案和场景,大大提高了效率。传统使用实时和高度渲染漫游的技术只是一次性的,相比较而言,BIM 及 4D 工具将使设计探索变得更加容易和更具有经济性。

6.2.2　环境调查与分析中的 BIM 应用

项目环境调查与分析阶段包括如下四项主要工作内容,即:宏观经济与政策环境调查与分析、微观经济与政策环境调查与分析、项目市场环境调查与分析、建设环境和自然环境的调查与分析。对于前三项工作来说,BIM 技术起不到帮助作用,仍然要采用传统的调查和分析手段进行。但在建设环境和自然环境的调查与分析工作中运用 BIM 技术,则可以起到事半功倍的效果。

一个城市的发展,离不开工程项目的建设。我国是世界四大文明古国之一,存在很多历史文化名城,如何在兼顾城市发展的同时,保持历史文化名城的风貌和文化传承,是摆在每一个城市项目建设者和城市管理者面前的一道难题。如何才能做到既保持当地城市风貌和文化传承,又能适应当地经济和文化发展要求呢? BIM 技术可以帮助决策者进行建设环境和自然环境调查分析工作时,以更加直观、可视化的效果表现拟建项目的城市环境和自然环境,通过不断地调整方案来选择适合的建设项目。

我国当前的城市建设主要有城市更新和新区开发两大类,在这两大类建设工程项目的环境调查与分析过程中,都可以运用 BIM 技术解决不同的问题。在城市更新项目中,利用 BIM 技术对工程项目周边既有建筑或者周边环境进行仿真和模拟,使项目利益攸关方可以直观地观察到项目实施过程中可能对环境、道路、周边居民生活带来的影响,使项目利益攸关方可以提出自己的关切,使问题在项目实施前得到解决或者关注。利益攸关方包括项目周边的居民、政府部门、项目的参与方等。如果是对正在运营的设施进行局部维修、改造,也可以在项目实施前,通过 BIM 可视化的仿真技术,对维修、改造的方案以及改造活动对设施运行的影响进行评估,把对设施运营的不利影响降到最低。对于新区开发项目,在前期策划阶段,可以利用 BIM 技术,对项目的空间、体量等宏观因素进行评估,判断是否满足项目意图的要求以及是否符合相关规划的要求。

1. 城市更新项目环境调查中 BIM 技术运用

对于城市更新项目,BIM 在前期环境调查中有着非常重要的应用,主要包括以下方面。

1)新建项目周边环境的仿真及建设方案比选

在设施较为完善的城市环境下开展新项目建设,对周边的城市既有建筑、道路、设施的影响关系到新项目能否顺利实施,甚至是能否成功的关键。在业主的领导下,对项目的建设方案进行基于 BIM 的仿真和模拟对促进项目顺利实施,获得项目利益攸关方的支持和理解,尤其是项目周边居民的支持和理解,会起到极大的作用。

新建项目周边环境的仿真及建设方案比选,要解决以下几个问题:

(1)建筑方案及规划方案的合规性问题,即建筑方案及规划方案是否符合该用地的控制性详细规划的要求。在这个阶段主要解决的是建筑体量、空间、交通流向、环境规划、出入口设计、内部道路、停车场、光照等需求是否能够符合规划要求。利用 BIM 软件建立参数化模型,可以很容易回答上述问题。

(2)建筑空间规划是否满足业主方的空间需求。应用 BIM 技术,可以统计出项目各种空间的种类、数量、分布,以及空间聚合、空间交通等数据,对照业主方的业务需求,审查方案是否满足要求。

(3)项目建设场地的交通组织。主要审查项目实施时项目建设场地内外部交通的组织情况,尤其是大型的施工机械、大型施工车辆的进出场的交通组织情况,以及此类大型机械、车辆频繁出入现场时,可能对周边社会交通出行的影响。要根据施工的不同阶段,对建设场地的交通组织进行适当的调整,既满足施工要求,又将其对社会交通出行的影响降到最低。

(4)建筑方案的能源分析。利用建筑信息模型和能源分析软件,对建筑方案的能源消耗情况进行分析,作为未来在节能方面进行设计的依据。

(5)设施运行模拟。业主可能还需要通过模拟来评估设计质量,而不是漫游或者视觉仿真。利用 BIM 技术,可以对建筑方案的运行情况,尤其是在紧急情况下的安全疏散进行仿真和模拟,检验方案在紧急情况下的适应性。这种模拟要求使用专业工具和服务,对于有这些性能要求的公共设施是非常重要的。LEGION 软件是基于 2D 和 3D 建筑信息数据的分析工具,可以用来进行设施运行模拟。

业主采用 Beck Technology(贝克科技)公司开发的 DProfiler 软件可以快速评价不同设计方案的可行性。DProfiler 支持一系列可作为 2D 底图的图形输入,用户可用这些底图建模,它们包括 DWG、DXF、PDF、JPG 以及其他图片文件。它能将 SketchUp 里面的图元作为特性导入进来,它同时能借助定制化的 Revit 插件,将楼板、墙面以及体量构件作为本地图元导入。它能将模型导出到 eQuest 软件用于能源分析,以便估算运行成本,也能将模型导出为 Excel 电子表格和其他各种图片格式。

2)运营设施改扩建的内/外部影响分析

在城市更新项目中,经常有对既有运营设施进行升级改造(局部)的项目,如医院、商业设施、学校、写字楼等。这些正在运行的设施有大量的人员往来,在这种情况下,一方面要保证人员出入的安全,另一方面还要保证施工区域能够得到及时的材料和设备。业主要评估局部升级改造活动对整个设施运营的影响,尤其是商业设施、医院等,不能因为改造使设施运转不正常,导致经济效益下降。因此,业主要对设施改造的方案,包括施工区域的交通组织、安全设施、材料堆放等进行评估。

这种情况下,最好对整个建筑各个楼层进行建模,采用 4D 仿真工具,模拟不同的施工阶段,对比施工区域对周边正在正常经营的区域的干扰情况,以评估不同的建设方案对设施运行造成的影响。同时,还要模拟外部交通组织情况,判断合适的进场出入口,如涉及大型设备、车辆的进出,需要开辟专用的通道。

3)城区改造项目方案与环境协调性分析

对于城区改造项目,项目建设者或者城市管理者可以运用 BIM 技术,对建设用地周边的旧城风貌进行电脑模拟仿真,以逼真的美术视效建立建设用地周边的虚拟城市场景,用来进行多项目比选,选择最符合规划要求同时适应用地周边城市环境和风貌的规划设计。

(1)城区改造项目 3D 虚拟场景的构建。城市仿真具备三个特点:①良好的交互性,提供了任意角度、速度的漫游方式,可以快速替换不同的设计方案;②形象直观,为专业人士和非专业人士之间提供了沟通的渠道;③采用数字化手段,其维护和更新变得非常容易。

构建虚拟场景时,首要的工作是对拟改造的城市街区进行数字化建模,也称为城市数字逆向,即将真实的物理世界中的城市街区的道路、房屋、绿地等构建到电脑里,以数据文件的形式保存。在城市街区 3D 模型构建的过程中,一般只需要构建城市街区的街道、房屋、绿地等的三维几何数据,并不需要非常丰富的非几何数据,如道路名称、楼宇名称、高度、朝向、绿地面积、楼幢性质等。该模型仅作为城市街区改造方案的背景。

将建好的城市街道 3D 数字模型导入 3D 引擎软件中,展示 3D 模型的效果,用户可以通过鼠标或者遥控器,在 3D 模型中漫游,体验虚拟场景。

(2)旧城改造项目城市街道数字建模的主要技术手段。对于城市街区建模,目前较为流行且经济的做法是采用倾斜摄影技术。倾斜摄影技术是国际摄影测量领域近十几年发展起来的一项高新技术,该技术通过从一个垂直、四个倾斜等五个不同的视角同步采集影像,获取丰富的建筑物顶面及侧视的高分辨率纹理。它不仅能够真实地反映地物情况,高精度地获取物方纹理信息,还可通过先进的定位、融合、建模等技术,生成真实的三维城市模型。该技术已经广泛应用于应急指挥、国土安全、城市管理、房产税收等行业。图 6-2 为某发电厂倾斜摄影三维模型效果图。

图 6-2　某发电厂倾斜摄影三维模型效果图

目前国内有很多专业化的公司专门承接此类城市街区倾斜摄影建模的工作。根据分辨率的要求,采用无人机航拍的方式,多次重复飞行,便可完成一定面积的街区建模工作,效率高、成本低。

模型表面的材质来源于实景拍摄的照片。拍摄应在合适的光线条件下进行。一般来说,在多云的天气下,没有阳光直射材质表面,光线比较均匀,建筑物表面没有明显的阴影,采用高分辨率、多镜头的数码相机拍摄效果较好。倾斜摄影三维建模,非常适合对比较大的街区,甚至整个城市进行数字化建模。

针对个别有高精度要求的空间对象,比如古建筑群、著名雕塑等,则采用全站仪测量或激光扫描方式进行全要素建模。该建模方式可达到逼真的建模效果和较高的测量精度。

模型建好以后,要进行模型轻量化处理,就是对已建成的 3D 模型的面数进行优化,减少不必要的模型面。面数越少,模型数据量越小,对计算机硬件的压力就会越低,使得在进行 3D

模型展示时，效果更好，比如在虚拟场景漫游时没有卡顿现象。

在完成了以上的工作以后，就可以将建好的城市3D模型导入3D引擎中，在3D引擎软件中，为虚拟场景配置适当的配景（车辆、行人、植物、动物等），设置天气系统、光系统（环境光、平行光）、重力系统、物理碰撞等，形成功能完善的虚拟城市场景。

（3）城市街道逆向3D虚拟场景展示。所谓虚拟场景的3D展示，是指通过3D引擎软件所支持的光系统、天气系统、风系统、重力系统的有机整合而模拟出近乎真实的虚拟场景。将建好的3D模型，导入这个虚拟场景中，在虚拟场景设置的日光条件、天气条件、风条件以及重力条件等环境条件下，观察场景中3D模型所呈现出来的效果，包括3D模型所附材质效果、光影效果、空间效果以及不同模型之间的空间关系效果等，为决策者在决策时提供依据。

目前，在项目前期策划阶段常用的3D引擎软件有以下几种：

①Cry Engine(CE)引擎。Cry Engine是一款3D游戏引擎，但不局限于游戏使用。该3D引擎是由德国Crytek公司研发的。

②虚幻引擎（Unreal Engine）。虚幻引擎是全球顶级游戏公司EPIC的产品。

③Unity 3D引擎。Unity 3D是由美国Unity Technologies公司开发的一个三维视频游戏、建筑可视化、实时三维动画等类型互动内容的多平台的综合型游戏开发工具，是一个全面整合的专业游戏引擎。其编辑器运行在Windows和Mac OS下，可发布游戏至Windows、Mac、iPhone和Android平台。

虽然这三种都是游戏引擎，但在项目前期策划中常被用来构建虚拟场景。在3D引擎中进行上述操作时，虚拟场景是以工程文件形式保存的，在操作系统环境下（Windows）不能直接运行。可在3D引擎软件中将这个虚拟场景的工程文件，打包发布为可在操作系统（Windows）环境下直接运行的执行文件（EXE文件）。使用者可执行这个文件（EXE文件），进入虚拟场景中漫游，也可以连接3D头盔显示器（HTC VIVE系列，如图6-3所示），实现沉浸式漫游。

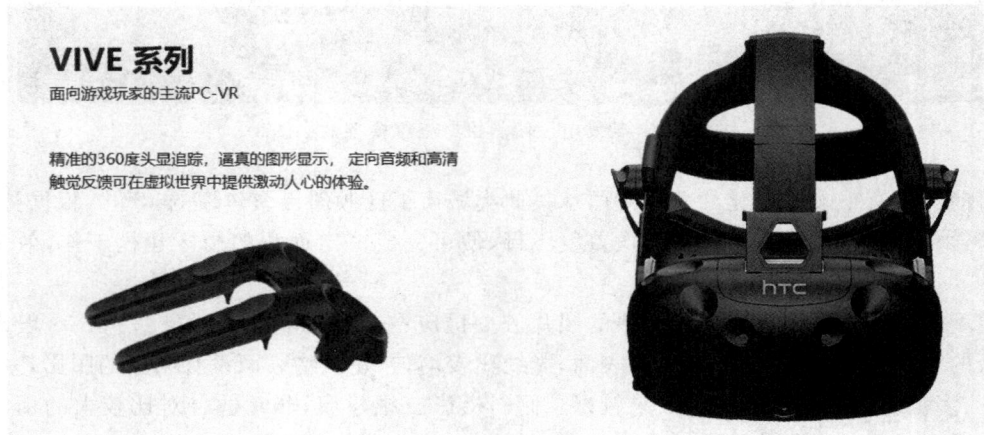

图6-3　HTC VIVE系列3D沉浸式头盔显示器（源自HTC官网）

（4）城市街道逆向要注意的问题。在对城市街道进行数字化逆向时，需要注意以下一些问题：

①对用地周边核心区域进行数字化逆向时，尽量做到比较精致的建模，反映真实情况，尤

其是临街建筑、植物、公共设施等;对远离核心区的建筑,尽量采用低精度模型,甚至可以用简单的体块来代替,以降低场景的数据量。

②避免模型出现重复面,以防止模型导入 3D 引擎时,出现重复面部位不断闪烁的情况。

③虚拟场景中尽量附带有相应信息(例如建筑物尺寸、面积、建筑物之间的间距、道路宽度等),或者提供测量工具,可以对虚拟场景中相应的尺寸、面积进行测量,以利于决策者在进行决策时参考。

2. 新区开发项目环境调查中 BIM 技术运用

新区开发主要是通过对城市郊区的农地和荒地的改造,使之变成建设用地,并进行一系列的房屋、市政与公用设施等方面的建造和铺设,成为新的城区。

1)新区开发项目用地 3D 虚拟场景的构建

新区开发项目周边基本上是空地,即便有一些农村的建筑物、构筑物,也属于要被拆除的范围,在构建虚拟场景时,不考虑它们的存在。这就给新区开发项目构建 3D 虚拟场景带来了极大的方便。可根据用地周边地形地貌实际情况,选择不同方法进行建模。

新区开发项目用地的 3D 虚拟场景的构建,首先从构建建设用地自然地貌模型开始。新区开发项目用地从农地、荒地改变性质而来,这些土地基本保持原有的地形地貌。新区开发项目应尽量不破坏原有地形地貌。

如果原有地形地貌基本属于平原,那这个地形地貌的模型将变得非常简单。可以依照用地红线范围,在 3D 建模软件中,按 1∶1 比例构建红线范围内的一个平面表示地形地貌或者为了更好地说明问题,可以把地形的范围再扩大,超出红线范围一定距离,这部分区域可以按照城市规划要求,做成规划道路、绿地、广场等,视城市规划具体要求而定。

如果原地形地貌有起伏,并且高度差非常明显,那这个地形地貌的模型构建变得相对复杂些。通常利用大比例尺的大地测绘 CAD 图,导入 3D 建模软件中,根据 CAD 图中的高差,建出用地的 3D 模型,但这种方式建出的地形模型,精度比较低。另外一种方法是将 CAD 图导入 GIS 系统(ArcGIS),生成 3D 地形,在 GIS 中进行地形的柔化处理,再导出 VRML 格式文件,导入 3DS MAX 中,进行纹理贴图,形成带有纹理贴图、视效逼真的 3D 地形模型,这种方法建出的地形模型精度较高。目前,常用的 3D 建模软件都可以把 CAD 图导入,比如3DS MAX、SketchUp 及 Rhino 等。

经常会出现的问题是大地测绘 CAD 图中的等高线有断开的现象,那么在将 CAD 图导入建模软件之前,先要用 AutoCAD 软件将等高线补齐,这是一项比较烦琐的工作。但这个工作很有必要,Rhino 软件会将补齐的 CAD 图根据高差信息,自动转换成 3D 模型,建模工作量会大大降低。

如果属于丘陵、山区地形或者周边有河流、湖泊,则可以采用倾斜摄影的方式,构建该区域模型。倾斜摄影对任何地形都可以方便地进行建模。具体采用何种方式更好,一方面要考虑建模成本和时间要求,另一方面还要考虑建模的分辨率精度。一般来说,对于大尺度的丘陵、山区地形建模,精度要求不高,适合采用倾斜摄影的方式。

有了这个建设用地的 3D 模型以后,就可以依据模型所表现出来的地形效果,进行下一步的项目规划工作。在用地模型上,建立路网模型,划分用地功能区,进行环境评价等。

2)3D 虚拟场景的展示

在 3D 建模软件中,将 3D 地形模型及其附带的路网,导出为 3D 引擎支持的文件格式,常用的文件格式有 OBJ、FBX、DAE 等。将 3D 地形文件导入 3D 引擎软件中展开,如果在 3D 建模软件中已经对 3D 地形模型附着材质,此时材质信息也会被带入 3D 引擎所展开的虚拟场景中。

在 3D 引擎软件中,既可以为虚拟场景配置天气系统、风系统、光系统(包括平行光和环境光)、重力系统等,也可以增加植物、动物、车辆、行人等配景,形成较为贴近实际情况的虚拟环境。

3)多方案的比选

有了新区开发项目的虚拟用地场景,则可以将规划的建筑方案模型导入用地场景中。这个操作也是在 3D 引擎软件中完成的。一般的操作包括以下步骤:

(1)打开虚拟用地场景的工程文件。

(2)把建筑方案的 3D 模型数据导入该虚拟场景中,放置在适当位置。

(3)根据方案,为建筑方案外立面附着材质,例如,窗户为玻璃材质;墙面可以为石材,或者真石漆,或者玻璃幕墙;窗框为铝合金;等等。选择和调整材质的颜色和效果。3D 引擎中包含一些材质,但如果觉得这些缺省的材质不够理想,可以事前制作更符合实际效果的材质导入 3D 引擎中备用,或者在网上下载适合的材质类型。

(4)在建筑方案周围再摆放一些配景,包括车辆、植物、人物和动物等。

将工程文件导出为操作系统下的执行文件,这样带有设计方案的虚拟场景就做好了。使用者可以对方案结合地形状态,做出决策。

如果有多种设计方案,可以分别制作多个可执行的虚拟场景文件,看不同的方案在同样的地形模型下的不同效果,包括空间效果、环境效果、立面效果等。也可以把不同的方案封装在同一个可执行的虚拟场景文件中,通过按键切换不同的设计方案进行比较。后者需要有对 3D 引擎软件进行二次开发的能力,同时生成的可执行文件也比较大,但方案比选时更为直观和方便。

在环境调查与分析阶段,通过 BIM 技术的运用,将项目建设用地及其周边的城市环境或自然环境进行 3D 虚拟仿真,决策者可更加直观和形象地感受到项目方案的特点和效果。这大大提高了项目决策的效率和准确性,为后续项目决策策划、实施策划打下坚实基础。

➤ 6.2.3　项目决策策划中的 BIM 应用

项目产业策划和功能策划是决策策划的基础。项目产业策划是提出项目的总目标,这是项目纲领性的目标,是宏观的;而项目功能策划则是对这个总目标的具体化,是微观层面的。项目总目标能否实现,还是要看功能策划是否能将总目标落到实处。

规划设计可将项目总目标落实到建设用地上,变为各种建筑单体、路网结构,形成空间网络。其表现形式为项目规划方案,即在建设用地控制性详细规划要求下,对项目用地进行详细规划。这个过程可以运用 BIM 技术,使得规划方案更为直观,可视化程度更高,便于决策。

1.项目规划阶段建筑信息模型的构建

项目规划阶段要解决的是项目用地内部的规划设计,依照建设用地控制性详细规划的容积率、建筑密度、绿地率、建筑限高等要求,结合用地面积内部的地形地貌的实际情况,将项目总目标设定的经济技术指标逐一落实。

规划设计人员根据项目的功能要求规划设计出各个功能区块的面积要求,如果是房地产开发项目,则要确定可租售面积、公用设施面积、地下室面积、道路面积、绿地面积等,再按照这些要求去设计各种空间结构、道路走向及宽度、绿地位置等。最终规划设计人员会绘制出详细规划图,在图中标明各类建筑单体、路网结构、绿化区域、项目的出入口等,并配以效果图,对规划设计进行说明。这是一种极为专业性的描述,作为非专业的决策者来说,大多数情况下是不能完全理解的。即使规划设计人员解释得非常详细,决策者仍可能一头雾水,使得双方之间的沟通变得困难。

BIM 技术可以将非常专业性的规划设计成果转换为容易理解的 3D 虚拟场景,决策者在 3D 场景中漫游,感受和体验项目的规划设计方案,通过规划人员的讲解,很容易理解规划人员的设计初衷和表现方式,这样就可以提出非常有针对性的意见和建议,使双方之间的沟通变得更加容易和畅通。

在环境调查与分析阶段中,针对城市更新或者新区开发项目建立了建设用地模型,城市更新项目用地模型主要是仿真项目用地周边的城市环境,而新区建设项目更多是模拟建设用地周边及红线内部的地形地貌,为项目规划设计提供虚拟用地环境。利用这个虚拟用地环境,把规划设计的图纸转化为 3D 模型,导入虚拟场景中,形成完整的规划设计方案,常见的做法包括如下几个步骤。

1)利用 3D 建模软件将规划成果建为 3D 模型

在建筑规划领域常用的建模软件包括 3DS MAX、SketchUp、Revit 等。依据虚拟场景中的地形模型,建立项目红线内的规划模型,包括道路模型、建筑模型、建筑小品模型、人行桥模型等。如果存在多个完全一样的建筑单体,只需要给一个建筑单体建模即可。建好的模型,按照 3D 引擎支持的格式保存。

2)将建成的 3D 模型导入虚拟用地场景所对应的工程文件中

在 3D 引擎软件中把建设用地虚拟场景的工程文件打开,导入规划模型,包括道路、建筑单体、建筑小品等。如果多个建筑单体是一样的,可以在虚拟场景中复制建筑单体,再粘贴到相应的场景位置中。如果在建模时已经为模型表面附着材质,这些材质是可以被带入虚拟场景中的,不需要再重新附材质,但有可能需要重新调整颜色(颜色可能会有些失真);如果在建模时没有附着材质,则需要在 3D 引擎软件中对模型表面附着材质。这就要求在建模时,要区分出材质类型,比如所有的玻璃材质可以捆绑在一起,所有建筑的墙面如果是同一种材质也可以捆绑在一起,这样在附着材质时,就会非常方便地把同一种材质一次完成。

把所有的模型导入后,便可以在虚拟场景中放置适当的配景,对虚拟场景进行装饰。一般会在道路两边放置行道树,另外,在人行道上、绿地上可以摆放些行人、小动物,在道路上,尤其是在项目规划用地的出入口,也可以摆放些行人、车辆,使场景内容更加丰富。

3)将规划方案虚拟场景打包成为可执行的文件

把布置好的规划方案虚拟场景打包成并导出为执行文件(EXE 文件),这样就可以在 Windows 环境下执行,展现出 3D 规划方案,为决策者决策提供依据。

在构建规划方案虚拟场景时,需要注意以下几个问题:

(1)由于规划方案的虚拟场景(尤其是新区开发项目的)的场景面积大、模型多,建模时要特别注意,保证每个模型已被轻量化处理。

(2)如果虚拟场景中出现多个重复模型,只需导入一个模型即可,其他的通过复制粘贴方式放置在虚拟场景中,这样模型量会小很多。例如,大型住宅小区中的很多住宅楼都一样,这样只需要导入一个楼的模型,其他的楼通过复制粘贴方式放到相应位置即可。再有就是配景树,在虚拟场景中配景树的用量很大,尤其是沿路的行道树,树种是一样的。如果每棵树都是一个 3D 模型,会使场景中的模型量快速增加。所以,为防止出现这种情况,一般也导入一棵树,然后用复制粘贴的方式沿路布置其他的行道树。如果有多种树的话,每种树都要有一个3D 模型,其他位置的就采用复制粘贴方式。

(3)建模型时,注意保持模型表面的法线方向一定是朝外的,这样在导入 3D 引擎时,表面附着的材质才能被正常显示,否则显示的是黑色。

(4)在虚拟场景中添加配景时,应选择有高低模的配景,当配景在远离视线的地方时,电脑会自动以低精度模型方式呈现,处于近处时,又自动切回,以高精度模型方式出现,这样对计算机硬件的压力会小很多。

通过上述步骤,就可以把一个规划方案变为 3D 虚拟场景。如果决策者对规划方案提出修改意见,规划设计人员可以在建模软件中对模型进行修改,再重新导入虚拟场景中。规划方案获得最终批准后,业主可以建立一个 3D 规划展厅,配备高性能图形工作站、高清 3D 投影仪、3D 头盔显示器等设备,以虚拟现实的方式展示项目的规划成果,供参观者漫游、体验。

2. 针对规划建筑信息模型的分析

构建规划方案的虚拟场景,不仅仅是为了漫游,更为重要的是要落实在项目产业决策中确定的项目总目标,分析这个目标是否可以从概念性的要求变为符合建设用地控制性详细规划要求、能够得到政府城市规划主管部门批准、符合现代城市生活理念、实现较好的经济效益和社会效益的详细规划方案。

利用 3D 虚拟规划场景,业主可以非常直观地对规划方案是否能够满足上述的要求做出分析和判断,使决策的效率大为提高。一般可以从如下几个方面对规划方案进行分析。

1)日照分析

日照规范是强制性要求。国内日照分析软件比较多,常见的如天正日照分析软件、飞时达日照分析软件等。这些软件是基于 AutoCAD 软件开发的,通过对规划图的分析,给出日照分析图。但日照分析软件的分析结果对非专业的决策者来说,显得太专业化,不易被理解。利用规划方案的 3D 虚拟场景进行日照分析,则变得非常直观和容易接受。

BIM 技术提高了日照计算的效率,尤其是提高体型复杂的建筑物的日照精确度。计算效率的提高,也使多方案比较变得相对容易实现。BIM 是可以贯穿建筑整个生命周期的数据载体,在不同的阶段、不同的专业应用可以具备不同的"维度",换句话说,它可以在不同的阶段,根据不同的需要创建保存或提取所需要的信息,模型的精度也随着阶段的不断深入,逐步地细化。

在项目方案阶段,BIM 建模可以是概念模型,它展示的是体量和空间,但可以提取出面积、容积率等基本信息。只要具备项目的地理位置、朝向,把项目概念模型放入该地形图中,就可以计算出任意时间的日照情况,如图 6-4 所示。利用 3D 引擎提供的二次开发接口,用程序控制太阳随时间变化的轨迹,模拟太阳的运转。随着太阳位置的改变,人们在虚拟场景中可以非常清楚地看到所有建筑物的影子随太阳位置的变化情况。某建筑物是否会对其他建筑物产生遮挡、什么时间遮挡、遮挡到什么程度,都一目了然。还可以利用程序控制太阳移动的速度,使得太阳从升起到落下的过程可以在短时间内完成,这已足以能表明日照的情况是否符合规范的要求。

图6-4 将方案模型放入虚拟场景中,模拟日照效果

2)环境分析

在规划方案的3D虚拟场景中,可以非常方便地计算规划方案是否能够满足用地控制性规划要求,比如建筑密度、容积率、绿地率、限高要求等。当前的3D引擎软件都提供二次开发的软件接口,可以在虚拟场景的工程文件中插入程序代码,完成上述操作。当工程文件被打包为可执行的场景文件并执行时,通过调用插入的程序,便可以显示当前规划方案中的建筑密度、绿化率、容积率、建筑高度等深度信息,利于决策者进行决策判断。

另外,利用规划方案的3D虚拟场景,还可以对景观规划进行分析,包括对水系设计的分析、建筑小品位置的分析、植被的分析等。尤其是对景观中包含的假山、坡道的设计,通过3D虚拟场景可以非常直观地判断假山的高度、体量是否合适,坡道坡度、长度是否合理等。

3)交通分析

(1)人行出入口和车行出入口的分析。判断出入口的位置是否合理,如果是城市更新项目,人行出入口的设计应靠近最近的公交站点,利于人们乘坐公共交通工具。车行出入口应与人行出入口分开,且尽量靠近城市交通主干道,便于车辆的通行。

(2)小区内交通流向分析。行人与车辆交通应分离,即人车分流;各个建筑物与行人出入口之间的道路设置要合理,不要绕路,以利于人们的出行。

(3)区内道路分析。这包括分析不同级别的道路宽度设计是否合理,坡道及台阶路面设计是否合理,无障碍设施是否设置,道路表面材质的选择是否合适等。

(4)消防通道分析。这包括分析消防通道出入口位置是否合理,消防车到达各个楼位是否便捷、没有障碍,是否设置消防车回车场,或者采用环形消防通道等。

利用规划方案的3D虚拟场景,对上述分析内容可以很快给出判断。需要说明的是,利用BIM技术在前期策划阶段进行辅助决策,是在原有的技术手段之上又提供了一种可视化的方法,使方案更为直观、更容易被理解,但绝不能理解为没有BIM技术,前期策划就没有办法进行决策。

3. 应用BIM技术对建筑方案进行决策

项目总目标最终会落实到具体的建筑方案上,如果规划方案最终获得批准,接下来则要按照规划方案的要求,仔细推敲项目中所有的建筑方案,要从空间结构、外立面、主要建筑材料、经济性、技术标准等方面进行研究。传统的方法是采用平、立、剖三视图,外加建筑外立面效果图以及文字说明的方式进行描述,由业主决策。但建筑方案的这种二维方式的表达,对于非专业的业主来说很难理解,势必造成决策困难。

运用 BIM 技术,可以将二维方式描述的建筑方案以三维方式呈现,外立面配以逼真视效的材质,将建筑方案模型摆放到规划方案虚拟场景中,可以非常好地表现出建筑方案的整体效果,以及与规划方案整合后所表现出来的项目完整全貌,这可极大地帮助决策者进行决策。

要达到上述的目的,可以按照如下步骤实现。

1)依照建筑方案设计文件建立建筑方案 3D 模型

根据建筑方案的平、立、剖三视图,利用 3D 建模软件,对建筑单体方案建模,或者由建筑师在设计时直接创建 3D 模型。建模时要注意模型的优化问题,避免重面、法线方向错误等。要对已建模型的外表面,包括立面、屋面进行材质划分,所有的相同材质划分为一组。比如,所有外窗由窗框和玻璃组成,可以分为两组材质,一种材质为玻璃材质,另一种材质为窗框材质;墙体如果为一种材质,可以设为一组,如果分为上下两种材质,则要对墙体材质进行区分,上面一种材质,下面一种材质。一般来说,在 3D 建模软件中(以 SketchUp 为例)不一定给出非常具体的材质,哪怕不同的材质采用不同的颜色来划分都是可以的。将方案模型导入 3D 引擎软件后,再附着具体材质即可。

按照上述要求,对其他的建筑单体进行建模,要注意的是,如果建筑单体重复出现的话,只需要建立一个模型即可。完成所有不同种类的建筑单体建模工作后,将模型文件分别导出为 3D 引擎软件可以支持的文件格式,如 FBX、OBJ、DAE 等。

2)将原规划方案的虚拟场景中粗略的建筑单体方案删除

在 3D 引擎软件中,打开原规划方案的虚拟场景,将方案中较为粗略的建筑模型去除,保留其他的规划模型,包括路网、植物、景观小品、车辆、行人等。

3)将建好的建筑模型导入规划方案虚拟场景中

在上一步打开的规划场景中,分别导入建好的 3D 建筑模型,一般的做法如下:

(1)导入一个建筑模型,将该建筑模型放到规划方案场景中的指定位置,调整模型的朝向,直到符合要求为止。

(2)如果模型已经附着材质,则可以对材质颜色做适当调整;如果没有附着材质,此时选择建筑模型外表面的材质分组,按照原方案效果图所示,对建筑模型外表面附着材质(如果 3D 引擎软件中没有该种材质,在互联网上寻找该种材质的高清图片文件,利用 Photoshop 软件制作材质贴图)。因为在建模时已经对材质进行了分组,当附着材质时,一个材质组中的所有建筑外表面会被自动附着同一种材质,这大大简化了附着材质的工作强度。一般的建筑模型外表面的材质数量不多,四五种比较常见,因此很快就可以把材质附完。在附着材质时,可以调整材质的颜色,使其贴近效果图中所示的美术效果。

(3)如果规划方案中还存在同样的建筑模型,只需将已经附完材质的建筑模型进行复制粘贴操作,就可以将该模型连带所附材质一并被复制出来,将其放置在方案中规定的位置,调整朝向即可。

(4)重复上述操作,直到规划方案中的所有建筑模型全部导入虚拟场景,该复制的模型已经被复制。

(5)在虚拟场景中插入程序编码,用来实现对建筑模型进行材质替换的操作,前提是把所有可选择的材质已经备好。

(6)将此虚拟场景打包成为执行文件。

经过上述步骤,一个完整的、带有建筑方案模型的项目规划虚拟场景就构建完成。当在Windows 环境下执行这个场景文件时,决策者可以在场景中漫游,仔细观看每个建筑模型的细节,对楼与楼之间的空间关系、建筑外立面的效果、建筑的体量等进行分析,也可以鸟瞰整个项目全景,把握项目整体效果。如果决策者对建筑外立面的效果不确定,可以通过调用虚拟场景中插入的材质更换程序更换其他可选的材质,比选不同材质的效果,通过美术效果对比、经济分析最终选择合适的外立面材质。

当前主流的游戏 3D 引擎的美术视效已经达到了影视级的标准,因此,完全可以适用于建筑方案的表现。

➤ 6.2.4 项目实施策划中的 BIM 协同工作流

项目的实施策划从项目组织架构、合同体系结构、项目信息管理以及技术管理四个方面进行规划。在这个阶段如何运用 BIM 技术为项目决策提供帮助呢？ BIM 技术是从项目前期策划开始,伴随项目在规划设计、施工、运维等全生命周期各个阶段都可以运用的技术。

业主视解的
协同工作流

BIM 的协同工作流是实施 BIM 的重要保证,它决定了项目团队内部间、项目团队与外部资源间进行信息交换的基本方式和规则,同时确定了模型交换的标准。业主必须要在项目实施决策期间,开展针对性的研究,把所有项目参与方纳入这个协同工作流的范围内,保证项目按照预定的工作流程和模型交付方式及交付标准进行。

业主需要定义模型信息交付的阶段,在不同的阶段,参与构建模型的组织和构件模型的精度以及交付流程有一定的区别。一般地,业务流程建模标注(business process modeling notation,BPMN)提供了清晰的方法来描述活动和活动之间的信息流,称之为流程图(process map,MP)。BPMN 流程图中的水平行称为"泳道"。这些行标识了交换中涉及的专业。在两个专业行之间是信息交换行,表示在专业之间的组织交换信息。竖向的列识别项目阶段。在"泳道"创建的单元中,白色带有圆角的矩形表示活动。对应的专业行和项目阶段列识别交换上下文。每个活动都有标识符,可链接到一个更加详细的说明。一个活动中,可以有一些符号在底部,一个有向弧表示活动可以被迭代。加号框表示这个活动是由一系列单独描述及层次性描述的活动构成的最上层活动的描述——BPMN 在高层活动和细节活动之间提供超链接。

图 6 - 5 给出了一个 BNMP 模型交换的例子,描述一堵预制墙由概念设计到预制厂家生产全过程中各个组织进行信息交换的工作流程,其中涉及建筑师、结构工程师、预制厂商和总承包商。在交换行中间带有折角的方块指示信息交换。灰色的信息交换为建筑模型交换,白色的表示文本或者语音报告,它们都有标识符(ID 号),可以进行交叉引用。业主感兴趣的是灰色的交换,它们被称为交换模型(exchange models,EMs)。有很多 BPMN 的图形表示工具,图 6 - 5 中是用 Microsoft Office Visio 创建的。

流程图表示了几种不同交换类型。如图 6 - 5 所示,在第一列,交换是在建筑师、结构工程师以及建筑产品制造商(这里是预制厂商)之间进行的。建筑师发布一个模型用于结构工程师和预制厂商进行会审,他们基于模型的会审反馈信息(包括评论和建议)。这是早期的单向交换。

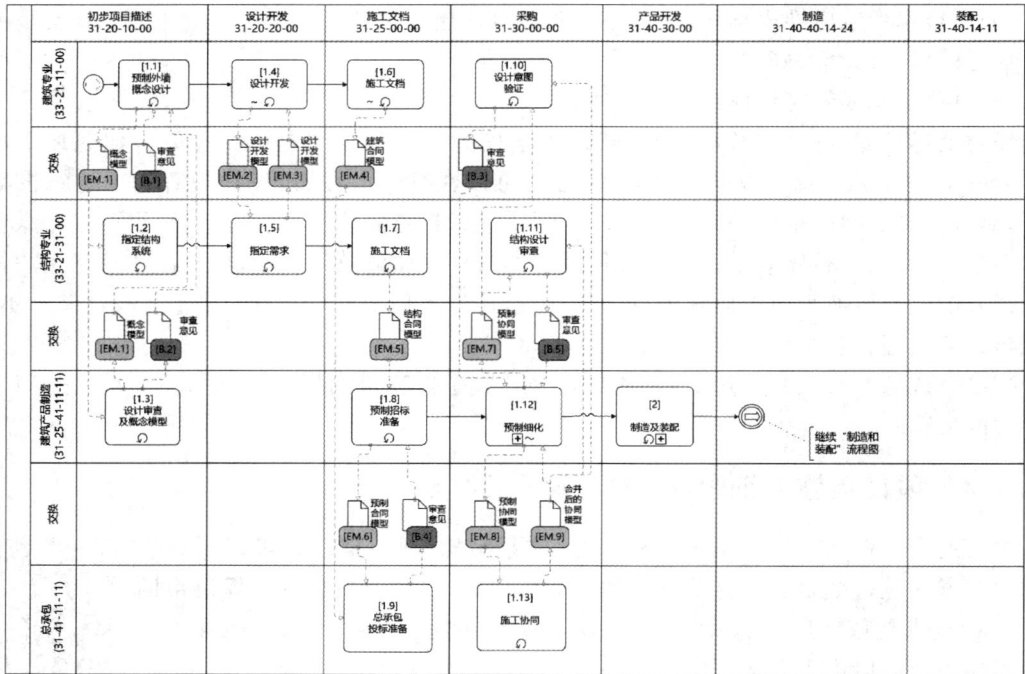

图 6 - 5　BNMP 模型数据交换工作流程图

在设计开发阶段,交换在建筑师与结构工程师之间进行。这里交换传递了一个双向的建筑模型。结构工程师可以提出对接收建筑模型的变更,来指出结构是如何支撑建筑的。这是双向或者迭代的交换过程。

对每一种交换模型,工作组提供每一次交换内容的详细规范。这个功能性规范必须确定需要从一个应用传递到另一个应用的实体类型,包括它们的几何数据、属性、详细程度、材料或者流程。最终的设计阶段成果是报告,称为信息交付手册(information delivery manual,IDM),可以用来识别一系列交换,并且从用户的角度规定它们的内容。这个规范是由专业领域委员会全面审查和批准的。

6.3　业主方在其他领域的 BIM 应用

在项目全生命周期的其他阶段,仍有很多因素激发业主采用 BIM 技术,这些驱动因素主要包括以下方面:设施复杂性带来的设计问题;因市场的变化,需要尽早让项目产品投入市场,而加快项目的投产;及时、可靠和准确的成本估算和管理;设施建设质量的提升,避免渗漏、故障及不必要的维修等问题;设施可持续性要求带来的能源消耗的减少;设施物业资产的管理等。

▷ 6.3.1　建筑基础设施及建筑环境的复杂性

复杂的建筑规范、法规问题以及债务问题是当前建筑市场的共同问题,对于项目团队来说,这些问题常常成为项目建设的瓶颈或者棘手问题。通常,业主必须同时协调设计和审批工作。另外,基础设施功能日益复杂,传统的设备系统(MEP)正在与数据/电信、建筑传感器或者仪表、精密制造或者电气设备进行整合。

BIM 工具和流程可以通过以下方式支持业主协调日益复杂的建筑基础设施和监管流程的工作。

1. 通过整合的建筑、结构以及设备模型协调基础设施

建筑信息模型能够整合所有专业系统模型,包括建筑模型、结构模型及设备模型等。通过模型的整合,形成完整的建筑信息模型,在此基础上可以虚拟地调整建筑基础设施。设施业主可以让运维团队的代表对模型提供建议,并对其进行审查,以便找出模型中不利于未来运行管理的设计。例如,找出模型中是否存在不方便进行二次设备安装的问题;是否存在设备维修空间不足、维修不便利的问题;是否存在阀门、开关位置不对,装卸不方便的问题等。这样可以避免由于设计缺陷造成的返工。

2. 通过模型交互式审查,产生高质量及可维护的基础设施

很多业主需要超出常规的设备综合,比如将模型与传感器、电子阀门、开关自动喷淋等控制系统进行交互式的集成,一方面通过模型可以对控制系统进行远程控制,另一方面远程控制系统的数据可以反映到设备模型中,以确定设备的运行状态。双向交互式的模拟和测试,可以确保设备、数据/通信以及仪器是可访问的和可维护的。这对于严重依赖这些系统的企业尤其关键,如生物科技公司、化工企业、发电厂等,它们需要可靠的 7×24 h 服务。模型交互式审查可以支持业主的虚拟访问和模拟维护过程。

3. 通过合作创建建筑信息模型来避免不必要的诉讼

现在,很多项目通过诉讼来解决由于变更而造成的支付问题。这些问题包括:设计师采纳了业主提出的变更,业主认为设计师没有满足合同要求,以及承包商就工作范围和缺乏信息或不准确的项目文件与业主产生争议。

BIM 过程是以建筑信息模型为中心的,从项目前期的较为粗糙的模型,到支持施工的更为精细的模型,这个过程是所有的项目参与方共同完成的结果,包括项目咨询机构、项目设计服务商、总承包商、分包商以及场外制造商。任何一方对模型的修改,都会被记录和追踪,并且其他参与方也能够及时发现模型的变化,不存在不一致的模型。共创模型的协作可以在项目参与者之间产生更好的责任感,并通过简单地运用模型精确度以及所需的分辨率就可以缓解有关变更、信息确实或不准确的问题,进而避免不必要的诉讼。

➤ 6.3.2 设施可持续性管理

绿色建筑、低碳可持续发展理念正在引领很多业主考虑设施能源效率及项目对整体环境的影响。可持续建筑是良好的商业实践,可以使设施具有更大的市场潜力。建筑信息模型具有很多传统 2D 图无法比拟的优势,其丰富的对象信息可以用来进行能源或者其他环境分析。从业主视角来说,BIM 流程将有助于以下管理。

1. 通过能源分析减少能源消耗

国外数据显示,每平方英尺(1 ft^2=0.0929 m^2)的运营成本中,能源成本占 1.50～2.00 美元。一个 50000 ft^2 的设施每年的能源消耗量是 7.5 万～10 万美元。对节能建筑系统的投资,如加强隔热,可减少 10% 的能源消耗,每年节省 8000～10000 美元。如果前期投资 5 万美元,运营第 6 年会出现盈亏平衡点。

在进行能源评估时,面临的挑战是如何计算某种具体设计所能实现的实际能源消耗的减少量。有很多工具可以评价节能投资的回报,包括全生命周期分析。虽然这些分析工具并不绝对要求使用建筑信息模型作为输入,但模型会极大方便它们的使用。

由北京绿建软件股份有限公司开发的能耗计算 BESI 软件是一款为建筑提供能耗与节能率计算的专业软件。它以三维建模为基础,通过一系列设置,模拟计算建筑的全年耗冷耗热量、供暖、空调、照明、动力、热水等全部能耗,还可以根据相关标准生成比对建筑,计算出节能率。BESI 软件可以作为能效标识和绿色建筑评价的支撑软件。

2. 用建模和仿真工具提高运营效率

可持续性设计可以极大地影响整个工作区的生产率。有研究建议在零售区和办公室采用日光照明可以提升工作效率,减少旷工。BIM 技术为业主提供了必要的工具,以便在考虑使用日光照明、减少眩光和太阳辐射热时,与项目成本和整体项目要求相比,进行适当的权衡。

一旦设施建成,业主可以使用建筑模型及设计数据来监控能源消耗,对比实时的使用情况。

➤ 6.3.3 成本的可靠性和管理

业主经常面临成本超支或者出现不可预见花费的情况,这迫使他们采取价值工程方法,或者超预算,或者取消项目。调查显示,超过 2/3 的工程项目报告成本超支。为了减轻超支风险及不可靠的估算,业主和服务商在估算中增加"不可预见费"或者"暂列金额"以应对施工过程中的不确定性。图 6-6 展示了业主及其服务商用来估算的不可预见费的常见范围,根据项目不同阶段从 5% 到 50% 不等。不可靠的估算使业主暴露在重大的风险下,人为地增加了项目的成本。

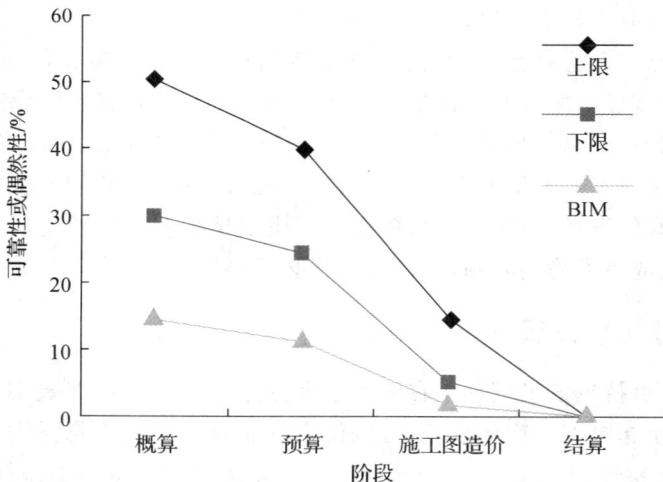

图 6-6 业主在项目不同阶段估算的不可预见费及基于 BIM 估算相关的可靠性改进

成本估算的可靠性受到很多因素的影响,包括不断改变的市场条件、估算与执行之间的时间间隔、设计变更以及质量问题。准确及可计算的建筑信息模型的属性为业主进行工程量计算和成本估算提供了一个更加可靠的数据来源,并且可以为设计变更提供快速成本信息反馈。这对业主来说非常重要,因为对成本影响力最大的时期是在最早期的概念设计和可行性分析阶段,如图 6 - 7 所示。

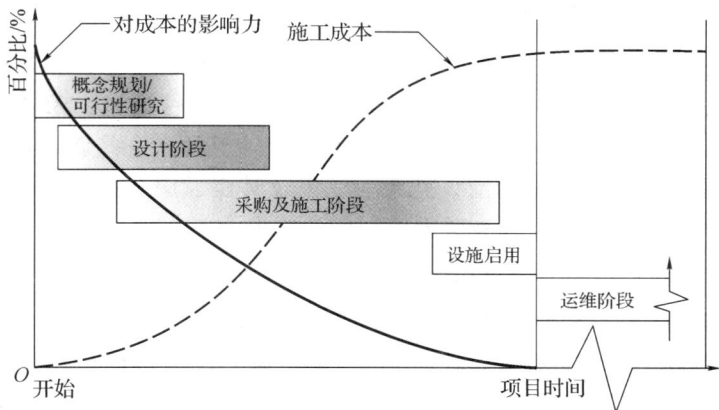

图 6 - 7　项目生命周期总体成本影响

预算人员常抱怨时间不足、文档质量不高以及与项目参与者之间沟通不畅——特别是与业主之间。

目前 BIM 的使用通常局限于建筑设计后期或施工的早期阶段。在设计阶段早期使用 BIM 将极大地影响项目成本。提升总体成本的可靠性是采用基于 BIM 的成本估算方法的关键动力。

1. 通过概念性的 BIM 估算,在项目早期进行更可靠的估算

利用概念性的 BIM 估算能够为业主在方案设计阶段提供各种设计方案的快速成本反馈,这些概念模型中包含了历史成本信息、生产率信息以及其他估算信息。准确的估算在项目早期非常具有价值,特别是评估项目预期现金流及采购资金时。业主与服务商一起采用基于 BIM 的概念估算工具——DProfiler,进行概念估算可减少总体不可预见费,提升可靠性,最终减少融资,节约资金。

2. 使用 BIM 算量工具,进行更快、更细致、更准确的估算

业主和预算人员都在努力应对设计和要求的变化,并理解这些变化对整个项目估算的影响。通过将估算过程与设计模型连接,项目团队可以加快工程算量和整个预算过程,并且更快速地获得设计变更的反馈。例如,业主能够利用 BIM 建模工具或者其插件,快速且自动获取准确的工程量,进而简化和验证设计师和分包商的估算。在设计早期进行 BIM 估算可以减少 92％的估算时间,并且手工计算和基于 BIM 的过程仅有 1％的差异。基于 BIM 估算的可靠性和准确性,业主能够在其预算中设置更低的不可预见费。例如,在某工程项目中,项目团队在设计阶段每两到三周便可进行一次基于 BIM 的成本估算,以确保设计保持在成本要求范围内。

然而,业主必须认识到基于 BIM 的算量和估算仅是整个估算过程的第一步,它并没有彻底解决遗漏问题。此外,更准确地导出 BIM 提供的构件,并不能处理特殊的场地条件或设施的复杂性,不同的施工方案的措施费用还有很大的差异,这依赖于预算人员的专业知识及其对施工工艺的了解。基于 BIM 的成本估算可以有效地帮助有经验的造价师,但并不能取代他们。

➤ 6.3.4 投产时间：计划管理

投产时间影响所有的行业，设施施工通常是一个瓶颈。制造业企业既定的投产时间要求，必须探索某种方法和技术，能够使其更快、更好和更便宜地交付设施。BIM为业主及其项目团队提供了部分自动化设计、模拟作业和采用场外生产的工具。这些创新最初聚焦于制造业或者工艺设施，现在可以针对一般商业设施企业业主及其建设服务提供商。这些创新可以为业主提供各种BIM应用以应对下列有关投产时间的要求。

1. 通过使用参数化模型减少上市时间

较长的建设周期增加了市场风险。经济效益好时投资的项目可能在经济衰退时才完成建设，这会极大地影响项目的投资回报。BIM流程，例如基于BIM的设计和预制造，可以减少从项目获批到建设完成的周期。模型中构件参数特性使设计变更更加容易，并自动地实现文档更新。

参数化对象类的意义是可以重复使用。一个经常采用BIM技术进行参数化正向设计的服务提供商，会在设计过程中积累大量的各类型建筑参数化对象类，成为企业的数据资产。这些对象类在新项目设计时，可以被直接调用，只需要修改其中一些参数，或者几乎不用修改。这种基于大量重复性的对象类的使用，使得设计的周期大大缩短，同时可以快速应对业主方的变更。基于BIM的参数化正向设计，使得2D图形的绘制变成了模型构建的伴随物，设计人员无须额外花费更多的时间绘制2D图形，随时可以生成任意立面、平面、剖面图，提高设计效率。

在这个参数化正向设计过程中，如果能够集成施工、运维的知识和经验，将极大地增加设计的可施工性及可维护性，减少设计错误带来的变更、返工。设计模型可以直接转给场外预制工厂，其可对模型进行切割，生产预制构件，极大地方便了生产。这些改变都会提高设施的建设质量，加快设施建设，节约更多的建设成本。

2. 运用3D协同和预制造，减少计划周期

业主要为工期的延误或者漫长的项目建设支付成本，这既包括贷款利息支出、延迟的租金收入，也包括其他销售商品或产品的收入。BIM系统可被用来支持早期的协同、可施工性分析、预制生产，以改进设计和提升现场生产率、减少现场工作，显著地缩短整体施工周期。

目前，全国各地建设项目都有装配化率的要求，装配式建筑越来越受到人们的青睐。装配式建筑一方面保证了建筑各部分质量的一致性；另一方面，因为采用大量的场外制造的构件在现场进行拼装，加快了施工的进度。场外预制工厂都可以接收建筑信息模型，利用分割软件将建筑信息模型中的对象切割成局部构件，在工厂加工预制。这个过程涉及设计单位、施工总包、施工分包以及预制工厂多方协同工作，没有建筑信息模型支持，工作的效率会大打折扣。

3. 使用基于BIM的规划，减少相关计划的风险

计划通常会受到高风险、关联性、多组织活动或者复杂的活动顺序的影响。这些经常出现在诸如对既有设施改造的项目中，施工必须与正在从事的经营活动相协调。

建设计划制订完成后，是否合理可行？业主可以与项目经理，利用建筑信息模型构建4D仿真模型，模拟建设计划执行的情况。通过4D模拟，可以发现诸如施工工序衔接是否紧密，施工作业面是否具备施工条件（例如，满堂脚手架没有拆除，无法开展施工），大型施工车辆进出场是否对周边城市公共交通产生影响,分包与总包、分包与分包之间作业是否存在因交叉而相互干扰等问题。根据在 4D 模拟中暴露的问题,对建设计划做出针对性的调整和修改,使建设计划更符合实际情况,减少因计划不周而带来的风险。

另外,用 4D 协同建筑信息模型,可以快速应对不可预见的现场条件。业主及其服务商经常遇到不可预见的现场条件导致项目停工的情况。业主与承包商合作,使用 4D 模型应对不可预见的条件,来帮助恢复工作计划,并且使项目回到计划当中。

➤ 6.3.5 设施和信息资产管理

每一个行业都面临如何将信息列为一种资产的问题,设施的业主也不例外。当今,每一个项目阶段都会产生大量信息,不同项目阶段间或者组织间进行交付传递时也会重新录入或者生成信息。在大多数项目后期,信息价值急剧下降,因为它通常没有被更新以反映竣工状态,或者无法以一种可被访问或者可被管理的形式存在。

1.快速调试建筑系统

建筑调试提供了书面证明,证明建筑系统的功能符合项目文件中规定的标准,满足了业主的运行需求。业主项目团队可以使用建筑模型、平板电脑和定制软件来记录设备数据及进行调试活动。

2.快速植入一个设施管理数据库

如果一个新建设施采用计算机维护管理系统(computerized maintenance management system,CMMS)对设施进行运营管理,该系统若支持建筑信息模型交付标准,建筑信息模型就可以快速导入该系统中,支持该系统的运营管理。国外的数据显示,这个导入工作可以节省90%以上的时间,植入和编辑设施管理数据库可以减少大量的设施空间信息录入工作。

使用 BIM 管理设施资产,可以可视化地维护设施的所有关键设备的运行状况,同时对设施状态进行评估,进行 4D 模拟,来展示设施每个关键部位或者设备随时间推移的状态变化,获得其评估状态的"全景图"。

3.快速评估改造或维护工作对设施的影响

可视化和智能模型可以帮助设施管理者评估改造或者维护工作的影响。例如,悉尼歌剧院在维护工作期间使用了一个基于 BIM 的设施管理系统,维护团队使用模型可视地评估当切断某个具体房间的电力时,哪个区域会受到影响。

➤ 6.3.6 业主和设施管理者的建筑模型

为了发挥建设后 BIM 应用的优势,业主需要与服务商紧密合作,以确保建筑模型能覆盖适当的范围、达到适合的精度,并附有符合目的意图的信息。图 6-8 为业主提供了了解模型精度(块、空间以及施工级细节)与模型范围关系的框架,包括空间和特定领域的元素,例如建筑和详细的设备元素。

每个服务商都经常会定义其工作所需的模型范围和精度。业主可以对要在建设后所用的模型要求其范围和精度。例如,在可行性研究阶段,体量和空间足以支持大多数 BIM 应用进行概念设计。如果业主需要集成更多的 BIM 应用,在创建模型的工作中,模型的集成度(横向)和精度(纵向)都要提升。

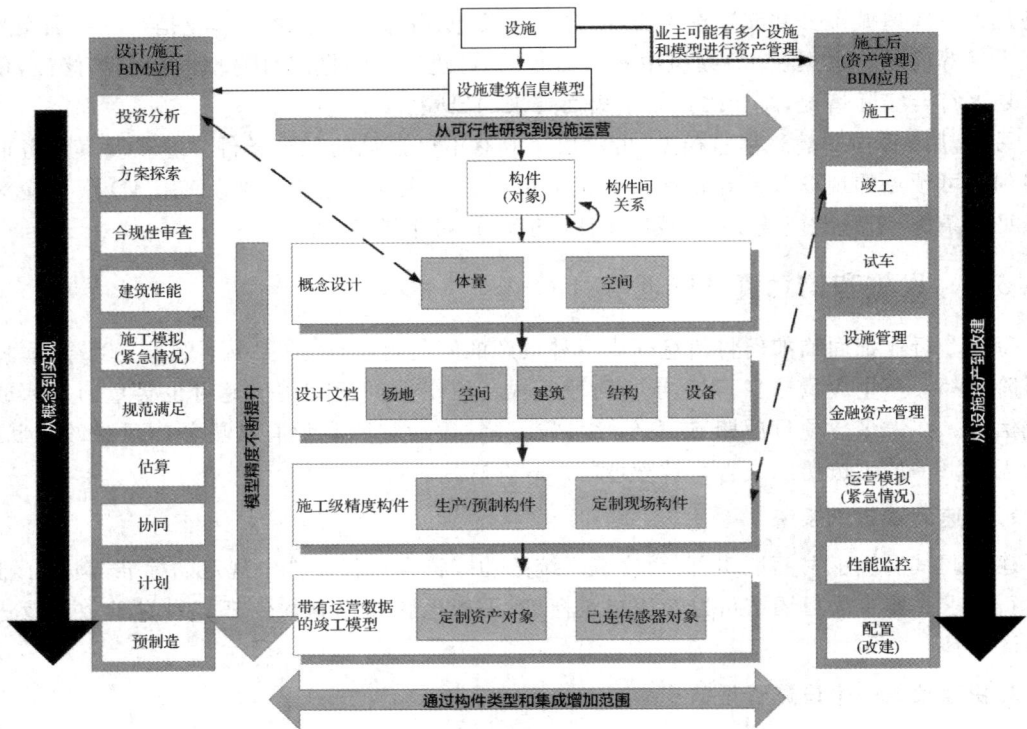

图 6-8　设施交付过程中不同 BIM 应用关系的概念图

表 6-2 提供了部分关键信息类型列表,这些信息支持建筑信息模型在施工后的运用,其中的一些信息使用 IFC 模式表示。buildingSMART 中有一个工作组——设施管理领域组,专门处理设施特定场景应用,例如设施管理中的移动管理、工单流程、成本、会计及财务元素。

表 6-2　业主的建筑信息模型

目的	所需模型信息种类
支持合规性及设施管理。在一个典型的设计过程中,空间信息的定义是为了满足程序的合规性和支持规范检查分析	空间和功能信息
支持试车活动,例如性能规范满足性	供热和空调性能规范以及其他设施运行设备信息
施工后分析和跟踪以及为未来预测提供数据	竣工计划和施工信息
预算和计划维护	产品生产信息
重置成本、时间期限以及评估信息	财务资产管理数据
计划和准备疏散以及其他危机事件	紧急信息
监控和跟踪设计、施工或者维护活动的过程	活动状态信息
监控建筑传感器和建筑系统的实时控制	传感器数据

6.4　领导项目中的BIM实施

业主控制着设计服务商选择、采购类型和交付流程，以及设施的整体规范和需求。遗憾的是，很多业主接受当前现状，可能没有察觉到他们具有改变或者控制建筑交付的能力，甚至没有意识到BIM所能带来的好处。

业主面对政府制定的不断变化的标准设计或施工合同带来的挑战，正在努力建立必要的合同方法，以支持更加协作和集成的采购方法。业主的领导和参与是在项目中高效使用BIM的先决条件。

业主领导项目中的BIM的实施

业主能以审查和编制BIM指南、构建内部领导力和知识、选择具有BIM项目经验和技巧的服务提供商、构建服务商网络以及改变可交付需求等方式，为组织带来最大价值。

➤ 6.4.1　制定项目BIM指南

很多组织，特别是建设和管理很多设施的业主，已经制定了BIM指南。一般来说，业主的BIM指南，包括下列关键内容：

（1）BIM使用的目标及其与组织目标的一致性；

（2）BIM在项目各个阶段的范围和应用；

（3）与BIM及BIM交换有关的范围标准或格式；

（4）BIM中参与者的角色，以及所有参与者之间的移交规定。

业主应该不断修正指南以满足项目目标。

➤ 6.4.2　构建内部领导力和知识体系

业主主导的BIM工作包含两个关键环节：①业主构建有关BIM技术的内部知识体系；②业主指派关键人物领导这项工作。

业主应首先集中检查内部工作流程，并且识别出能够更有效地交付设施的工具和精益管理方法。在项目上，业主不必指定实施各种BIM应用的所有知识，但须创建一个可以积极地使用相关BIM技术的项目环境。

业主可以制定一个实施BIM的路线图，并在项目实施过程中进行讨论。该路线图是在业主组织和各种设施项目中实施BIM的阶段性方法。路线图中既包括与管理项目信息和设施资产相关的BIM技术的里程碑，也包括使用各种BIM应用进行采购和交付设施的里程碑。

业主通过探索与交付和运营设施相关的内部业务模型和工作流程，建立相关知识体系。在这个过程中，员工中的核心成员具备了领导BIM工作的知识和技能。

➤ 6.4.3　选择服务提供商

建筑行业没有单独的业主可以主导建筑市场。甚至最大的业主组织，特别是政府部门，仅能代表整个国内或者全球建筑市场的很小一部分。因此，在建筑行业中，标准化流程、技术和行业标准的制定比在具有明确市场领导者的行业中更具挑战性。在没有市场领导者的情况下，业主们往往会关注竞争对手（或头部企业）在做什么，或者将行业组织作为最佳实践或最新技术趋势的指导者。另外，很多业主仅建设或者发起一个项目，并且缺乏成为领导者所需的专业技能。不过，所有业主的共同点是对选择服务提供商和项目交付物的格式进行控制。

业主可以使用以下方法来确保在其项目上工作的服务提供商熟悉 BIM 及相关流程。

1. 修改工作技能要求,包括有关 BIM 的技能和专业知识

对于内部聘用,业主可以要求未来的雇员拥有特定技能,比如 3D 和 BIM 知识或者基于构件的设计。许多组织正在招聘具有 BIM 特定职位头衔的员工,如 BIM 专家、BIM 大师、BIM 管理员、4D 专家和虚拟设计项目经理。业主可以雇用具有这些头衔的员工,或寻找具有类似头衔的服务提供商。一些工作技能要求如下所示:

(1)在设计或者建设商业建筑结构方面至少有 3 年以上的经验;

(2)工程管理、结构工程或者建筑学学士学位;

(3)具备建筑信息模型相关知识;

(4)具备精通一种主要 BIM 技术应用、熟悉审查工具的能力;

(5)熟练使用以下任何一种工具:Revit、ArchiCAD、Navisworks、SkecthUp、Architectural Desktop;

(6)对设计和施工过程有深刻的理解,并具有与现场人员沟通的能力。

2. 包括特定 BIM 资格预审条件

许多业主的招标书都包括投标人的资格预审条件。对于公共工程项目,这些通常是所有投标人必须填写的标准表格。商业业主可以制定自己的资格预审标准。这包括对经验的明确要求和使用三维建模技术的能力。

3. 走访未来的服务提供商

业主应该在资格预审过程中与设计师面对面交流,以防止没有经验的服务提供商冒充有经验,随意填写资格预审资料。业主应走访设计师的办公场所,与其会面交流,观察其工作环境以及工作场所的 BIM 工具和主要的工作流程。交流可能包括以下类型的问题:

(1)你的组织使用什么 BIM 技术?在以前的项目中如何使用它们?

(2)在建筑模型的创建、修改和更新过程中,哪些组织与你合作?(如果问题是提给建筑师的话,那么要了解结构工程师、承包商或者预制厂商是否对模型做出了贡献,以及不同组织是如何协作的。)

(3)关于模型和 BIM 工具的使用,这些项目的经验教训和度量标准是什么?这些是如何融入你的组织的?(这有助于确定一个组织内学习和变化的证据。)

(4)在你的组织中有多少人熟悉 BIM 工具?你们是如何教育和培训你们的员工的?

(5)你的组织是否有与 BIM 相关的具体职位和职能?(这表明他们对 BIM 在组织中的使用有明确的承诺和认可。)

(6)你们将如何移交本项目所使用的模型?我如何才能为我的设施管理系统传递所需的信息?

➢ 6.4.4　构建一个合格的 BIM 服务商网络

业主在其已有的服务商网络中找到精通 BIM 技术的服务提供商是一项挑战。为此,业主可以采取讲习班、会议、研讨会和编制指南等形式,积极主动地引导教育内部的或外部的服务提供商。

1. 正式教育

业主可以制订一个 BIM 实施计划,其中一部分工作涉及潜在服务提供商,要改变他们工作的方式。教育工作包括与 BIM 软件开发商、行业协会(例如中国图学学会等),以及标准化组织或高等院校一起合作,通过举办研讨会和讲习班的形式对服务提供商进行 BIM 的知识、方法、流程等多方面的普及和宣传。例如,聘请国内外运用 BIM 的项目的负责人介绍 BIM 概念以及在项目实施过程中的经验。业主应认识到自己的 BIM 专业知识并非是私有的,业主应支持所有的项目参与者熟悉 BIM 技术和流程,并最终从 BIM 的潜力中受益。

2. 非正式教育

业主可以邀请服务提供商参加非正式的讲习班,向其介绍精益施工概念以及 3D 和 4D 建模技术;支持项目团队使用 BIM 技术开展类似面向行业专业人士的讲习班。这些非正式的研讨和讲习班会为专业人士提供分享经验和向他人学习的途径,最终会增加未来投标业主项目的潜在服务提供商的数量。

3. 培训支持

除了传授 BIM 概念、知识和应用外,教育的一个关键部分是培训使用某种特定的 BIM 应用程序或者工具软件。从二维设计过渡到三维参数化设计经常需要 BIM 概念和特定的技术培训,同时也需要特定的 BIM 软件工具的培训。

三种教育形式并非相互独立,业主应根据其工程项目建设的特点,以及未来市场的需求,结合三种教育方式,定期或者不定期开展教育,培育出一个满足自身业务要求的服务提供商网络,为组织未来项目的开发提供技术准备。

➢ 6.4.5　改变可交付需求:修改合同及合同语言

业主通过选择合同类型以及制定具体的 BIM 合同条件或者根据招标文件要求,可以控制在项目中使用哪种 BIM 应用。改变项目交付流程通常比改变要求更加困难。很多业主首先要改变招标文件和合同中的以下三个领域的相关内容。

1. 模型信息的范围和精度

模型信息的范围和精度包括定义项目文档格式及从 2D 图形变为 3D 参数化数字模型。业主要么放弃要求,要么要提供更为详细的合同语言来确定这种要求。随着业主经验的积累,这些需求会更好地反映业主期望的 BIM 应用类型,以及业主团队在整个交付过程和后续设施运营中所需的信息。图 6-9 提供了业主相对于 BIM 应用需要考虑的信息类型。

2. 使用模型信息

这里包括更适合 BIM 工具操作的具体活动,例如 3D 协同、实时审查设计、常用成本估算、价值工程或者能源分析。所有这些活动都可以采用传统的 2D 和 3D 技术,但是使用 BIM 工具的供应商更有竞争力,也更有能力提供这样的服务。

业主可以根据项目的要求,把对信息类型的要求通过合同语言固定下来,一般在合同专用条件中加以明确。同时,将合同中涉及的信息模型交付及协同流程,采用技术附件的形式,作为合同的一部分确定下来。

3. 模型信息的组织

对建筑信息模型信息的组织管理,可以利用项目工作分解结构(WBS)来完成。如今,设

详细程度	BIM范围									构件属性类型					
	概念			通用的				施工级							
BIM应用领域	体量块	空间	场地	建筑	结构	设备	功能	预制构件	定制构件	几何属性	材料属性	功能性	成本	可施工性	制造商
设计/施工															
投资方案分析	■	■	■							■		■	■		
建筑方案分析	■	■	■	■						■					
合规性		■		■						■		■			
建筑性能				■						■	■	■			■
施工模拟				■	■	■				■		■			■
规范符合性				■	■	■				■					
成本				■	■	■		■	■	■	■		■	■	■
协同				■	■	■		■	■	■					
计划				■	■	■				■	■			■	■
预制造				■	■	■		■	■	■	■				
后施工/运行															
配置				■	■			■	■	■		■		■	■
测试				■	■	■		■	■	■					■
设施管理		■								■		■			
财务资产管理		■		■	■	■				■			■		
运营模拟				■	■	■				■		■			
性能监控				■	■	■				■		■			
竣工				■	■	■		■	■	■	■			■	■
改建				■	■	■		■	■	■	■	■		■	■

注：灰色部分标示在某个阶段（或者环节）所需的信息类型。

图 6－9　BIM 应用领域关系以及建筑模型所需范围和详细程度表

计师可以使用 CAD 的图层标准来组织项目文档和信息模板，工程师也可以使用 Oracle Primavera P6 软件中的 Activity 模块组织项目信息，Activity 是基于项目 WBS 进行的。项目团队也可以采用工作分解结构来辅助建筑信息模型及文档的交换。

6.5 项目前期策划阶段 BIM 应用案例

➢6.5.1 项目概况

该项目是位于西安市某开发区的规划项目，南北长为 850 m，东西宽为 650 m，占地面积为 552000 m^2，如图 6－10 所示。

该项目共有四个建筑组团，分为①～④号地块，如图 6－10 所示。四个地块中间为中央绿廊，该绿廊的规划为进行项目决策的重点。通过 BIM 技术，将规划模型在虚拟场景中进行展示，以便对该中央绿廊的规划设计进行决策判断。在规划设计过程中，设计单位也制作了效果图，如图 6－11 所示（白线内部区域为本次虚拟场景制作范围，重点表现中央绿廊的设计效果），对整个开发区规划效果进行展示。但因效果图的局限性，不能把全部的规划信息表现出来，为此，该项目管委会特意制作了该地块的规划虚拟场景对方案进行决策。

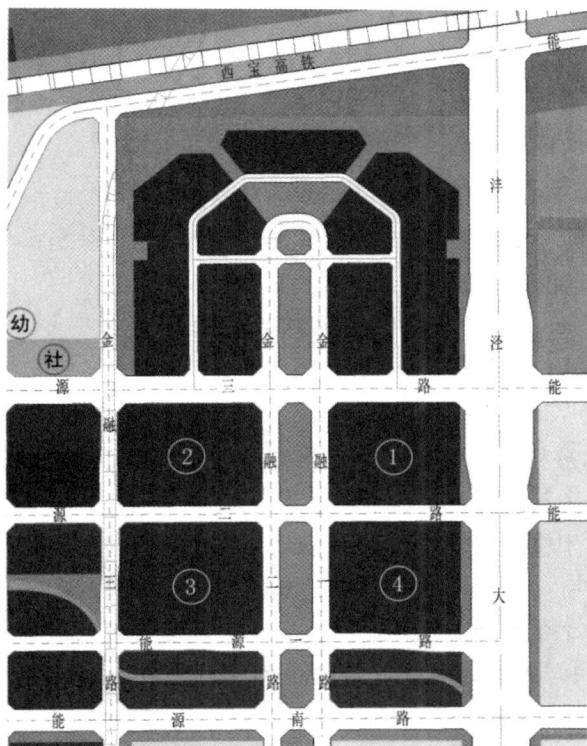

图 6 - 10　规 划 图

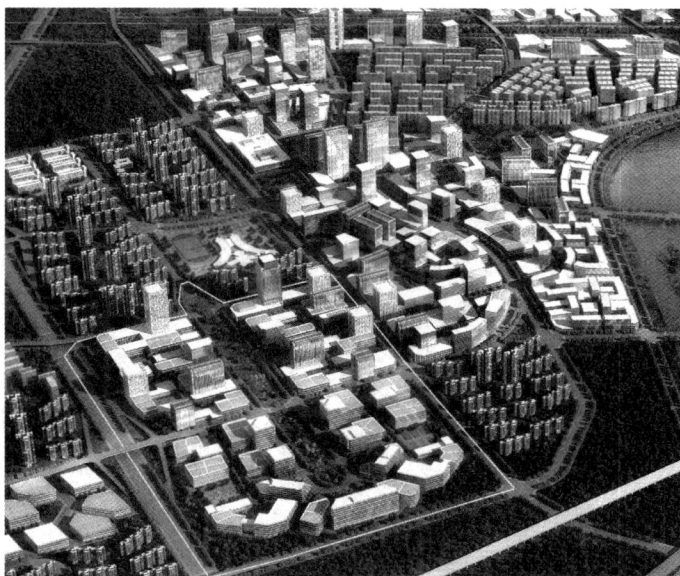

图 6 - 11　金融能源区域规划效果图

➤ 6.5.2　规划虚拟场景的制作

1. 项目基地模型制作

利用规划设计的 CAD 图,首先在 3DS MAX 中制作该地块模型,地块模型中包括区内道路模型、建筑组团基地模型、中央绿廊基地轮廓等。对模型中不同的区域赋予不同的材质类型,在 3DS MAX 中,不要求把真实的材质都附着在相应的区域上,而是将不同区域用不同的材质区分即可。

将已经区分材质的地基模型转存为 FBX 格式的文件,这样在 3DS MAX 中基地模型所附着的材质信息也随同 FBX 文件进行保存。

2. 构建建筑模型

按照规划方案的要求,分别针对四个建筑组团方案进行三维建模,利用规划建筑的 CAD 方案图,在 3DS MAX 软件中制作三维建筑模型。在制作建筑模型时,要区分建筑模型表面的不同材质,以便在虚拟场景中附着材质。

3. 制作中央绿廊模型

中央绿廊的设计,采用了很多曲面、曲线,在进行设计时是利用 Rhino 软件进行直接三维建模的,因此,无须再对中央绿廊进行重新建模,但要对模型进行优化处理,使模型文件量大幅下降。

4. 建立虚拟场景

采用游戏 3D 引擎软件 Unity 作为表现虚拟场景的引擎软件。首先建立一个工程项目文件,把建好的项目基地模型导入刚创建的 Unity 工程文件中,摆好位置。

选择合适的天空球,表现虚拟场景的天气状况。该项目的虚拟场景的天气表现为晴朗的午后。

对导入 Unity 软件中的基地模型附着材质,包括道路材质、斑马线材质、道路标线材质、建筑组团基地材质、人行道材质、盲道材质等,如图 6-12 所示。

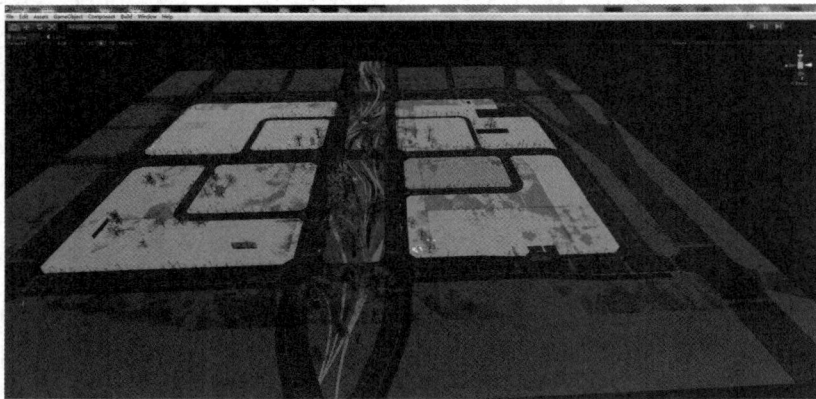

图 6-12　对基地模型附着材质

由于在 3DS MAX 中建模时,已经对模型的材质做了区分,并进行了归类,因此,在 Unity 中再次附着材质时,同类型的材质可以全部一次性附着,大大提高了材质附着的效率。

分别导入各个建筑组团的建筑模型以及中央绿廊模型。对导入的建筑模型附着材质。由于建筑模型的材质已经在 3DS MAX 软件中进行了区分并归类,所以在 Unity 中附着材质变得非常轻松,同一类材质可以一次性附着完成。Unity 中的材质,是事前已经做好的材质,材质文件包括法线贴图和材质贴图,每种材质的物理属性之前已经进行了定义。例如,材质是否有高光、是否有反射等,这样定义的材质符合真实世界材质的物理属性,效果逼真。

对场景中的地面、建筑模型设置物理碰撞,使得在虚拟场景中进行漫游时,更有真实感,不会出现穿墙而过或者掉入深渊的情形。

导入中央绿廊模型。中央绿廊模型设计有起伏,中间设有半地下的商业,商业顶层被植被覆盖。模型导入后的情形如图 6-13 所示。

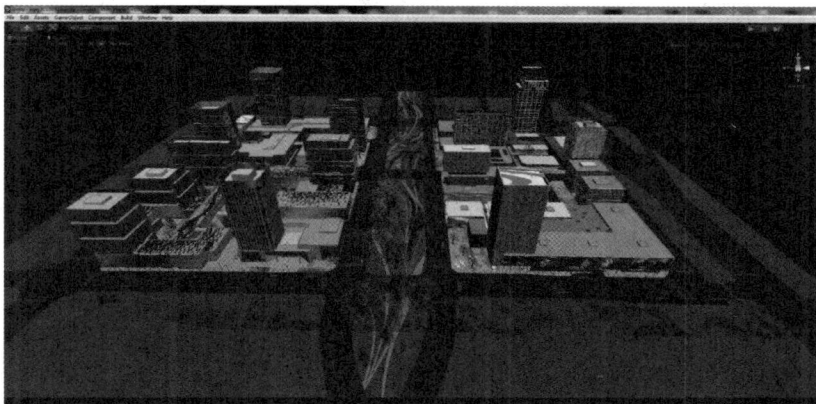

图 6-13　在 Unity 场景中导入建筑模型及中央绿廊模型后的效果

在中央绿廊中布置配景,包括乔木、花草、灌木、飞鸟等,另外,在虚拟场景的规划道路两侧种植行道树,放入车辆、行人等,在底层商业裙房布置橱窗,使整个场景显得更加贴近实际、更加生动。场景布置完后的效果如图 6-14 至图 6-17 所示。这些配景资源很多都是从 Unity 官方市场中购买的,价格很便宜,比如植物、灯杆、座椅、红绿灯等,还有一些要根据国内城市的风貌,提前制作好,比如公交车站模型。

图 6-14　建成后的虚拟场景(场景截图 1)

图 6-15　建成后的虚拟场景(场景截图 2)

图 6-16　建成后的虚拟场景(场景截图 3)

图 6-17　建成后的虚拟场景(场景截图 4)

➤ 6.5.3 项目决策

制作完成虚拟场景后,将 Unity 工程文件打包成为一个执行文件,将该文件复制到展示工作站上。

在工作站上运行该文件,便进入虚拟场景中,该场景可以支持 Oculus Rift 3D 头盔显示器,也可以支持 3D 电视机、3D 投影仪等设备。

在项目决策时,进入该场景,重点在中央绿廊周围进行漫游,也可以飞在空中鸟瞰整个绿廊的设计效果。

这种漫游方式比查看效果图方式能更加全面、具体、直观地表现设计成果,没有死角,可以停留在某个位置,环视四周。如果带上 Oculus Rift 3D 头盔,则可达到身临其境的感觉。虚拟场景中的每一个位置都可以漫游到,这是其他任何表现手段都无法做到的。

通过在虚拟场景漫游,人们可以体会到空间感、建筑体量感、建筑之间的关系、联络方式、交通流线等,通过感性体验结合理性分析,最终做出判断,将大大提高项目决策的准确性和效率。

通过虚拟场景的搭建,最终开发区业主单位的决策者对中央绿廊的方案进行了仔细的分析和研判,发现其中存在的问题,例如地面的起伏坡度过大、隆起高度过高、交通流线不合理等,给出了非常具体的修改意见。业主单位对通过 BIM 技术在项目前期策划阶段进行项目决策的做法给予了极大的肯定,并希望以后的所有前期方案都能用 BIM 技术进行虚拟展示,辅助决策。

复习思考题

1.什么是项目前期策划?项目前期策划都包括哪些内容?项目前期策划的基础是什么?

2.城市更新项目中,在前期对项目周边城市进行数字化逆向都有哪几种技术手段?这些技术手段各有哪些优缺点?

3.在搭建虚拟场景时,为什么需要对导入的模型进行优化处理?一般都是怎么进行优化处理的?

4.想象一下,你作为业主打算着手一个新的项目,并且已经参加了几个讨论 BIM 好处的研讨班。当决定是否在你的项目中支持或者提议采用 BIM 时,你要考虑哪些问题?

5.关于 BIM 技术的应用和优势,在建设一个打算销售的物业的业主与建设一个打算运营的物业的业主之间有什么关键的不同之处?

第7章 项目设计阶段的 BIM 应用

7.1 项目设计阶段 BIM 应用概述

文艺复兴时期的建筑师阿尔贝蒂曾提出,设计的本质在于在纸上表达线条有关的思维过程,从而将建筑"设计"与"施工"区别开来。他的目标是将设计的智力任务与建筑的工艺进行区分。公元前 1 世纪,维特鲁威在他的《建筑十书》中讨论了使用平面图、立面图和透视图来表达设计意图的内在价值。在整个建筑史上,绘图一直是最主要的表现方式,也是其自我认同的根本。鉴于这段历史,可以说建筑信息模型是革命性的,它通过用三维虚拟建筑模型取代纸质图来改变建筑表现。它改变了表现形式的构建方式,从根本上改变了旧有的逐行布局以及随之而来的思维过程。

建筑信息模型是设计实践中一个划时代的转变。与 CADD(computer-aided design and drafting,计算机辅助设计和制图)不同的是,BIM 主要是将传统工程图制作的各个方面自动化,是一种范式的改变。BIM 通过部分自动化施工级建筑模型的细部设计,重置了工作的分配,更加强调概念设计。其他的益处还包括以简单有效的方法保证了所有设计文件和报告的一致性,自动进行空间干扰检查,为连接分析、模拟和成本应用提供一个强大的基础,并对所有规模的项目在所有阶段加强可视化沟通。

学习 BIM 的工具只是第一步,接下来是设计概念的产生、修改和评价。在这个过程中,需要重新思考设计在多大程度上是在设计者的头脑中产生概念并在外部记录下来的,或者是通过设计者与客户之间的对话沟通而产生的,再或者是不同专家经过思考而形成一套共享设计框架文件而产生的,或者上述三者兼而有之。

设计是一个团队共同的努力,涉及业主/客户、建筑师和结构工程师和设备工程师等,以及越来越多的参与到项目中的制造和安装的企业。一个项目的实现需要大量的协调和合作。协调和合作涉及多层次的沟通。在一个层面上,它涉及人们之间关于价值观、意图、背景和程序的沟通。在另一个层面上,它还涉及不同的工具表述和工具间数据交换的需要。一个项目组的不同成员可以使用不同的数字工具来支持他们的特定工作。

BIM 技术提供了一个改变流程的机会,它不仅仅是一个设计工具,更不仅仅是一个软件,而是一个过程,是全产业链的概念,在这个过程中建立了一个包含信息的模型,用来回答项目全生命周期中关于这个项目的所有问题。对应到建筑设计阶段,它可称为 3D 参数化设计。3D 参数化设计是 BIM 在建筑设计阶段的应用。

3D 参数化设计是有别于传统 AutoCAD 等二维设计方法的一种全新的设计方法,是一种可以使用各种工程参数来创建、驱动三维建筑模型,并可以利用三维建筑模型进行建筑性能等各种分析与模拟的设计方法。它是实现 BIM、提升项目设计质量和效率的重要技术保障。

3D 参数化设计的特点为：全新的专业化三维设计工具、实时的三维可视化、多专业的协同设计模式、二维施工图的自动生成、二维三维间双向自动更新、配套的分析及模拟设计工具等。3D 参数化设计的重点在于协同设计，而传统的三维效果图与动画仅是 3D 参数化设计中用于可视化设计（项目展示）的一个很小的附属环节。

在建筑项目设计中实施 BIM 的最终目的是要提高项目设计质量和效率，从而减少后续施工期间的洽商和返工，保障施工周期，节约项目资金。其在建筑设计阶段的价值主要体现在以下五个方面。

1. 可视化

BIM 将专业、抽象的二维建筑描述通俗化、三维直观化，使得专业设计师和业主等非专业人员对项目需求是否得到满足的判断更为明确、高效，决策更为准确。

2. 协调

BIM 将专业内多成员间、多专业间、多系统间原本各自独立的设计成果（包括中间结果与过程），置于统一、直观的三维协同设计环境中，避免因误解或沟通不及时造成不必要的设计错误，提高设计质量和效率。

3. 模拟

BIM 将原本需要在真实场景中实现的建造过程与结果，在数字虚拟世界中预先实现，可以最大限度实现对未来真实世界的展现。

4. 优化

由于有了前面的三大特征，设计优化成为可能，这点对目前越来越多的复杂造型建筑设计尤其重要。

5. 出图

基于 BIM 的工程施工图及统计表的自动生成将最大限度保障工程设计企业最终产品的准确、高质量、富于创新。

7.2 BIM 技术在设计阶段的介入点

建筑信息模型是由参数化对象的集合构成的，包括建筑构件（如墙、梁、板、柱、楼梯和门窗等）、设备对象（包括供热通风设备、给水排水设备、电气设备等），以及与之配套的管线对象。

各个专业都有擅长的 BIM 设计软件，比如适合建筑专业使用的 Revit，适合结构专业使用的 Bentley 和 Tekla 等。这些软件在出厂时，都自带设计中常用的参数化对象集供设计人员使用。但大多数情况下，设计人员设计时会使用很多特殊的、原厂软件没有的参数化对象，如某种特殊几何形状的结构构件，这就需要设计人员在设计开始前，利用 BIM 软件提供的自定义参数化对象工具，建立自定义的参数化对象，如 Revit 中的族（family）。因此，在开始 BIM 设计之前，首先要对设计方案进行审查，找到设计方案中会用到的特殊的建筑构件，利用软件中的自定义对象工具，创建自定义的参数化对象，然后再开始设计。

在概念设计阶段，业主关注的是建筑的空间和体量，以及项目合规性，而不需要更为精细的模型，而且概念设计经常会根据业主的要求进行调整，具体的建筑形制并不确定，因此，在这个阶段,并不需要进行大量自定义对象的构建。此时的模型还不能称为建筑信息模型,因为这一时期的模型一般只具有几何属性,很少或者几乎没有非几何信息(属性、规则等),因此,建筑师一般在这个时候更多采用几何建模软件,比如 SketchUp、3DS MAX、Rhino 等完成概念模型的创建。

在方案设计阶段,建筑师要完成建筑外形设计、内部交通流线设计、外部道路和景观设计以及成本估算、能源分析等,业主还要进行多方案比选。因此,在设计方案没有被最终确定的情况下,一般也不直接采用 BIM 设计软件进行设计,建筑师仍然更多地采用在概念设计中用的几何建模软件(SketchUp、3DS MAX、Rhino 等)。

方案设计完成后确定了建筑方案,开始进入初步设计和施工图设计阶段时,需要对设计方案中用到的各种建筑构件进行审查,对比已有的自定义参数化对象库和软件自带的参数化对象集中是否包含了所有的设计对象,如果存在某些特殊构件未包含在内,则需要采用软件自定义工具完成特殊建筑构件的参数化对象设计,然后再开始专业设计。

随着长期使用 BIM 进行参数化正向设计,设计单位会逐渐积累大量的自定义的参数化对象,这些参数化对象可以在以后的设计任务中被调用,这就大大提高了设计单位的设计工作效率。只要调用之前使用过的参数化对象修改相应的参数,便可在新的设计项目中使用,这是在传统的二维设计中做不到的。这些积累下来的自定义参数化对象库就是设计单位的数据资产,在未来数字驱动的经济环境下,积累了大量的数据资产的设计单位一定会在市场中占据有利的竞争地位。

那么何时开始 BIM 设计呢?从上面的分析中,我们可以清楚地回答这个问题,那就是从设计任务之初便可开展 BIM 设计,而且越早开始 BIM 设计,无论是业主还是设计单位,都会获益更多。

7.3 基于 BIM 的概念设计

概念设计一般涉及建筑方案的开发和完善,如空间面积、功能、结构类型的项目规范,以及其功能和经济可行性。建筑师有时会参与建筑方案的制订,更多的时候,他们拿到的是一个需要细化的初始方案。建筑项目立项后,产生核心概念设计,包括项目楼层平面的基本建筑布局、体量以及外观表现,确定建筑在场地中的位置和朝向、其结构以及内部环境质量,如何实现项目基本方案,并考虑它的社区、邻里和现场环境等。

这些最初的方案决策和概念对整个项目至关重要,它们极大地决定了成本、使用、结构的复杂性、交付时间以及其他关键方面,它们正被视为最基本的原则,并对概念设计中传统做法提出了直接的挑战。

以前,概念设计几乎完全依赖于首席建筑师的经验和专业知识,并从团队其他成员中获得反馈。在这个阶段,由于要求快速生成及评估其他备选方案,评估主要是通过直觉做出的。思考过程也是根据案例类推的。探索的快速性及对工具的低要求,使得铅笔(或其他纸质标记)一直是主流的概念设计工具,随意手绘草图是主要记录及内部沟通的文档。同样的,因为其复杂性和难以掌握,有些建筑师认为 BIM 并不适用于概念设计。大多数当前 BIM 设计应用需要很多的学习过程,而且对软件的操作和用户界面的熟练度有较高要求,这也在一定程度上阻碍了建筑师应用 BIM 技术进行设计的积极性。

然而像 SketchUp、Rhino 和 Bonzai 3D 这样的轻量级工具,已经被广泛接受,成为概念设计工具。这些工具专注于快速 3D 草绘以及形状的生成,便于设计团队就空间和视觉上的思考进行沟通。这些工具没有参数化建筑对象类型,也没有对象类型的行为,仅有几何操作应用于所有形状,对用户来说,降低了复杂性。有些工具支持 NURBS(非均匀有理 B 样条),例如,SketchUp,任意平面类型可以表现非常广泛的平面范围,包括简单平面和球面。这些工具支持合理的对象复杂性和快速反馈,可以进行直观的视觉评估。这些工具逐步成为建筑师思想过程中无形的存在。作为独立的工具,它们只是部分回应了概念设计面临的挑战,即提高决策质量的挑战。近年来,这些工具已经显著地改进了功能和特点。

其他支持概念设计的工具聚焦于其他特定用途,例如空间规划、能源利用、财务可行性等。提供 BIM 平台的公司已经意识到其工具中存在的局限性,已经在产品中包含了概念设计能力,可以与这个市场中的草绘级别的工具相竞争。

➤ 7.3.1　3D 草绘工具

这里只对 SketchUp、Rhino 和 Bonzai 3D 工具进行简单介绍,要特别注意围绕它们而形成的工作流程,以支持 BIM 功能。

1. SketchUp

SketchUp 是为很多建筑师定制的一种 3D 草绘和方案探索工具。它始于一种平面建模器,具有非常直观的用户接口。它对 Windows 和 Mac 系统都支持,入门级系统是免费的,但收费的专业版本具有越来越多的强大功能。

SketchUp 的基本功能是很容易定义一条 3D 的线,并将其拉伸为平面,与其他空间中的点相匹配。它支持易于使用的直接操作方式。线段可以在平面上定义多边形,可以突出在平面中或者位于平面上,形成孔洞或者其他形状。尺寸标注允许用户精确或者模糊。SketchUp 可以简单快速地进行 3D 形状或者建筑的定义,如图 7-1 所示。3D 库及表单字体中拥有大量预定义的形状库。免费的 SketchUp Viewer 支持 SketchUp 模型的展示。SketchUp 支持 Ruby 脚本语言和 SketchUp 的 SDK 包来开发插件,极大地扩展了 SketchUp 的功能,这些插件绝大多数都可以在 SketchUp 基础版和专业版中工作。

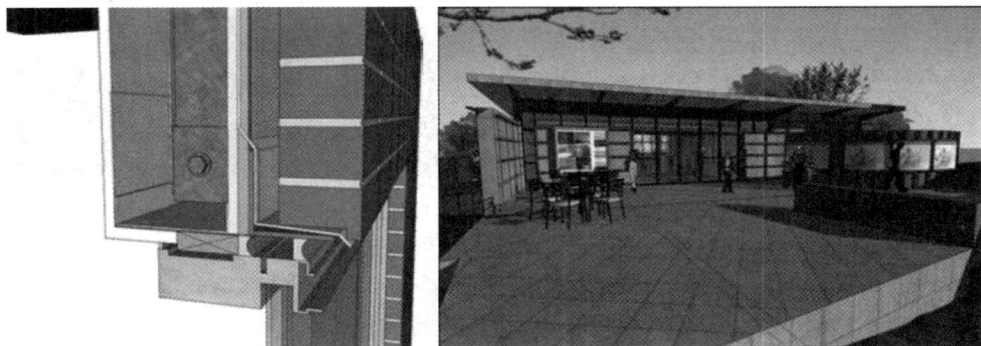

图 7-1　SketchUp 布局、风格及编辑示例

SketchUp Pro(专业版)可以从模型中生成 2D 图形,并且具有与其他应用的各种文件格式接口。Layout 插件支持从一个 SketchUp 3D 模型中生成带有标注尺寸的图样。StyleBuilder 提供了根据绘图样式设置模型渲染样式的过滤器。它支持允许实体关联属性的

动态组件(dynamic components)。面集可以被定义为"对象",符合规则的平面组可以被转为实体,可以有关联的属性。

另一个重要的插件是 IESVE。它可以简单地建造一个房屋,进行能源分析和碳评估(如在楼板上用单面或者双面墙构建热分区),分派属性来标明其热行为,并附有位置和朝向信息。IESVE 使用 ApacheSim 对采暖和制冷进行快速能源性能"指示"。其他的 IES 工具解决太阳能收集、阳光遮挡、水和碳的利用等。其他类似的应用是 OpenSudio,为 EnergyPlus 提供类似的接口,采用 IDF 输入格式。

再一个是 Greenspace Research's Demeter 插件。它生成一个公共的 gbXML 输入接口,类似于为 Revit、ArchiCAD 和 MicroStation 开发的接口。

SketchUp Pro(专业版)可以读取 DXF、DWG 及 IGES 的几何数据输入。它也能够导入 IFC 几何实体(有些类型)。SketchUp Pro(专业版)也支持导出 3DS、AutoCAD DWG、AutoCAD DXF、FBX、OBJ、XSI 及 VRML 格式。

2. Rhino

Rhino 是非常流行的 NURBS 几何平面建模工具。Rhino 对建筑师、工业设计师、动画设计师、珠宝制造商以及其他对 3D 自由建模非常有兴趣的工作者来说,是非常具有吸引力的系统。Rhino 支持很多平面建模功能,生成、编辑、查看、合并以及分析简单或者复杂的平面形式(见图 7-2)。它支持创建和编辑曲线,以及连接面的操作,可以用来设计多种类型的复杂模板,包括建筑外立面、现浇混凝土模板、室内模板和固定装置。Rhino 支持生成实体图元,并将曲面集转换为几何实体。实体可以通过布尔运算和提取表面的方式进行编辑。曲面可以被转换为网格(meshes)。在 Rhino 中,可以对表面和形状进行分析和标注。Rhino 支持将形状投影到平面上,并添加制图标注。用户可以定义大型且复杂的建筑形状。

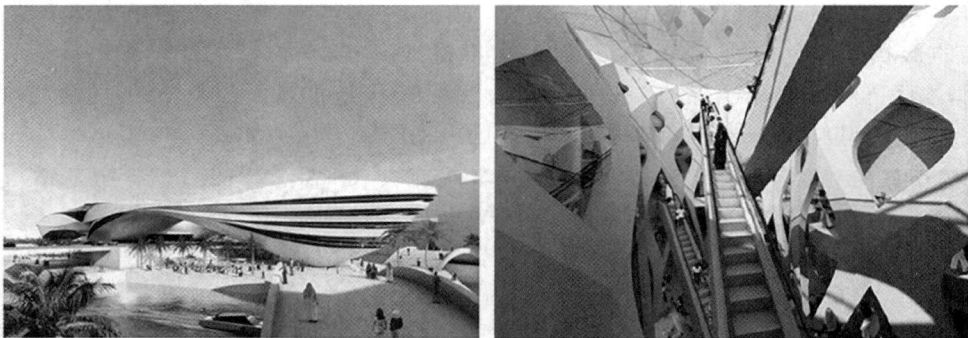

图 7-2 Rhino 支持任意形态和结构的设计

Rhino 是非常开放的系统,允许用户用 RhinoScript(VB 脚本语言的一个版本),以及 Grassshopper(Rhino 特制的一种脚本语言),轻松进行自定义,这些语言需要很少或者几乎不需要计算机背景。使用脚本很容易上手,在操作的历史文件中定位操作,然后自动重复。除了生成自己的脚本,它还有一个有几百个插件的库,可以支持建筑用途。Rhino 支持很多的渲染引擎作为插件,如 V-Ray、Lightworks、Maxwell 等。Geometry Gym 提供了结构建模应用接口,可以使用的分析模型的软件包括 Oasys GSA、Robot、SAP2000、SOFiSTiK、SPACE GASS 以及 Strand 7 等。

一个非常有用的工具是 VisualARQ。它支持将 Rhino 对象转换为 BIM 对象,包括下列类:墙、板及屋顶、柱、门和窗,以及空间。空间可以在一个表中进行记录,进行空间方案验证。VisualARQ 还为不同类型的描述提供了默认的参数化对象类。VisualARQ 支持将 6 种对象类转换为 IFC 模型,导入 BIM 工具中,或者接受 IFC 格式输入的分析工具中。

采用插件,Rhino 提供了探索建筑设计的能力,随后逐步将 Rhino 的曲面转换为实体,再转为 VisualARQ 的建筑元素及 Geometry Gym 的结构元素。这些元素能够被导出为 IFC 格式,进行模型生产工作。

3. Bonzai 3D

Bonzai 3D 是新一代的 NURBS 及多面体建模工具,由 AutoDesSys 公司开发。该公司开发过 formZ 软件。Bonzai 3D 是一种实体建模工具,具有易于使用的直接操纵的编辑操作。很多有关 Bonzai 3D 的信息是讨论它的操作方式,就像 SketchUp 一样。然而,作为一种实体建模工具,很多操作更加容易,例如,生成有闭合面的后墙可以自动管理。因为它是基于 NURBS 的,它支持很多类似于 Rhino 的操作。Bonzai 3D 也支持曲面建模,如图 7-3 所示。它为建筑师定义了一些参数化的封装:楼梯、窗户和门、屋面。它嵌入 RenderZone,可以进行快速渲染,并且利用外部文件格式可以访问 Lightworks、Maxwell 以及其他渲染器。它支持的数据格式包括 DWG、DXF、FACT 以及 OBJ、SAT 和 STL、3DS 和 COLLADA。

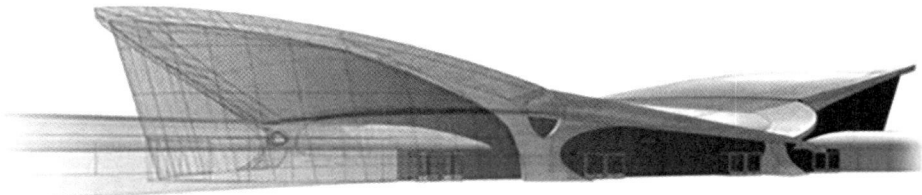

图 7-3 在 Bonzai 中设计可以是任意形式或者是二维的

➤ 7.3.2 BIM 应用草绘工具

BIM 应用程序的开发企业已经认识到了 BIM 应用软件在概念设计方面的局限性。一些企业已经开发了概念设计的探索工具,采用通用类型对象,称之为“体量”或者“代理”对象,可以自定义参数化形状的族。其用意是填补 BIM 应用软件在此方面的空白,支持任意形状,特别是生成建筑外立面的基础模型,并在后续的设计中细化,或者用来生成格栅或者其他类型的隔板(筛网)。这些自由形状的工具还支持将这些形状分割成楼层和面板,以便“换肤”。例如,Revit 添加了新的功能到其体量工具中,可以进行更大范围的自由形状编辑操作,通过在表面放置轴网的方法,将轴网转化为参数化对象,如图 7-4 所示。ArchiCAD 和 Vectorworks 都利用 Cinema 3D 提供类似的功能。Bentley Architecture 的 Generative Component 是另一种功能更强大的工具。

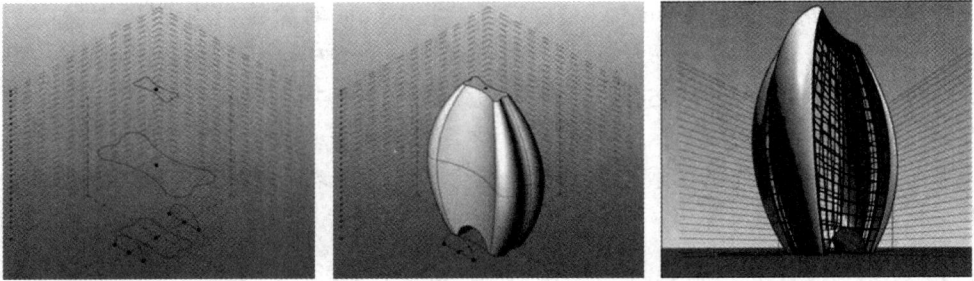

图 7-4　Revit 体量对象支持自由形状,通过增加对象类型变得更加精细

　　这些草绘工具也具有提供连接能源分析的接口,例如,Revit 的 Sketch Design 可以与 Ecotect Analysis 及 Green Building Studio 能源分析工具对接。类似的,ArchiCAD 支持与 EcoDesigner(一种能源分析及碳利用工具)的接口进行概念设计。Bentley 也支持 gbXML 格式进行在线能源评价。这些环境草绘模型能力见表 7-1。

表 7-1　环境草图建模平台支持的分析

软件名称	支持的分析
Ecotect Analysis——自己的建筑模型＋直接连接 Autodesk Revit	
Daysim	灯光仿真
Radiance	灯光仿真
CIBSE	能源分析
Energy	能源分析
	太阳辐射分析
	混响时间声学分析
NIST-FDS,Fluent,WinAir4	多重计算流体动力学分析的通用接口
IES——自己的建筑模型＋直接连接 Autodesk Revit	
ApacheCalc	热损失与获得
ApacheLoads	采暖与制冷负荷
ApacheSim	动态热仿真
ApacheHVAC	暖通设备仿真
SunCast	太阳遮挡
MacroFlo	模仿责任空气流通及混合模式系统
MicroFlo	室内计算流体动态学应用
Deft	价值工程
CostPlan	资本成本估算
LifeCycle	估算生命周期运营成本
IndusPro	管线布局和尺寸调整
PiscesPro	管道工程系统

软件名称	支持的分析
Simulex	建筑疏散
Lisi	升降机模拟
gbXML——来自 Autodesk Revit、Bentley Architecture 及 ArchiCAD 的 XML 连接	
DOE - 2	能源模拟
Energy	能源模拟
Trane2000	设备仿真
	建筑产品信息

➤ 7.3.3　特定功能应用的草绘

其他早期的设计工具更注重特定功能的工作流,Trelligence 提供空间规划布局,将空间方案对照目标进行反馈。Trelligence 支持导出及连接 Revit 和 ArchiCAD 两种方法,并且也可以导入 SketchUp 中。Vectorworks 具有其自己的空间规划工具,Revit 也一样。Visio 也在其 Space Planner 应用中支持空间规划。其他概念设计的重要领域是成本估算,可由 DProfiler 提供。

但这些程序都没有提供一般概念设计所需的广泛功能,而且目前的工作流程比较粗糙,需要遵循严格的建模惯例,或者对模型进行重组。在实践中,大多数用户依赖前面提到的软件工具中的一种。当然,很少能够与既有的 BIM 创作工具轻松且有效地进行接口。

环境分析工具还需要大量的非项目信息,包括可能影响入射阳光的细节和任何可能限制阳光的物体或影响,如地理位置、气候条件、结构或地形。这些信息通常不在 BIM 设计工具中携带,而由二级分析工具携带。这些分布式的数据集通常会带来管理层面的问题,比如确定哪个分析运行给出了哪个结果,以及基于哪个版本的设计。在这方面,BIM 服务器库可以发挥重要作用。

7.4　基于 BIM 的协同设计

协同设计的理念已经深入建筑师和工程师的脑海中,BIM 技术与协同设计技术将成为互相依赖、密不可分的整体。然而对于协同设计的含义及内容,以及它的未来发展,人们的认识却未统一。

BIM 协同设计

➤ 7.4.1　BIM 协同设计的概念

所谓协同设计,是指基于计算机网络的一种设计沟通交流手段,以及设计流程的组织管理形式。协同设计分为二维协同设计及三维协同设计。二维协同设计在基于二维工程图的传统设计方法中已经有所应用,它是以计算机辅助绘图软件的外部参照功能为基础的文件级协同,是一种文件定期更新的阶段性协同模式。三维协同设计是指项目成员在同一个环境下用同一套标准来完成同一个设计项目,在设计过程中,各专业并行设计,基于三维模型的沟通能做到及时并且准确。BIM 技术的发展为三维协同设计提供了技术支撑。未来的协同设计,将不再是单纯意义上的设计交流、组织和管理手段,它将与 BIM 融合,成为设计手段本身的一部分,即基于 BIM 的协同设计。

协同设计使得各专业之间的数据得到可视化共享;通过网络消息、视频会议等手段,设计团队成员之间可以实现跨部门、跨地区甚至跨国界信息交流,开展方案评审或讨论设计变更;通过网络共享资源库,设计者能够获得统一的设计标准;通过网络管理软件的辅助,项目组成员以特定角色登录,可以保证成果的实时性及唯一性,并实现正确的设计流程管理。

BIM 技术带来的三维协同设计变化主要体现在以下几个方面:

(1)从二维设计转向三维设计;

(2)从线条绘图转向构件布置;

(3)从单纯几何表现转向全信息模型整合;

(4)从各专业单独完成设计转向协同完成设计;

(5)从离散的分步设计转向基于同一模型的全过程整体设计;

(6)从单一设计交付转向建筑全生命周期支持。

协同是 BIM 的核心概念,同一构件元素,只需输入一次,各工种共享元素数据并从不同的专业角度操作该构件元素。从这个意义上说,协同已经不再是简单的文件参照。可以说 BIM 技术将为未来协同设计提供底层支撑,大幅提升协同设计的技术含量。BIM 带来的不仅是技术,也将是新的工作流及新的行业惯例。

因此,未来的协同设计,将不再是单纯意义上的设计交流、组织及管理手段,它将与 BIM 融合,成为设计手段本身的一部分。借助于 BIM 的技术优势,协同的范畴也将从单纯的设计阶段扩展到建筑全生命周期,需要设计、施工、运营、维护等各方的集体参与,因此具备了更广泛的意义,从而带来综合效率的大幅提升。BIM 协同设计原理如图 7-5 所示。

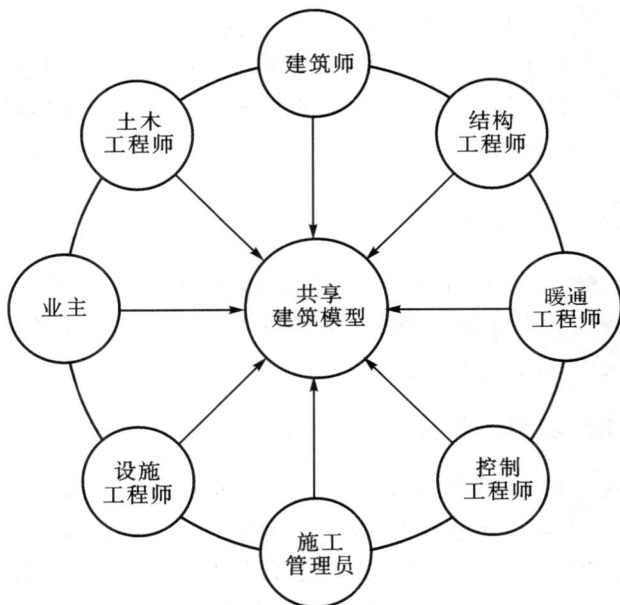

图 7-5　BIM 协同设计原理图

➤7.4.2 BIM 协同设计的意义

从传统设计到 BIM 设计的转变过程如图 7-6 所示。传统设计的主要产品是二维工程图,其协作方式是二维协同设计,或各专业间以定期、节点性地相互提取资料的方式进行配合(简称"提资配合")。

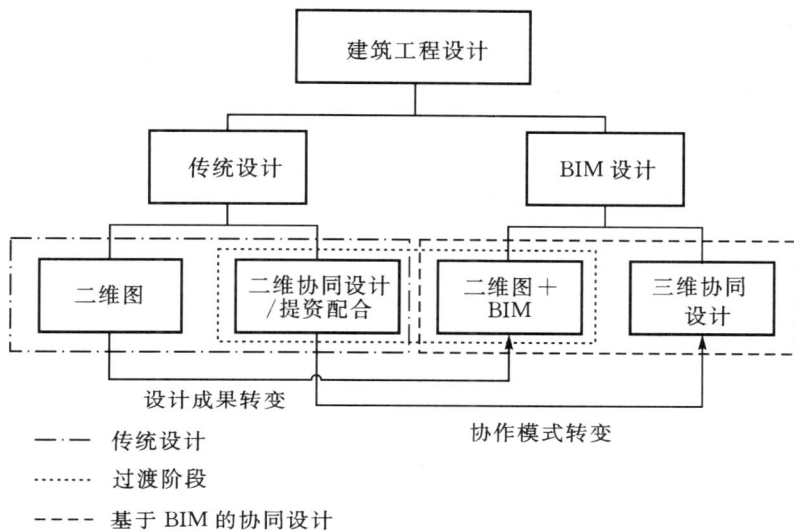

图 7-6 传统设计与 BIM 设计

目前,建筑工程设计正处在从传统设计到 BIM 设计的过渡阶段。一些设计单位在一定程度上已经实现了设计成果从"二维图"到"二维图+BIM"的转变,但协作方式仍然是二维协同设计或者提资配合。由于 BIM 设计增加了很多工作量,处在这个过渡阶段的设计单位面临巨大的工作压力。

如果没有完善的 BIM 协同设计方法,则会造成工作效率低下。因此,基于 BIM 的设计模式不仅包含 BIM 全信息模型的建立与应用,还包括更为重要的核心就是协同设计。只有完成了从二维协同设计到三维协同设计的转变,才能真正达到 BIM 设计的要求,使建筑设计各专业内和专业间配合更加紧密,信息传递更加准确有效,重复性劳动减少,最终实现设计效率的提高。

➤7.4.3 BIM 协同设计实施流程

本节所描述的 BIM 协同设计流程与目前绝大多数设计单位首先完成二维施工图,再根据施工图建立建筑信息模型的做法截然不同,是建筑设计者直接利用 BIM 核心建模软件进行协同设计,并基于建筑信息模型输出设计成果的流程,包括如下步骤:

1. 编制企业级 BIM 协同设计手册

编制企业级 BIM 协同设计手册已成为基于 BIM 协同设计的基础性工作。企业可参照目前已有的规范和标准,结合自身情况编制自己的企业 BIM 导则,指导生产实际。企业级 BIM 协同设计手册主要内容应包括 BIM 项目执行计划模板、BIM 项目协同工作标准、数据互用性标准、数据划分标准、建模方法标准、文件夹结构及命名规则、显示样式标准等内容,如表 7 - 2 所示。

表 7 - 2　企业级 BIM 协同设计手册所包含的内容

章节	主要内容	作用
BIM 项目执行计划模板	①项目信息;②项目目标;③协同工作模式;④项目资源需求	帮助 BIM 项目负责人快速确认项目信息,确立项目目标,选用协同工作标准并明确项目资源需求
BIM 项目协同工作标准	①针对不同项目类型可选用的协同工作流程以及流程中各阶段的具体工作内容和要求;②各专业间设计冲突的记录方式和解决机制;③数据检验方法	协同工作流程,确立数据检验及专业间协调机制,保障各专业并行设计工作顺利进行
数据互用性标准	①设计过程中可采用的 BIM 核心建模软件平台、协同设计和专业软件等;②软件版本要求;③不同软件间导入、导出文件格式;④数据传递方法和要求	明确适用于不同项目类型的 BIM 相关软件,明确核心建模软件与专业分析软件之间的数据传输标准,保证 BIM 设计的畅通
数据划分标准	①项目划分的准则和要求;②各专业内及各专业间分工原则和方法	确保项目工作的合理分解,为项目进度计划的制订以及后期产值分配提供重要依据
建模方法标准	①不同项目类型以及不同项目阶段建筑信息模型深度细节要求;②标准建模操作	规定建模深度,避免深度不够导致的信息不足,或细节度过高导致的创建效率低下;规范建模操作,避免模型传递过程中信息丢失
文件夹结构及命名规则	①文件夹命名规则;②文件命名规则;③文件存储和归档规则	建立项目数据的共享、查询、归档机制,方便协同工作进行
显示样式标准	①一般显示规则;②模型样式;③贴图样式;④注释样式;⑤文字样式;⑥线型线宽;⑦填充样式	形成统一的 BIM 设计成果表达方式

2. 制订 BIM 项目执行计划

企业承接 BIM 设计项目后,首先要做的就是针对该项目制订出执行计划。由于 BIM 设计的工作要求较高,所需资源也较多,BIM 设计团队必须充分考虑自身情况,对项目实施过程中可能遇到的困难进行预判,严格规定协同工作的具体内容,这样才能保证项目的顺利完成。一个典型的 BIM 项目执行计划书应包含项目信息、项目目标、协同工作模式以及项目资源需求等内容,如表 7 - 3 所示。

表7-3　BIM项目执行计划所包含的内容

内容	详细内容
项目信息	项目描述、项目阶段划分、项目特殊性、项目主要负责人、项目参与人
项目目标	项目BIM目标、阶段性目标、项目会议日期、项目会审日期
协同工作模式	BIM规范、软件平台、模型标准、数据生效协议、数据交互协议
项目资源需求	专家、共享数据平台、硬件需求、软件需求、项目特殊需求

3. 组建工作团队

BIM设计团队由三大类角色组成，即BIM经理、BIM设计师和BIM协调员。

BIM项目团队中最重要的角色是BIM经理。BIM经理负责和BIM项目的委托者沟通，在能够充分领会其意图的同时，还要对现阶段BIM技术的能力范围有充分的了解，从而可以明确地告知委托者能在多大程度上满足其要求。BIM经理还负责制订项目的具体执行计划、选用企业的工作流程和相关标准、管理项目团队、监督执行计划的实施等。这些责任要求BIM经理必须具备丰富的工程经验，了解建筑项目从设计到施工各个环节的运转方式和BIM项目委托者的需求，熟悉BIM技术，还要在一定程度上懂得设计项目管理。

除了BIM经理，BIM项目团队通常要配齐各专业经验丰富的设计师和工程师，并且要求他们熟练掌握BIM相关软件，或者为他们配备能熟练掌握BIM软件的BIM建模员。BIM协同设计先行者兰迪·多伊奇（Randy Deutsch）指出，应当要求项目团队中的建筑工程专家指导团队中建模的年轻人，并在BIM协同设计中"肩并肩"地一同工作。BIM设计的趋势是一线设计人员直接操作BIM软件，通过使用BIM来展示自己的设计思路和成果。所以，建模员要不断提高专业水平并积累项目经验，成长为设计师或工程师。设计师和工程师要熟练掌握BIM软件，这是大势所趋。

BIM协调员是介于BIM经理和BIM设计师之间的衔接角色。他负责协同平台的搭建，在平台上把BIM经理的管理意图通过BIM技术实现，负责软件和规范的培训、模型构件库管理、模型审查、冲突协调等工作。BIM协调员还应协助BIM经理制订BIM执行计划，监督工作流程的实施，并协调整个项目团队的软硬件需求。

上述三大类角色的权责在具体的BIM项目中可能会进一步细分。例如，BIM经理可能会分为商务经理和项目经理，前者主要负责和委托者接洽沟通，后者主要负责领导和管理项目团队；BIM设计师一般按照建筑设计的专业划分为建筑BIM设计师、结构BIM设计师、MEP BIM设计师、幕墙BIM设计师等；BIM协调员可能会分为BIM构件库管理员、协同平台管理员以及冲突协调员等。

4. 工作分解

这个阶段的主要工作是预估具体设计工作的工作量，并分配给不同项目成员。例如，建筑、结构专业可按楼层划分；MEP专业可按楼层划分，也可按系统划分。工作分解可作为制订项目进度计划以及后期产值分配的重要依据。

5. 建立协同工作平台

为保证各专业内和专业间建筑信息模型的无缝衔接和及时沟通，BIM项目需要在一个统一的平台上完成。协同工作平台应具备的基本功能是信息管理和人员管理。

信息管理最重要的一个方面是信息的共享。所有项目相关信息应统一放在一个平台上管理使用。设计规范、任务书、图纸、文字说明等应当能够被有权限的项目参与人很方便地调用。BIM设计传输的数据量比传统设计大很多,通常一个模型文件有几百兆,如果没有一个统一的平台承载信息,设计的效率会非常低。信息管理的另一方面是信息安全。BIM项目中很多信息是企业的核心技术,这些信息的外传会损害企业的核心竞争力。如BIM构件库这类需要专人花费大量时间和精力才能不断完善的技术成果,不能随意被复制给其他公司使用。既要信息共享,又要信息安全,这对协同平台的建立提出了较高的要求。

在人员管理上,要做到每个项目的参与人登录协同平台时都应进行身份认证,这个身份与其权限、操作记录等挂钩。通过协同平台,管理者应能够方便地控制每个项目参与者的权力和职责,监控其正在进行的操作,并可查看其操作的历史记录,从而实现对项目参与者的管控,保障BIM项目的顺利实施。

6. BIM 项目实施

前述工作基本都是为项目的执行做准备,准备工作多也是BIM项目的特点之一。BIM项目具体实施时,项目参与者要各司其职,建模、沟通、协调、修改,最终完成模型。模型的建立过程应根据其细化程度分阶段完成。模型深度可划分为"几何信息"和"非几何信息"两个信息维度,每个信息维度又可划分为若干个等级区间。不同等级的模型用在不同的设计阶段输出成果。设计者完成了符合委托者要求的模型之后,可基于该模型输出二维图、效果图、三维电子文档和漫游动画等设计成果。

▶ 7.4.4 实施过程中存在的障碍及解决方法

技术和管理等各个方面的困难普遍存在于BIM技术在工程项目的实际应用中,而基于BIM的协同设计实施过程中的困难仅是其中一部分。在技术方面最突出的问题是软件工具功能的局限,在管理方面的主要问题是设计者和管理者对新的工作流程和方法的抵触。

1. 软件工具功能的局限

在我国,绝大多数BIM设计项目的参与者都曾指出BIM相关软件的一些功能不能满足工程需要,主要表现为:一是不能直接从建筑信息模型输出满足我国规范要求的二维工程图,二是BIM相关软件之间的信息流转不通畅。这两个问题也是目前基于BIM的协同设计流程实施在技术上的最大阻碍。

1)建筑信息模型出图问题

尽管主流的BIM核心建模软件全部能够根据建筑信息模型输出二维工程图,但这些软件大多都是国外产品,因此,其出图的思路、工程图表达方式和可实现的设计图细节通常与我国的规范要求不符,导致即使包含大量信息的建筑信息模型往往也不能直接输出完全合规的工程图。所以,设计项目团队还需要对建筑信息模型输出的二维图进行二次加工,无法完全实现建筑信息模型与设计图的联动。

为了解决建筑信息模型出图的问题,一些软件公司和设计单位在进行相关的软件开发工作,这些工作包括基于BIM核心建模软件出图功能的二次开发和独立的出图软件的开发。随着BIM软件使用者人数的增加和水平的提高,对出图功能的新需求不断出现,在这种快速增长的市场需求下,软件开发者的开发力度也在逐年加大,从建筑信息模型直接输出的工程二维图正在逐渐趋于满足我国规范的要求。一线设计者在二次加工输出图上耗费的时间必然会越来越少。

BIM 技术正在使全行业信息传递方式发生转变。当建筑工程各个环节的参与者都能够很好地掌握相关 BIM 技术,工作中信息的传递主要以建筑信息模型为主,二维工程图仅作为辅助参考时,监管部门必然会推行新的监管政策和法律法规。届时,对建筑信息模型的深度加工会成为设计者的主要工作,而二维工程图作为建筑信息模型的副产品,不会再消耗太多时间。

2)软件间信息流转问题

必须明确,不存在一款软件能够满足 BIM 设计项目中的所有功能。为了避免二次建模这类重复劳动,确保不同软件间的信息流转顺畅是 BIM 协同设计的必要条件。然而,目前几乎所有跨软件平台的模型导入或导出都会造成信息的丢失,这严重降低了 BIM 协同设计的效率。

与建筑信息模型出图一样,解决软件间信息流转问题的市场需求也是巨大的,有些新兴软件厂商为了抢占市场份额,正在不断开发各类 BIM 软件和专业软件之间的接口,以满足市场需求,为广大设计者提高工作效率,节省时间。但就目前的情况而言,短期内还无法保证 BIM 协同设计的全过程信息流转顺畅。所以,BIM 设计在局部项目、局部专业、局部过程的应用将成为未来过渡期内的一种常态。

2. 设计者对 BIM 设计的抵触

设计师总是倾向于采用自己最熟悉的工具来表达自己的设计思想。由于传统设计方法已经实行了相当长的时间,况且建筑信息的三维显示方法与二维相比,也存在一定的短处,例如,显示中会存在一定的盲区。再加上我国建筑设计工作者往往工作任务繁重,工作压力很大,所以一线设计师和工程师或多或少都会面临设计思维和设计方法转型困难的问题。即使有一部分人积极主动地学习 BIM 技术,但学习应用 BIM 软件不可避免地会在一段时间内影响到个人及部门利益,并且一般情况下设计师无法获得相应的利益补偿,最终还是会影响其学习应用 BIM 的积极性。

为消减一线设计者对 BIM 技术的抵触,一些企业专门设立部门或团队培养掌握 BIM 技术的设计人才,使学习、研究和掌握 BIM 技术成为一线设计者在一段时间内的主要工作,通过组织学习,可较好地化解他们对 BIM 技术的抵触情绪。

3. 项目管理者对 BIM 设计的抵触

虽然设计企业从传统设计向 BIM 设计转型所需的短期成本较高,但对于相当一部分企业来说,可预见并可控的成本增加并不是阻碍转型的主要问题。转型的真正阻力是采用 BIM 技术同时转变设计手段和管理模式可能导致的项目失败风险。所以,有相当一部分项目管理者对基于 BIM 的协同设计方法持抵触态度。

在 BIM 应用大潮中,风险与机遇并存,设计企业不进则退。越来越多的业主和总承包单位都要求设计单位采用 BIM 技术。为了提高 BIM 设计的效率,协同设计又必不可少。由此可见,从传统设计方法到基于 BIM 的协同设计方法的转变是大势所趋,不可逆转。管理者应该不断学习 BIM 协同设计先行者的经验,吸取其教训,先在小范围内探索尝试,逐步解决问题,改进管理手段,最终建立起适合于企业自身情况的 BIM 协同设计方法和流程。

由于 BIM 的实质是信息技术在建筑工程领域的应用,可以用美国 Gartner(高德纳)咨询公司提出的新兴技术成熟度曲线(hype cycle for emerging technologies)来预测其前景,如图7-7所示。基于 BIM 的协同设计应用前景如下:

(1)三维协同设计是企业提高 BIM 设计效率的必要手段,所有建筑设计企业向着基于BIM 的协同设计方向发展是必然趋势;

(2)就我国目前的应用形势来看,基于 BIM 的协同设计还处于新兴技术成熟度曲线的第一阶段;

(3)以 BIM 培训、咨询承接 BIM 设计项目为主要业务的企业在未来必然会经历爆发式的增长、激烈的竞争和淘汰;

(4)随着技术的发展和应用手段的日趋成熟,基于 BIM 的协同设计的障碍会不断地被克服,其价值和潜力会逐渐被市场接受,建筑设计行业必定会逐步采用基于 BIM 的协同设计模式。

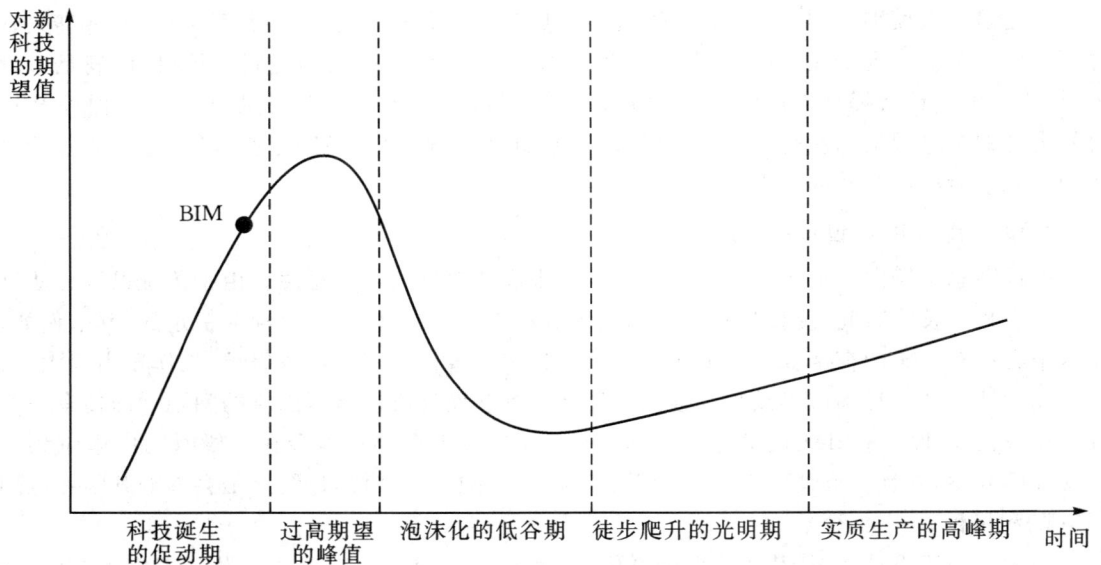

图 7-7 新兴技术成熟度曲线

7.5 基于 BIM 的性能分析

目前在实际项目建设过程中,对项目的园林景观、日照、风环境、热环境、声环境等性能指标的分析,仍然以合规验算和定性分析为主要手段,而 BIM 技术以其富含信息的多维建筑模型为上述建筑性能分析的普及应用提供了可能性。

7.5.1 项目景观分析

不论是商业地产项目还是住宅地产项目,环境景观是项目定位一个很重要的因素。计算机效果图的出现对地产开发项目带来巨大的影响,可以说计算机效果图在项目的开发前期,尤其是在项目的营销阶段起到非常重要的作用,它是展示项目的一个最形象、最直观、最低成本的方法之一。但是,随着计算机效果图的普及,特别是对于美化后的计算机效果图与真实环境的差异对比,人们对计算机效果图的真实性也提出了更高的要求:不仅需要美感,也要真实。这个需求不仅来自业主客户,也来自开发商自己。

虽然计算机效果图可以制作得很美观,但缺少真实数据的支持。不可否认,当今计算机技术模拟真实世界的技术水平已经达到几乎乱真的境地,还将继续发展。但"逼真"与"真实"是有本质区别的。计算机效果的真实性有两方面:一是效果表现逼真,二是与真实世界相符。例如,计算机模拟一个人可以达到很像人类,几乎看不出是计算机制作出来的,就可以说是表现逼真;但是,计算机模拟真实世界中存在的一个人,比如你自己,就会有差异,至少目前计算机的技术水平还难以达到,这就是表现逼真但与真实世界有差异,这是计算机效果的真实度方面的局限性之一。

计算机效果的真实度方面的局限性之二,也是我们认为最重要的一点:即使计算机效果技术可以达到与真实世界已经差异无几的境地,但是它还是只能以"点"来表现。例如,在项目区域,有一个价值比较高的景观,譬如一座山、一条河、一片海,或是城市的某个地标性建筑,当然可以做一些计算机效果图来表现项目建成后与这些环境的融合效果,这是以视点的"点"来表现的,我们还可以把这些"点"串联起来,就形成所谓的"动画",但这些都是以视点往景观方向看的结果,显然如果我们要完整评估整个项目各个位置的视点的景观价值,这种方法将工作量巨大,所以基于这种方法只能采用有限的"点"来表现,因此无法全面、科学地评估。

BIM 技术的应用,可以从另一角度,或者说是与计算机效果图的"视线"的反方向来进行分析,也就是说我们把项目计算机模型与环境场景位置精确定位后,从价值比较高的景观反算出项目各位置对该景观的可视度。

根据需要,可以选择模型中任意的位置(准确地讲就是任意的面,通常这些面就是窗户、阳台等),经过软件分析计算,从而得出景观物体在这些面的景观可视度的数据,通过颜色、数值等多种不同的、直观的表现形式展现其景观可视度的情况。

例如,把小区的戏水池作为景观物体,对小区中一栋住宅的主卧室的窗户进行分析,计算出某个单元的某个窗户在不同楼层对戏水池的可视度。

这样就可以比较全面地评估任意位置的景观可视度,从而为项目的整体评估提供较全面、科学的依据。

7.5.2 项目风环境分析

空气是人类赖以生存的必要条件,但随着城市化的发展,城市面积逐步扩大,城市人口增加,各种影响空气质量的排放也随即增多,给城市带来难以避免的空气污染问题。虽然政府及企业都在积极推行技术改造、节能减排,但短时间内还很难从根本上解决空气污染的问题。从大的城市环境来讲,空气质量问题是客观存在的,对房地产开发来说,虽然大环境不好改变,但在客观存在的前提下,可以采用先进的分析手段,通过调整建筑设计的朝向、造型、自然通风组织等方法,充分利用大自然的风向流动,改善项目的风环境,减少空气龄的时间,从而提高空气质量。此外,良好的自然通风,在南方夏季炎热的天气还可带走建筑物的热量,减少冷负荷,达到一定的节能作用,这将在后面章节再详细讨论。

提高空气质量一个重要的手段是改善建筑物外环境的空气自然流动,减少室外空气龄的时间,因为只有外部空气质量改善了,才有条件提高室内的空气质量。否则,室外空气质量都不好,室内空气质量改善也就无从说起。

因此,在项目规划设计时,要先进行项目的风环境分析。把周边环境的基本体量模型建立起来,再加上项目本身的方案模型,根据当地的气象数据,进行风环境模拟分析,得出空气的流动形态,然后进行设计调整。

风环境模拟分析主要内容包括空气龄分析、风速分析和风压分析。

1. 空气龄分析

空气龄分析主要是分析空气在某一点的停留时间(空气停留时间越长,说明空气流通越差),通过计算模拟后,可以得出空气龄分布图。在空气龄分布图中,红颜色区域表示空气龄比较长,空气比较混浊;而蓝色区域表示空气龄比较短,空气质量相对较好。

对于住宅项目,通过对空气龄的分析,调整优化户型布局,可以提高其性能,从而提高项目品质和开发商销售效益。对于大型公共商业项目,良好的自然通风设计可以减少机械强制通风所需的能耗,同时合理的通风空调设计可以提高人的舒适度,提高商业项目的品质。

2. 风速分析

风速分析主要考虑两方面的因素:一是公共商业建筑室内通风空调区域的风速给人造成的不舒适;二是城市高楼集中区域,自然风受到高楼的阻挡在局部区域产生强风,从而导致行人行走困难、附近商店广告牌被吹翻等问题。

夏季人体感觉比较舒适的风速在 $0.5\sim1$ m/s,通常风速的允许极限是 10 m/s,而风速在 $14\sim17$ m/s 就会导致步行困难。根据《风力等级》国家标准,平均风速在 $17.2\sim20.7$ m/s 为 8 级风,可以折毁树枝。所以,对项目环境的风速分析,可以避免高楼局部区域产生的强风,从而提高项目的品质,降低项目的风险。

3. 风压分析

项目环境的风压分析,与前面讲到的空气龄、风速是互相关联的,通常风速大,风压也大。风速大,空气流动快,空气龄就短。项目环境的风压分析,对主要利用自然通风的住宅比较有用,尤其是在我国南方夏季气温较高地区,良好的自然通风是提高舒适度的基础。

自然通风的室内空气流动,主要靠室内外空气压力差产生换气动力。所以,如果住宅在夏季季候风的迎风面上形成一定的风压,就会产生室内空气流动的动力,只要打开窗户,外边新鲜空气就会进入。当然,户型设计也很关键,如同上述的空气龄分析一样,良好的平面布局,合理的门窗位置,都是改善室内空气自然流通的关键因素。

综合上述所讲的空气龄、风速、风压三个方面的分析模拟,项目设计就可以综合考虑项目的使用功能、景观视线、自然采光、空气自然流动的路线等因素,提高项目的品质。

▶ 7.5.3 项目环境噪声分析

安静是良好环境的一个重要条件,现代城市人白天工作紧张,家是最好的港湾,辛苦一天能睡个安稳觉是身心修复的最佳办法。然而随着城市建设的高速发展,建筑密度增大,道路行驶的汽车增多,城市噪声污染也随即增大。2008 年 8 月 19 日发布的《社会生活环境噪声排放标准》,明确规定医院病房、住宅卧室、宾馆客房等以睡眠为主要目的、需要保证夜间安静的环境,最高级别是夜间(22 时至次日 6 时)噪声不得超过 30 分贝,白天(6 时至 22 时)不得超过40 分贝。

项目环境噪声分析,就是把项目周边已存在的、我们无法改变的现状,诸如道路、人群活动比较多的广场、娱乐场所等产生噪声比较大的噪声源放入项目模型中进行分析模拟。

通过分析模拟,对受噪声影响比较严重的户型,选择双层玻璃、隔音楼板和隔音墙体、吸音材料、调整窗户方向避免噪声直线传播等措施,以及增加挡音墙、种植隔音效果较好的树木等,改善项目噪声环境。

➤ 7.5.4　项目环境温度分析

人体对空气的温度是比较敏感的,人感觉舒适的温度还与湿度、风等要素有关,我国的设计规范要求室内温度夏季在 24～26 ℃,冬季在 16～20 ℃。然而我们都知道,如果要采用非自然的保温措施,是需要消耗大量能源的。因此,良好的建筑围护结构保温,是减少能耗的一个重要措施。夏天制冷时,我们把室内温度设定每升高 1 ℃,能耗可减少 8%～10%。对于南方需要空调降温时间比较长的地区,如果自然通风环境良好,就可以减少空调制冷时间,同时如果室外自然温度较低,室内制冷的能耗也相应下降。

项目环境温度分析,主要有两项工作:一是项目区域的温度分析;二是室内温度分析。通过建立项目区域建筑信息模型,结合相关气候数据属性,分析模拟出项目区域的热环境情况。根据分析结果,调整环境设计,譬如调整建筑物布局,改善自然通风路线,增加水景、绿化等措施,以降低局部区域温度等。

由于目前建筑设计在采暖、制冷的设计计算时,主要考虑建筑自身的设计和计算,对建筑外部空间的热环境分析是很少顾及的。而实际上外部空间的热环境对室内温度的影响是很大的,尤其是南方夏季温度较高地区。生活体验告诉我们,如果室外通风良好、绿化和水景较多,感觉就凉爽一些。因此,项目区域的温度分析,是保障项目整体环境良好的一个重要手段。

对于室内温度分析,我们在建筑信息模型里,加入建筑围护结构的热特征值,诸如导热系数、比热、热扩散率、热容量、密度等数据,除了通常的冷热负荷计算,也就是室内设定的温度范围内冬季的供暖和夏季的制冷最大值计算外,还进行全年的室内温度分析,优化室内温度的设定值。

通过全年的室内温度分析,可以优化室内温度的计算值,继而优化供暖和制冷系统,在满足舒适度的前提下减少能耗,节约使用成本。

7.6　基于 BIM 的建筑结构设计

传统建筑结构设计中都是以 CAD 软件进行绘图,该方法很难将建筑结构的详细信息展示给不同用户。BIM 技术在建筑结构设计初期阶段便通过建立建筑结构的三维数字模型,来帮助各层次用户通过直观的角度对建筑构件信息、功能布局有一个准确的认识与了解。很多大型建筑工程结构设计中利用 BIM 技术来对其整体结构进行动态演示,帮助用户从直观的角度对建筑结构的各项参数进行观测,从而帮助设计单位选取最佳的设计方案,并且可以及时发现建筑结构设计中的质量缺陷与设计缺陷,对进一步提高建筑结构设计的整体质量有着重要意义。

但目前结构工程师接受和应用 BIM 技术的深度和广度远远低于建筑师。其主要原因在于 BIM 技术在 3D 物理模型与结构分析模型的双向链接方面还有许多有待解决的技术问题。Revit 物理模型与结构分析模型的链接障碍是数据转换的难点之一,要实现"无缝"数据转换,需要有成熟的转换标准或数据接口。结构设计中的结构力学性能分析与配筋设计带来的数据转换等问题极大地影响了 BIM 技术在结构设计中的应用与推广。

BIM 技术中的数据转换一般包含以下三种形式:直接转换、中间文件转换、公共转换标准转换。目前,BIM 软件与结构设计软件之间多以中间文件和公共转换标准实现数据转换。在理论上,IFC 标准基本满足结构设计的数据需求。但实际应用中,在不同的软件间进行 IFC 文件互相转换时,各大软件商都使用自己的数据库与其显示平台进行对接,由于数据库并未按照 IFC 标准的格式构建,不可避免地出现 IFC 文件输入、输出时造成信息缺失与错误等结果。基于 IFC 的数据转换在真正运用于工程实践之前,尚需要进一步发展。

➤ 7.6.1 构建基于 BIM 技术的结构设计企业标准

设计阶段是整个工程建设过程的起始阶段,也是建设项目从无到有的创造性阶段,设计质量的优劣决定着建设项目的安全性、适用性和经济性。设计阶段的 BIM 标准对设计师采用 BIM 技术进行设计工作起到指导和示范作用,可帮助设计师转变设计方法,提高设计效率和设计质量,为 BIM 实施提供一个标准的建筑信息模型文件,实现建筑信息模型的共享性、信息的连续性,为整个项目的协同交付提供基础。

企业实施 BIM 规划时,宜从单项 BIM 专业应用入手,先选择几个关键的 BIM 应用点实现 BIM 应用的单项突破,再通过建立 BIM 试点项目的方式,逐步扩展到多阶段、多专业的集成应用,不断积累和总结实施经验,最终建立起适合企业自身需要的 BIM 技术解决方案和协同工作平台。

1. 适用范围

民用建筑结构设计的企业标准,是结构工程师采用 BIM 技术进行结构设计的前提和明确的指导文件。该标准应适用于新建、改建、扩建的民用建筑中的 BIM 设计,应符合国家和地方相关标准及设计规范的要求,并结合公司现行的 ISO 质量管理文件使用。

2. BIM 执行计划

在具体选择某个建设项目实施 BIM 应用之前,首先应确定项目的 BIM 目标,这些 BIM 目标必须是具体的、可测量的,并且能够促进建设项目的规划、设计、施工和运营成功进行。在 BIM 设计阶段实施过程中,为有效应用 BIM,项目组应当在项目的初期制订 BIM 设计阶段执行计划。该计划包含项目组在整个项目过程中需要达到的整体目标和要遵循的实施细节。计划应在项目的开始阶段就明确下来,以便项目团队能尽快适应项目。确定 BIM 实施目标、选择合适的 BIM 应用,是 BIM 实施过程中最重要的工作。

BIM 设计阶段执行计划有利于业主和项目团队达成一致的 BIM 说明书、模型深度和 BIM 项目流程。设计合同应当参考 BIM 设计阶段执行计划确定项目团队在提供 BIM 成果中的角色和职责。明确各阶段设计的责任,需要哪些模型信息,需要多少信息都要有明确的界定,各专业之间需要以何种形式和成熟度的模型交互数据也应有明确的规定。

3. 结构专业 BIM 设计常用应用工具

(1)结构设计:美国 Autodesk 公司的 Revit Structure 和 Auto CAD,美国 Bentley 公司的 Bentley Structure,芬兰 Tekla 公司的 Tekla Structure。

(2)计算分析:中国建筑科学研究院的 PKPM、中国盈建科公司的 YJK、美国 CSI 公司的 ETABS。

(3)辅助计算分析:美国 CSI 公司的 SAP2000、韩国迈达斯技术有限公司的 MIDAS

Building 和 MIDAS Gen。

(4)高级有限元分析：法国达索（Dassault）公司的 3DEXPERIENCE 平台、美国 ANSYS 公司的 ANSYS。

(5)模型整合：美国 Autodesk 公司的 Navisworks。

4. 结构专业 BIM 设计基本原则

(1)结构 2D 平面布置图应与 Revit 的 3D 模型相关联，不应与 Revit 3D 模型脱离，所生成的设计图始终与模型逻辑相关。当模型发生变化时，与之关联的图形和标注将自动更新。

(2)结构专业 3D 模型应与建筑、设备等相关专业协同工作。

(3)结构专业建筑信息模型应作为设计的主模型，应与计算分析的有限元模型一致。

(4)BIM 结构专业负责人定期管理中心文件，保证对外模型的及时更新。

(5)建筑信息模型的结构构件的标注信息应采用"参数共享"的方法与构件几何尺寸相关联，并能出现在明细表中。

(6)分析模型中对构件的修改宜采用仅将修改构件数据返回建筑信息模型，不宜将计算模型全部返回建筑信息模型。

(7)当模型不作为分析用途时宜不启用构件的分析模型选项。

(8)对于空间布置的构件（起终点标高不同），建模时应统一使用"起终点标高偏移"或"轴偏移值"构件，不宜混合使用。

(9)建筑信息模型坐标未经同意不得修改。

(10)不同尺寸结构构件应采用不同的着色，当视图切换到"着色"效果时应能清晰地区分构件分布。

5. 结构设计中 BIM 技术的应用流程

1)构建整体结构模型

在建筑结构设计中应用 BIM 技术，能够构建完善的建筑整体结构模型，对建筑结构中的梁、板、柱、楼梯及基础等构件进行详细描述。以墙体结构构件为例：

(1)定义建筑实体。

(2)利用集合关联实体进行楼层实体和建筑实体的关联。

(3)进行墙体实体的定义，并且利用空间结构关联实体完成楼层实体与墙体实体的关联。

2)构建部分结构模型

BIM 中有建造信息、力学性能、成本、材料、几何等多种属性，以下以墙体为例进行定义关联关系，在建筑模型中定义构件的多层材料。墙体主要由内墙面砖、结构层、隔热层、外墙面砖四部分组成。在模型构建过程中，应该注意以下几点：

(1)要对材料属性进行定义。

(2)利用材料层集合使用实体、材料层集合实体、材料分层实体等进行材料模型的定义。

(3)利用材料关联实体进行墙体材料与墙体的关联。

3)构建关联性结构模型

在建筑结构设计中，应该加强每个个体之间的关联，通常情况下，通过构建建筑信息模型，可以准确、直观地反映建筑对称性关联与非对称性关联。

(1)非对称性关联通常指两个实体存在主从关系，修改主实体会改变从实体，但修改从实体不会对主实体的本质予以改变。以洞口和墙体为例,其中洞口依存墙体实体,删除墙体也会删除洞口,但是删除洞口却不会删除墙体,仅仅断开二者之间的关联关系。

(2)对称性关联通常指两个实体存在对等关系,任何实体的改变都会影响另一实体的改变。比如柱、梁关联,梁实体与柱实体利用构件结构实现关联,调整梁实体时,与其关联的柱实体也会随之发生相应的调整,从而修改柱的关联,反之亦是如此。

6.专业协同设计

建筑信息模型允许不同专业、不同设计者在同一个模型中添加、修改、存储不同的建筑信息,而且保持模型的实时更新和统一性。协同设计开始前,项目组应确定一个适合项目的协同设计方式。建筑专业应建立"起始模型"以供其他专业以"起始模型"为基础或参照开始协同设计,在协同设计之前使用 Revit 中的"共享坐标"工具定义项目中某一点的真实世界坐标,并将其发布到所有链接的模型,采用"通过共享坐标"插入方法链接其他子模型,同时应正确建立"正北"和"项目北"之间的关系。

专业之间宜采用文件链接(link)方式进行 BIM 协同设计。该方式不存在图元借用和中心模型的概念,属离散型协同设计,通常不存在跨专业修改,更多的是相互参照。该方法可以在协同的基础上将专业间干扰降至最低。

专业内部宜采用工作集(workset)方式进行 BIM 协同设计。该方式存在图元借用和中心模型等紧密型的协同设计,适用于专业内部协同设计。由于采用中心模型,不同设计师均在本地模型操作属于自己权限的构件,然后再与中心模型同步更新。只有中心模型是可以完整编辑的模型,中心模型的管理机制和操作权限非常重要,如果管理不善很可能导致模型崩溃。采用工作集方式进行 BIM 协同设计时,在副本创建后,绝不可直接打开或编辑"中心"文件。所有要进行的操作都可以通过也必须通过本地文件来执行。图 7-8 给出了结构专业 BIM 协同设计示意图。

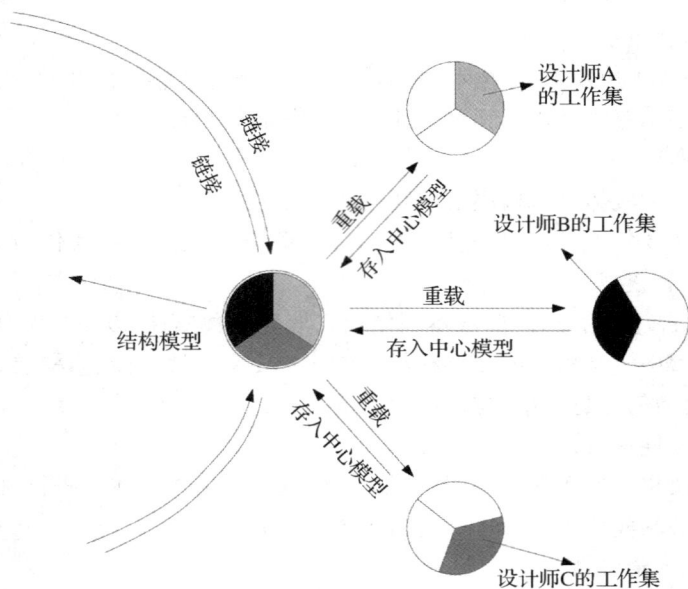

图 7-8　结构专业 BIM 协同设计示意图

7. 设计深度

基于 BIM 的建筑设计分为方案设计、初步设计、施工图设计三个阶段进行，各专业模型深度、设计图深度应能满足各设计阶段的要求。不同项目阶段所建模型各不相同，在应用上有性能分析、算量造价、施工模拟、性能测试、碰撞检查等。为了避免模型应用功能的缺失，确保模型成果成功交付使用，应对建筑信息模型的详细程度划分等级。设计图深度应满足《建筑工程设计文件编制深度规定》的要求。建筑信息模型深度应满足国家、地方现行标准的模型深度要求。

8. 模型管理

BIM 作为一项建筑工程项目管理的新技术，在引进和使用之前，应很好地把握住可能存在的风险，尽量做到防患于未然。结构专业的模型均应由专业负责人统一管理，模型的设计、维护、变更修改均由 BIM 设计师负责。

项目开始前 BIM 经理应统一 BIM 设计使用的软件及版本，统一模型存放位置，统一不同用途模型、族的命名规则，统一与模型相关的设计文件、资料的存放位置，统一图层标准，规定模型文件的更新时间，确定项目集成模型的管理者，确定专业内部"中心模型"的操作权限和管理者，确定"本地模型"的管理者。

BIM 项目集成模型应由项目 BIM 经理统一对外发布，专业模型应由 BIM 专业负责人统一向各协同专业发布。BIM 专业负责人应统一管理由模型产生的设计图，包括设计图深度、设计图是否符合设计规范要求、设计图格式等。模型交付校审前 BIM 专业负责人应进行模型、设计图的完整性和设计合理性、正确性检查。设计模型的修改应从最底层开始，保证模型修改的唯一性，修改后的设计模型应按修改日期进行存档。

在 Revit 中对项目具有唯一性的系统参数应统一，如"项目地点""位置""坐标"等。用户自定义参数时宜采用"共享参数"或"项目参数"。对用户自定义的"共享参数"和"项目参数"，各专业应在项目开始前统一规划，参数名称不得重名，参数需具有唯一性，一旦项目开始不宜再修改参数属性。对用户自定义的参数各 BIM 专业负责人应统一规划、管理。

BIM 软件良好的适用性与导入性能是 BIM 实施的关键。在设计过程中应统一 BIM 工作中心软件的版本，且不得在设计过程中进行版本升级，避免发生软件版本的变更产生的协同设计不连续。同时应特别注意，Revit 系列软件目前还不能直接将高版本保存为低版本。如果发生版本升级的情况，应保留原版本的模型文件和原版本的软件，原版本文件应存放在独立的文件夹下，以便查阅。

9. 数据交换

BIM 设计师应了解目标软件/硬件系统的要求和限制，以便能够恰当地准备需要交换的 BIM 数据。

为了确保不同软件之间数据交互的一致性，BIM 软件在应用时必须能够读入/读出可选等级的全部构件属性。结果应以输入软件能接受的形式输出，使得他人能够便捷地处理文件中的数据。

当模型数据不能直接转换成输入软件所需要的格式时，可采用第三方软件进行辅助，但应特别注意格式转换过程中数据的完整性。

目前，BIM 采用 IFC 标准作为建筑产品的数据交换标准，不同软件之间通过 IFC 标准交换数据。研究表明,基于 IFC 标准的建筑模型与结构模型之间的信息传递和共享还不十分成熟。数据输入软件使用前应使用副本数据进行测试,检验不同软件/硬件系统之间的数据交换方式,以确保交换过程能保持数据的完整性。

建模过程中应预先考虑可能与之产生数据互换的软件特点,根据需求建立模型。如有些计算软件对弧形构件的识别能力不足,需要设计师在工作模型中将弧形构件划分成若干个直线构件。

数据交互完成后的模型应由 BIM 设计师自行检查模型信息的完整性,以确保在交互后的模型能正确使用。

10. 设计成果交付

企业级 BIM 在实施过程中应根据 BIM 交付的目的和交付物的用途,来确定具体的交付内容。BIM 交付物交付时如无特殊情况应将外部链接文件绑定后交付,当需要有外部引用时应将外部引用文件一并交付,防止模型文件数据缺失。设计交付成果采用 BIM 技术,可以准确传递结构工程师的设计意图,同时使施工单位的工程师可以全面地分享建筑的各项数据,避免重复建模的负担。设计人员也可以通过变更建筑信息模型快速地完成设计变更,减小设计变更对工期成本的影响。设计成果的交付流程应符合 ISO 质量控制标准的要求。BIM 设计成果采用电子版代替蓝图交付时,应符合国家及地方的相关规定。设计成果交付统一由 BIM 经理负责。

➤ 7.6.2 基于 BIM 的建筑结构设计难点和方法

BIM 技术的基础是建筑全生命周期过程中的信息共享和转换。结构设计是建筑物设计中的重要环节,BIM 技术在结构设计中的应用成熟度对信息共享的实现有着重要的影响。与 BIM 技术在建筑设计中相对成熟的应用相比,结构设计中的结构力学性能分析与配筋设计带来的数据转换等问题极大地影响了 BIM 技术在结构设计中的应用与推广。目前结构工程师接受和应用 BIM 技术的深度和广度远远低于建筑师,其主要原因在于目前 BIM 技术在 3D 物理模型与结构分析模型的双向链接方面还有许多有待解决的技术问题。

1. BIM 技术在结构设计中应用的难点

结构工程师目前主流的设计方式是利用有限元结构分析软件进行结构建模计算及结构整体空间受力和变形分析,然后利用 CAD 绘图工具来绘制传统的 CAD 施工图。基于 BIM 技术的结构设计方式是:工程师将物理模型发送到结构分析软件,分析程序进行分析计算并返回设计信息,同时动态更新物理模型和施工图。BIM 技术就结构设计本身而言,其基本理念就是要达到结构计算分析和施工图两者相互统一,或者说实现两者间的无缝链接。

结构工程师在搭建建筑信息模型时,除了关心物理模型能否自动生成 CAD 施工图以外,也关心物理模型能否自动转化为可以被第三方结构分析软件认可的结构分析模型。毕竟结构的安全性分析计算是结构设计的首要环节和重要问题。由于结构分析模型中包括了大量的结构分析所要求的各种信息,如材料的力学特性、单元截面特性、荷载、荷载组合、支座条件等,因此结构工程师的建筑信息模型就会因繁多的参数而异常复杂。

BIM 是完全的数据库式模型,理论上说,实现物理模型与结构分析模型、物理模型与 CAD 施工图之间的双向链接是完全可行的。很多 BIM 工具软件也将自己可以实现与通用的结构分析软件双向无缝链接作为其功能特色来宣传。但在具体的应用中,所谓的双向无缝链接是有条件的,即物理模型中采用的构件(单元或族)必须是比较简单或常用的常规标准件。如果构件的形式复杂或是异形,在链接到结构分析软件时就会丢失很多数据。所以,在 BIM 技术应用到结构设计的过程中,物理模型与结构分析模型双向无缝链接问题是影响结构工程师接纳 BIM 技术的一大障碍。

在搭建物理模型时,工程师可以随意定义一个构件的形状和断面。构件截面可以是异形的,截面的大小沿着构件长度方向也是变化多样的,例如图 7-9 的鱼腹钢梁。

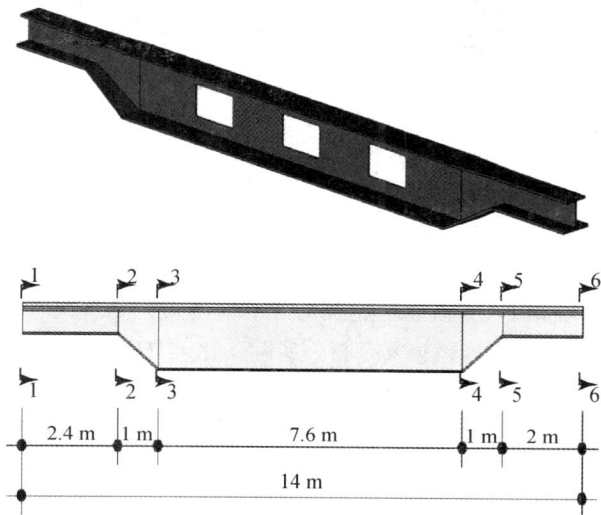

图 7-9 鱼腹钢梁示图

这个构件在物理模型中是一个独立的单元,但这样的单元在目前以杆单元和壳单元为基本刚度单元的结构分析软件中,大都还没有等效的单元力学模型与之对应。

目前常用的结构分析软件在截面类型的多样性方面基本实现了可以随意变化,但这仅限于截面 2D 平面内尺寸的变化。对于 3D 方向(沿着构件长度方向)的截面变化,涉及处理这种较复杂变化的结构分析软件还很少,能处理的对象也相对简单。因此解决好物理模型与结构分析模型的链接,一方面要求 BIM 工具软件具有将复杂实体构件单元简化为可以被通用分析软件认可的计算模型的构件单元的规则,另一方面要求结构分析软件为适应 BIM 技术应增加杆单元类型和截面变化的类型。

2.当前结构分析软件处理变截面的方法

1)单元分段法

这是目前结构分析软件处理变截面结构构件的方法,其主要是采用增加节点来将构件分段,每段就变成可以视作等截面的单元。该方法对处理截面突变是很合适的,但处理渐变截面就不太好。另外,该方法将一个结构构件用断点拆分成多个单元,与物理模型中独立的构件定义不能匹配。

2)线性渐变截面单元法

目前比较多的结构分析软件(例如 PKPM)可以处理构件两端截面不等高或不等宽,构件截面的变化从一端到另一端是线性变化的问题,如图 7 - 10 所示的悬挑梁的渐变截面。

图 7 - 10 渐变截面梁示例

线性渐变截面单元法主要采用了变截面的结构杆单元,可以处理简单的结构构件变截面问题。其优点是可以将变截面构件处理为单个的单元,可以很好地与物理模型链接。其不足是多数软件仅可以处理一次线性变截面(仅变截面高度或宽度)。

3)单元分节法

该方法采用在单元内部引入变截面位置及与之对应的截面几何尺寸参数,来定义复杂的变截面单元。单元可以内插多个节点来模拟复杂杆件实际变化,但杆件依旧是一个独立的单元。

该方法可以处理弯曲刚度沿杆件长向复杂变化的变截面结构构件。弯曲刚度沿杆长向的变化可以是一次线性、二次抛物线或三次曲线,轴向刚度、剪切刚度、质量、重量属性沿长度线性变化,截面属性也可以突变。

该方法处理变截面时,复杂变截面构件是独立的单元,因此可以很好地与物理模型中的单元体匹配。结构分析软件 ETABS、SAP2000 就是采用这种方法来处理构件复杂变截面的。这些软件主要采用了"对象"概念来完全定义实际构件,在程序运行分析时,自动将基于对象的模型转换为基于单元的模型来进行分析。单元分节法定义复杂的变截面单元的手法就是参数化单元,与 BIM 参数化建模的理念是一致的,是结构分析软件的发展方向。

3. 创建工程 BIM 结构模型技术处理方法

对于现代建筑,尤其是公共建筑,为了实现建筑师的宽阔空间的设计理念,同时又不希望因为大跨度结构所要求的结构高度影响建筑使用净空的要求,结构工程师一般会采用异形变截面组合钢梁作为工程的楼盖体系的方案。

建筑造型为了达到独特视觉效果,往往会要求结构外框斜柱,这就导致结构构件梁的形式变得很复杂,主要表现为:建筑可能不存在真正的结构标准层,且同层中完全一样的标准化构件也很少。基于以上现代建筑的结构特点,创建其物理模型的关键是设计一个通用、灵活、可操作的 BIM 智能构件(异形构件族,参考 Revit 工具软件)。

(1)找出异形构件的截面变化特点及其在结构平面图中的布置规律性和特殊性,据此来定义 BIM 智能构件所要求的参数,并规划好各参数的参数类型(即实例参数或类型参数,其含义参考 Revit 用户手册)。比如,将梁跨度、变截面的位置、梁上洞口的位置等参数定义为实例参数,而将截面尺寸、洞口尺寸、截面变化细部尺寸等参数定义为类型参数。

(2)分析智能构件各参数的几何意义,来确定各几何参数的参照平面或参照线。比如,变截面梁的变截面位置定义为 Crank_R 和 Crank_L,梁上洞口的定位及洞口间距的定位参数为

Opening1-L、Opening2-1等,如图7-11所示。

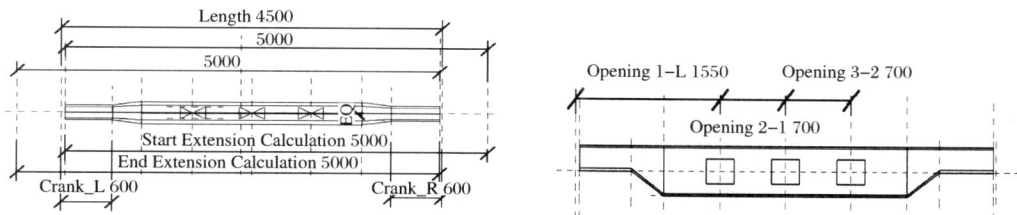

图7-11 变截面梁的截面变化定位参数

(3)完成上述工作后,要分析智能构件各参数之间的相互关联关系,以及各参数的物理特性(设计规范对其的限定),将部分参数设定为被动参数。比如,钢梁上洞口的最大高度设定为梁截面高度的一半,洞口的最小净距要大于或等于梁高等。

此外,要参考所采用的第三方结构分析软件对异形变截面的定义方法。BIM智能构件族的参数名称和意义尽量与结构分析软件对异形变截面的定义一致,方便借助宏程序,实现异形变截面构件在两种模型间的互相转换。虽然目前还不能完全实现无缝链接,但可以为将来项目的无缝链接提前做好准备。

Revit创建了与实际完全相符的结构物理模型,但在导出结构分析模型时,往往会遇到问题:比如,由于异形构件在Revit中是一个构件,导出的分析模型中只有两端节点,且模型中的异形构件截面特性信息丢失,仅处理为等截面构件;另外,多构件交会处,会因模型中构件的偏心定义而导致交会处出现多个节点等。

这些问题需要在分析软件中对分析模型进行人工干预和调整,包括增加构件中间节点、重新定义截面特性、合并处理节点,才可以保证分析模型正常运算。经过处理的分析模型不能再与物理模型实现同步链接更新。

7.6.3 基于BIM的建筑结构设计模型集成框架

由于建筑和结构两个设计阶段是工程整个设计过程的中心,如何实现建筑和结构专业信息的有效集成,已经成为工程设计模型集成框架开发的核心问题。

基于BIM的建筑结构设计模型集成框架可构建在国内应用广泛的PKPM系列软件平台下,通过建筑模型信息与结构模型信息的转换,首先实现建筑和结构设计信息的集成和共享。其中,转换的建筑模型基于IFC格式,结构模型基于PKPM中的PMCAD格式。

1.建筑结构模型的复杂性

1)基本对象表达的区别

由于专业不同,建筑模型和结构模型对同一建筑对象的信息表达侧重点也有区别。建筑模型着重于表达建筑产品的各个基本对象(墙、柱、梁、板等)的空间拓扑关系、空间分配关系、外观真实表现等;结构模型侧重于从力学角度对建筑产品和建筑对象以及各对象之间的连接关系进行分析和计算,以便确定基本对象以及整个建筑的承载能力。

图7-12为开有门和窗的墙体,对于建筑模型来说,需要表达的信息有:①门或窗的宽度、高度、类型等信息;②墙的类型、宽度、高度、长度、面积、开洞的数量、洞口面积等。对于结构模型来说,需要表达的信息有墙截面的高度和宽度、墙材料类型、受力钢筋和分布钢筋的数量、墙

梁布置方式、施工方法等。从这个实例可见,由于专业不同,所关注的信息也不同。

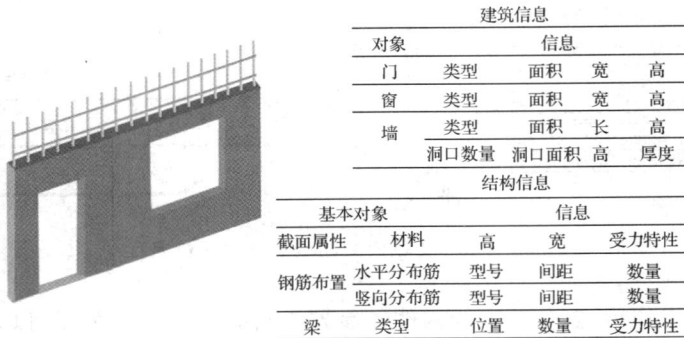

建筑信息				
对象	信息			
门	类型	面积	宽	高
窗	类型	面积	宽	高
墙	类型	面积	长	高
	洞口数量	洞口面积	高	厚度

结构信息				
基本对象	信息			
截面属性	材料	高	宽	受力特性
钢筋布置	水平分布筋	型号	间距	数量
	竖向分布筋	型号	间距	数量
梁	类型	位置	数量	受力特性

图 7-12　基本对象信息的不同表达

再如对建筑对象之间节点信息的表达,如图 7-13 所示的梁柱节点和梁板节点,在建筑模型中,梁和柱、板和梁是分开表达的不同对象,只是组合在一起而已,组合的方法等信息不重要;而在结构模型中,梁柱节点、梁板节点被视为共同承受不同方向荷载的协同工作区,从而是一个整体单元。

尽管建筑模型和结构模型之间在信息表达上存在一定的差异,但结构模型的形成却是建立在建筑模型基础之上,从建筑模型演化而来的计算模型。通过集成建筑模型中的结构信息,结构设计师可以随时访问这些数据,从而形成结构分析模型。

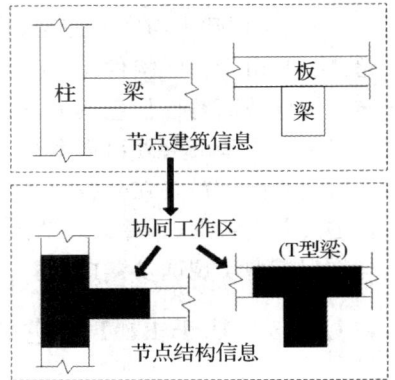

图 7-13　节点信息的不同表达

2)模型数据构建的反复

图 7-14 表示各个设计阶段的数据信息的传输和流动。建筑模型居于顶端的支配地位,由其产生的数据信息分别被结构设计、节能设计、水暖电等其他设计所继承和提取;然后,节能设计、水暖电等其他设计阶段又继承和提取结构模型产生的数据信息,对建筑进行二次建模设计。整个建筑工程的设计过程就是这样反反复复,直至达到设计要求。

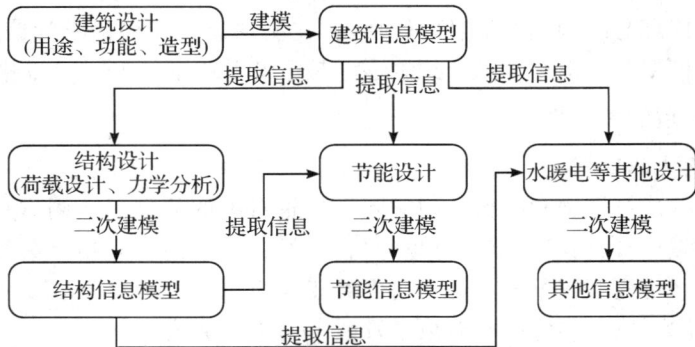

图 7-14　模型数据传输的反复

2. 建筑结构信息模型(ASIM)集成框架

1)ASIM 上层模型流程设计

图 7－15 对建筑结构信息模型(architectural and structural information model，ASIM)上层模型(建筑和结构)建模流程进行了设计。通过基于绘图交换格式(drawing exchange format，DXF)的建筑设计软件(如 AutoCAD)，或基于 BIM 的建筑设计软件(如 Autodesk 的 Revit，Bentley 的 Architecture，Graphisoft 的 ArchiCAD 等)，对建筑产品进行设计，并基于 IFC 标准数据模型格式表达建筑对象(不仅包含基本的绘图信息，还应包含建筑对象的材料、造价等方面的信息)，形成完整的建筑产品数据模型。

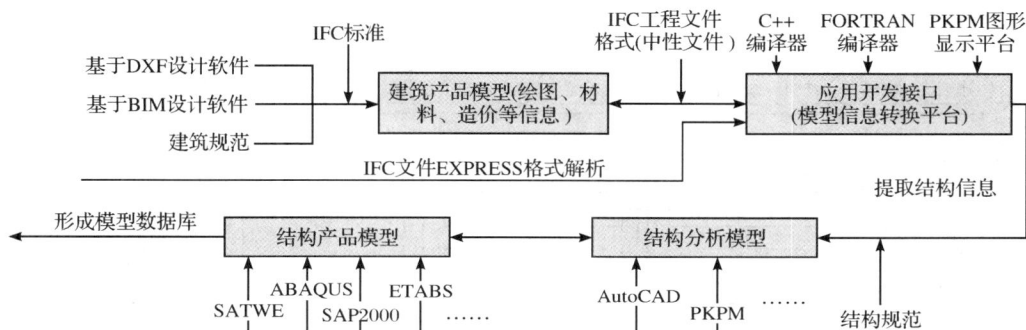

图 7－15 建筑和结构建模流程

应用开发接口(模型信息转换平台)为模型转换的中间环节，通过程序语言(C＋＋或 FORTRAN)解析 IFC 标准的 EXPRESS 语言表达类，提取建筑基本对象(构件)信息以及对象之间拓扑关系信息，在 PKPM 图形显示平台 CFG 上显示提取的建筑对象，并形成结构模型；根据相关的结构设计软件(如 AutoCAD 或 PKPM)对提取的模型进行修改和荷载布置，并使用相关的结构分析软件(SATWE[①]，ABAQUS[②]，SAP2000[③]，ETABS[④] 等)在遵循结构规范的基础上对结构模型进行分析、计算等设计工作；后续的模型数据库用于存储、更新和管理建筑结构设计阶段的数据信息，并为下游的工作提取和利用。建筑产品模型和结构分析模型之

①　SATWE 是中国建筑科学研究院 PKPM CAD 工程部应现代高层建筑发展的要求，专门为高层结构分析与设计而开发的基于壳元理论的三维组合结构有限元分析软件。

②　ABAQUS 是一套功能强大的工程模拟的有限元软件，包括一个丰富的、可模拟任意几何形状的单元库，并拥有各种类型的材料模型库，可以模拟典型工程材料的性能，其中包括金属、橡胶、高分子材料、复合材料、钢筋混凝土、可压缩超弹性泡沫材料以及土壤和岩石等。作为通用的模拟工具，ABAQUS 除了能解决大量结构(应力/位移)问题，还可以模拟其他工程领域的许多问题。

③　SAP2000 程序是由 SAP 系列程序发展而来的，至今已经有许多版本面世。SAP2000 提供了多种建模、分析和设计选项，且完全在一个集成的图形界面内实现。SAP2000 已经被证实是具有集成化、高效率和实用的通用结构软件。

④　ETABS 是由 CSI 公司开发研制的房屋建筑结构分析与设计软件，已有几十年的发展历史，是美国乃至全球公认的高层结构计算程序，在世界范围内广泛应用，是房屋建筑结构分析与设计软件的业界标准。ETABS 已经成为一个建筑结构分析与设计的集成化环境；系统利用图形化的用户界面来建立一个建筑结构的实体模型对象，通过先进的有限元模型和自定义标准规范接口技术来进行结构分析与设计，实现了精确的计算分析过程和用户可自定义的(选择不同国家和地区)设计规范来进行结构设计工作。

间的联系通道是双向的,表明其间的工作是反复的和不断更新的。

2)ASIM 集成框架

结合上述建筑结构建模流程特点,构建 ASIM 集成框架体系,如图 7-16 所示。纵向代表不同的设计阶段,横向代表不同的体系。设计阶段主要分为建筑阶段、结构阶段、节能阶段以及其他设计阶段;体系主要有应用体系、模型体系、转换体系、数据库体系四个层次,其中,应用体系为设计者使用相关软件的操作层,建筑设计阶段所形成的建筑模型和数据库为体系的顶端资源,通过转换平台提取的建筑基本对象数据是其他工作阶段的信息模型基础。图中的箭头示意整个体系运转的过程,各体系随着工作阶段的发展,信息不断积累,且相互继承,最终形成不同设计阶段子信息模型。

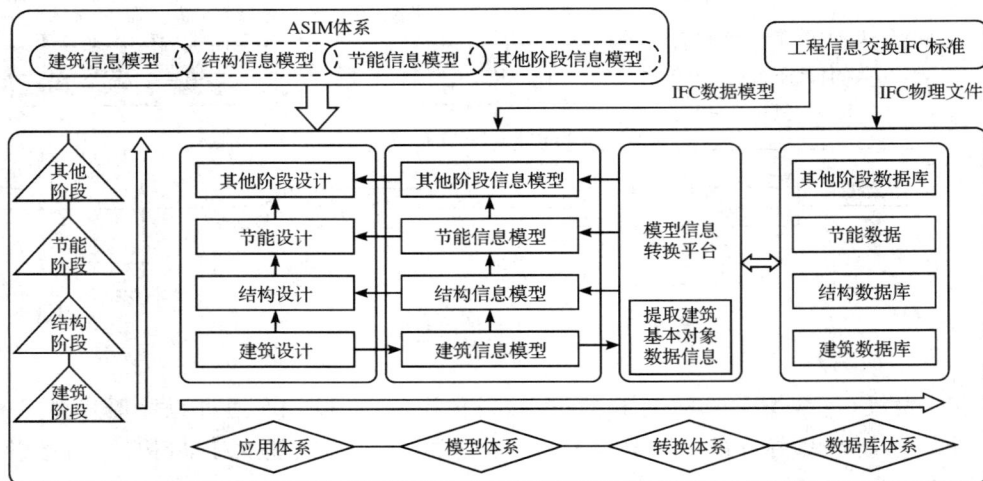

图 7-16　ASIM 集成框架体系

ASIM 是主要面向建筑设计和结构设计过程的信息子模型,不仅继承了一般信息模型的特点,诸如建筑对象的参数化表达、建筑对象之间的关联性、信息转换的一致性等,还具有阶段性、可扩展性、兼容性三个特征。阶段性是指目前的功能仅可以实现建筑和结构设计阶段的信息集成,未来的扩展将包含节能、设备等其他设计阶段;可扩展性指通过模型信息转换平台提取形成 PMCAD 格式结构模型,并形成底层建筑基本数据信息,其他下游设计专业在 PKPM 平台下可以提取所需信息,形成各自专业的数据模型,不再重复开发或构建与 IFC 格式建筑模型连接的单独通道,并通过信息的不断积累,整个 ASIM 框架可以扩展为覆盖范围更广、涉及阶段更长的基于 BIM 技术的信息子模型;兼容性是指 ASIM 的建立可以在建筑生命周期多个阶段被应用和扩展,比如,其建立的建筑基本对象(构件)数据信息不仅包含对象的几何信息,也包含对象之间的空间几何拓扑关系、造价和材料信息等,可以为建筑节能设计、施工管理、运营维护各阶段提取和应用。也就是说,基于 ASIM 框架的各阶段子模型可以兼容并用。

3. ASIM 信息转换平台

1)转换平台开发流程

在 ASIM 集成框架体系中,模型信息转换平台对整个体系的顺利运转起着重要的作用。模型信息转换平台(或称为数据信息应用开发接口)通过对建筑模型的底层建筑基本对象(梁、柱、板、墙、洞等)及其关系属性信息的提取和映射,为其他过程模型的发展构建了底层数据信息。因此,开发一个高效的信息转换平台或软件接口,对 ASIM 各过程顺利运转起着决定性的作用。

图 7-17 为模型信息转换平台的开发流程。转换平台的开发思路是在 Visual C++环境下,创建与 IFC 标准最新版本 EXPRESS 实体类相一致的,包含结构荷载描述的 100 多个 C++类,并为每一个类编写 Add 函数、转换功能函数、Construct 函数等;在 Visual Fortran 环境下,编写 main 主函数,实现转换平台主程序的执行功能。Add 函数作用是将 IFC 文件中的实例读入内存,并将 IFC 文件数据流中的字符解析为类所能理解的临时参数。Construct 函数则是按照临时参数的索引,提取内存中与对象相对应的地址,并分别赋予属性值。

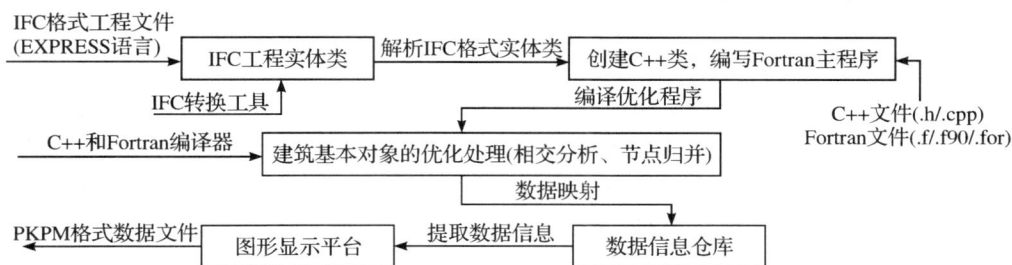

图 7-17 模型信息转换平台开发流程

2)模型信息转换实例

当前的模型信息转换平台是结合国内结构分析软件 PKPM 系列的 PMCAD 结构建模软件开发的,初步目标是实现 IFC 标准建筑模型与结构模型的信息转换。具体来说,可以实现两方面信息的转换:一是读入 IFC 数据信息,形成 PMCAD 结构分析模型;二是读出 PMCAD 的数据信息,形成 IFC 格式的工程文件。由于 IFC 数据模型描述的复杂性,其中第一方面信息的转换为平台开发的重点,主要分为四个过程:①识别并读取 IFC 格式文件中梁、柱、斜杆、板、墙等基本对象信息以及墙上门窗等洞口的几何信息、三维空间位置坐标信息、材料信息等;②判断梁、柱、斜杆、板、墙以及墙上的门窗等洞口楼层所属关系的信息;③分析并判断梁、柱、斜杆、板、墙以及墙上的门窗等洞口的连接关系;④对象之间的相交分析和节点归并简化处理。

通过分析 BIM 技术的信息集成过程和特征,可以构建一种面向工程设计阶段的 ASIM 体系,分别对 ASIM 体系的运转流程和上层模型(建筑和结构)建模流程进行设计,通过基于 ASIM 模型信息转换平台,转换建筑结构设计模型,可以为基于 BIM 的协同设计和集成建筑工程软件的开发提供技术支持。

7.7 基于 BIM 的给水排水设计

BIM 技术被广泛应用到建筑给水排水设计中,与二维设计相比,初期的设计时间可能相对较长,但可以有效降低出错率与后续返工率,弥补传统给水排水设计的很多不足,保障工程施工质量与进度。

➤ 7.7.1 BIM 给水排水设计概述

1. 与传统设计的差异

传统设计模式下,采用 CAD 平台进行平面、立面、剖面等视图设计,给水排水设计人员将设计理念的三维模型呈现在二维设计图中,同时还需考虑结构、建筑等其他专业,如梁、暖通管道等位置信息。在工程中,若一个专业的设计进行了编辑修改,很容易影响给水排水方面的相关设计,若信息传递不及时,易造成给水排水管道设计错误等问题。

基于给水排水系统的各自独立系统,如喷淋系统、给水系统等,其组成部分分布于各楼层,部分的修改可能影响多个楼层管道布置,以 CAD 为平台的设计常常分割了整套系统设计,一个细节的修改往往需要编辑多个平面、立面设计图。

基于 BIM 的设计可以将各系统、专业的设计集合于一个模型中,从而保证了系统的完整性,也便于修改。通过共享数据,可以节省数据的重复输入,避免重复劳动,帮助设计人员之间完成协同工作。研究表明,土木工程建设约会产生 30% 的浪费,其中很大一部分会损失在建筑工程项目的信息沟通共享上面。

此外,CAD 软件设计虽然对绘图产生了重大的影响,但是在负荷计算、材料统计等方面并没有做出太大的贡献。如在传统材料表的编制方式下,专业的给水排水设计人员利用文件进行统计和测量,不仅费时费力,还会频繁出现错误,若出现修改设计图的情况还需对材料进行重新统计,复杂烦琐。利用 BIM 软件,可以实时获得材料清单,并将其应用到工程预算、成本估算及方案比选等方面。

同时,在参数化设计、协同设计方面 BIM 也具有优势。设计给水排水工程图之后,还要对电气专业提出用电负荷,对结构专业提出荷载要求,这些在建筑信息模型中可以汇总全部的信息。当水泵修改电量等信息时,相关负荷的计算也会随之更新。协同设计的任何一方修改了设计,其他相关人员可以更为直观地了解修改结果。同样在给水排水专业喷淋步骤修改时,相应的设备也会发生改变,材料表中可以实时更新,使设计更有效率。在水力计算方面,以往的给水排水设计人员会通过其他软件(如 Excel 等)编制计算表,从而辅助设计。而应用 BIM 软件在设计中可以直接读取模型中卫生器具(如洗手盆、坐便器等)信息,通过修改水力参数,自动进行管道修改。

2. 常用的给水排水 BIM 设计软件

目前国际上 BIM 软件开发商主要有 AutoDesk 公司、Bentley 公司、已被 Nemetschek AG 收购的 Graphisoft 公司、Dassault 公司。它们开发的 AutoCAD MEP、Revit MEP、Bentley Building Mechanical、Bentley Building Electrical、Graphisoft MEP 等软件已在 BIM 的 MEP 设计上做出了尝试。此外,还有与 BIM 接口的相关软件,如几何造型软件 SketchUp、Rhino,机电分析软件鸿业、Virtual Environment,结构分析软件 Robot、PKPM 可视化软件、3DS MAX,模型检查软件 Solibri Model Checker,碰撞检查软件 AutoDesk Navisworks、Bentley ProjectWise Navigator,造价管理软件鲁班,运维管理软件 Archibus。

MEP 是一款可以按照设计师的思路工作的智能设计工具。它通过系统建模和设计来优化建筑设备与管道专业工程。在 MEP 中,可以完成对暖通风道及管道系统、电力照明和电路以及给水排水系统的建模与计算。水、暖、电这三个专业的设计中,大比重的管线布置和设备选型是它们的共通点。

在设计过程中必须考虑管线和设备的安装顺序,以保证足够的空间,同时需要考虑设备与管线的工作、维修、更换的要求。

在传统的 MEP 设计中,根据设计方案要求和相关规范进行负荷计算,确定设备选型,并进行管道布置。其中,习惯做法是先布置立管,关注于系统的管道布置。而 Revit 的三维设计中,首先跳过了画图的点、线等常规步骤,直接进行卫浴装置(如洗脸盆、坐便器、热水器等)的布置,而后创建给水系统,为同一系统中的卫生器具建立连接,生成管道布局。与此同时可以对已建成的系统进行再编辑,添加或删除卫生器具,以满足设计的需要。建成的模型具有以下优点:在连接器具与管道时,若空间不足则无法成功连接,这时需要设计人员查找设计的错漏,及时补救;移动卫生器具或干管时,支管、管件等会随之移动,同时在不同立面上会自动更新,这样减少了设计人员逐一修改的工作量;此外,软件还可以自动提取相关流量进行计算,汇总成计算表格,利于检查核对。软件中的相关族可以帮助设计师较为便捷地建立三维模型,同时软件提供利用已有的族块进行编辑扩充等功能,大大方便了设计工作。

3. BIM技术在给水排水设计中的作用

BIM在对建筑的给水排水设计中起到了至关重要的作用,主要有以下几个方面:

(1)BIM的可视化设计。建筑给水排水工程往往要用到三维图像,而对于BIM来说,它可以明确地显现出所用数据的信息,可以用来做效果图的展示以及报表的生成。

(2)管线综合设计。BIM的管线设计可以让专业人员通过管道直观地去了解工程实际信息,这对工程人员来说十分方便,同时能够让设计人员准确地了解到空间的构成以及能准确地进行工程管线的铺设。最重要的一点是其可以对三维碰撞进行实时监测,可以更好地监督碰撞试验,从而尽可能地降低以后对机器进行检修的可能性,缩短了工程后期的检修时间,节约了成本。

(3)BIM的协同设计。BIM最核心的技术就是协同设计。以传统的CAD系统进行设计虽能做到对各个专业全部了解,但不能活用,在实际操作中,各个专业容易发生碰撞,增加工作量以及降低工作效率。相对于CAD来说,BIM拥有协同设计技术,各个专业围绕着同一个模型进行研究制作,这大大地减少了工作量,并且完全可以避免专业之间发生碰撞的可能。

(4)统计表的设计。在编制给水排水材料表时,工程人员大多都采用CAD文件进行编制,这样既浪费时间,还容易出现差错。相对于CAD来说,BIM就相当于一个海量的资料库,工程人员可以随时编制材料表以及查询所需材料,并可以列出所需材料清单,方便查找。BIM所提供的信息都是真实可靠的,其误差较小,查询工作省时省力,所列出的清单还可以用于工程前期的研究。无论是从成本预算还是从工程效率上说,BIM都是建筑给水排水工程的一个必选技术。

(5)安装模拟。给水排水工程往往具有管线较多、工程较为复杂、操作较为烦琐等特点。在传统模式中,各个专业经常会出现相互碰撞、争取空间的情况,这不仅延误了工期,降低了工程效率,最重要的是影响了工程的施工质量。就当前来看,三维设计中也开始逐步地应用时间维度进行工程设计,对四维安装进度表有更加完善的设计,这不仅合理地运用了时间,也提高了工程的质量与效率。

▷ 7.7.2 建筑给水排水设计流程

1. 项目准备

1)协同模式设置

Revit MEP中的协同设计方法是创建一个中心文件,工作组成员可以通过编辑中心文件的副本,然后与中心文件同步,将个人的设计信息同步到设计图中。而且其他专业的设计人员可与中心文件链接所需要的专业设计图。这样,各专业进行 BIM 设计的同时,可实时进行更新,实现协同设计的过程。

Revit 软件提供了两种协同工作模式:链接模式和工作集模式。链接模式下,项目文件中的外部链接模型不可编辑,不便于管线调整。工作集模式下,虽然权限的获得与释放较为烦琐,经常产生冲突,但便于在同一项目文件中进行管线调整。设计师可结合最终需要进行管线综合和碰撞检查的目的,对两种协同工作模式进行比较,将建筑和结构模型作为链接文件,而在同一项目文件中创建给水排水、暖通、电气工作集模式进行协同工作。

如果同一项目需要多人参与设计,同时在一个工作平台上画图,经常出现误删本专业他人已经设计好的管线。此时可按系统或者楼层等方式来建立工作集,每一个参与者都有自己对应的工作集,工作时要选择自己的工作集。这样就规划好每一个参与者的工作范围,不在工作集范围内的没有权限进行修改。创建工作集前,需要设置 Revit 用户名,每个人的用户名必须不同,如果有相同的用户名存在,工作时将不能与中心文件同步。

2)项目创建

在 Revit MEP 软件的环境下,进行机电模型的创建。要创建一个新的 MEP 项目,首先需要利用 Revit MEP 提供的协同工作功能,将建筑模型的中心文件链接到 MEP 项目文件中,读取标高、轴网、墙等建筑信息,作为设计的起点。将建筑模型链接到该项目文件中,可以应用"复制/监视"功能,读取建筑的标高、轴网及卫生器具,然后创建所需的工作平面。在链接建筑模型的同时链接结构模型,以便在制图中及时发现与结构专业相冲突的问题。

3)三维视图和平面视图的创建

为便于管道绘制时单独绘制每一层的给水排水管道,创建给水排水的各层平面视图,链接建筑和结构模型以后,使用"复制/监视"工具,复制建筑模型中的标高图元,然后创建自己需要的建筑楼层平面图。

创建各层的三维视图以便于单独查看每一楼层,创建各层的视图实际上是通过设置视图范围隐藏了模型的其他部分,只显示设置的可见视图范围之内的模型。并且,在平面式三维视图中可以通过设置过滤器单独显示给水排水管道和设备,隐藏其他设备工种的管道、设备。

4)创建中心文件与工作集

将创建的 MEP 项目文件保存在各专业工程师都有读写授权的文件服务器上,建立中心文件。创建中心文件后,机电各专业的工程师将中心文件另存为本地文件,在本地文件上进行操作,本地文件即为中心文件的实时镜像。当建筑或结构模型的中心文件有修改时,利用"与中心文件同步"的功能,可以实时更新建筑或结构模型。给水排水、暖通、电气专业的工程师使用工作集模式确定各自权限,创建各自工作集并占用,可以保证其他专业不能对自己所属的工作集中的图元进行直接修改,但必要时,也可以允许他人进行编辑。各专业同时进行模型的创建,并可实时更新、互相查看工作进度,实现了协同设计的过程。

2.给水排水系统模型创建

1)基本设置

在用 Revit MEP 软件设计给水排水系统时,需要做类似二维设计的前期准备。为了将来方便快捷地运用 Revit MEP,可提前设计一个公共的给水排水模板,在模板中载入常用的族,做好管道系统的创建、管道参数的配置、设计图的建立等。这样以后在用 Revit MEP 设计时,可直接引用建好的模板。

给水排水系统所需的管件、附件和设备可以从构件族库中载入,设计人员可以对管道的属性进行修改,设置管道的类型(如给水管道、污水管道、消防管道等)、材质、连接类型、型号、制造商等属性信息,如图 7 - 18 所示。这个过程是建立模型的关键步骤之一,因为模型不仅可以记录给水排水系统的空间结构、构件和设备的几何信息,还包括其他详细的材料性能和构件属性等信息。利用这些信息,软件可以自动统计生成设备材料列表。

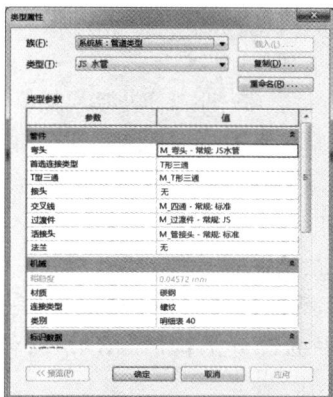

图 7 - 18　给水管道的类型属性对话框

2)设备选型与管道铺设

完成基本准备设置后,便可以创建给水排水系统的模型。此外,还可以将 DWG 文件通过外部参照的方式进行链接,将给水排水平面图直接显示于 MEP 项目文件的平面视图中作为参考进行三维模型的创建,避免了同时打开 CAD 软件查看设计图的繁复和二次操作可能产生的错误。

调用族库中的供水设备和卫生器具等,设置类型属性,并在相应位置放置设备。利用"常用"选项卡中的"管道"命令绘制管道。一般在平面视图中进行管道的绘制,从已经设置的管道类型中选择所需管道类型,选择管径,输入标高,即可绘制管段,连接设备。

通过"复制/监视"功能读取建筑模型中的卫生器具,然后进入管道绘制模式,选择管道类型、系统类型。根据《建筑给水排水设计规范》《建筑设计防火规范》完成平面设计;绘制管道时,选择管道的正确直径、偏移量。

对于无坡度的给水、消防管线可直接绘制。需要坡度的排水管线,可以在选项卡中启用"向上坡度"或"向下坡度",输入坡度值,即可绘制有坡度的管道。在必要的位置放置管件、阀门、管路附件等。

平面视图中绘制的管道、放置的管件、设备因被赋予了标高值,便具备了三维属性,在三维视图中可以从不同角度直观地显示其空间位置。

给水排水系统的立管则可以通过创建剖面,在立面视图中进行绘制,与已经绘制的横管进行连接,在平面视图中调整立管的位置即可。

同时打开平面、立面、三维三种视图窗口进行给水排水设计,可以帮助工程师更加直观、准确地获取建筑、结构信息,不仅能确定管道的平面位置,还可以精确定位管道的立面位置,以符合净空高度的要求。

3）自动喷水灭火系统设计

设计自动喷水灭火系统时，如运用 Revit MEP 直接绘制，工作烦琐。但运用第三方软件，按现行的《自动喷水灭火系统设计规范》要求，可快捷布置喷头；选择管道类型、管材、偏移量绘制干管；最后标注管径和距离。设计每层平面时，可切换到 3D 模式，观察管线与结构梁的关系，避免碰撞。自动喷水灭火系统第三方软件是基于 Revit 的 BIM 解决方案软件；直接调用 Revit 中的命令，简化操作，提高绘图速度。

4）卫生间详图设计

在设计卫生间详图时，首先通过"复制/监视"功能复制建筑模型中的卫生器具，生成给水排水专业需要的模型；每一种卫生器具都有固定的给水点与排水点，管线只有正确链接到给水排水点位时，才能显示正确。同时，绘制排水管道需要插入管道附件，注意排水的坡度。在三维视图中可以看到设计完成后的卫生间轴测图。

平面图设计采用 Revit MEP，在绘制过程中，插入的每一个管件、管路附件都会提示安装是否合理；开启显示隔离开关，会提醒制图中每一处没有正确连接、不能安装、需要设计师不断进行调整的地方。设计师在进行平面设计的同时，Revit 软件自动搭建三维模型，模型精准、形象、生动。

3. 碰撞检查与管线综合

Revit MEP 提供"链接模型"功能，将建筑模型、结构模型、电气模型、暖通模型及给水排水模型置于同一模型中，便于设备专业进行管线综合，综合后的结果直接反映在三维视图中；与建筑专业、结构专业模型结合，检查综合后的管线是否满足建筑安装要求，是否与结构梁有碰撞。链接模型时，全部采用"原点到原点"，可以将所有专业的模型放置在主体文件的原点上；链接的电气与暖通专业模型，需要把参照类型更改为"附着"；在视图的可见性中，选中电气、暖通专业需要可见的类别，此时才可以把所有专业的设计表达在同一图中。结合模型创建时发现的碰撞点、结构梁高度、建筑吊顶高度要求，进行第一轮调整。

首先在三维视图中手动查找明显的管线碰撞，进行初步调整，大多数碰撞可以通过移动位置和调整标高来解决。如果直接利用"碰撞检查"功能，则检测出的碰撞点数量巨大，不利于查找和修改。对已解决和待解决的碰撞点进行汇总和记录，以便之后反馈给设计人员进行施工图修改。

对管线进行初步调整后，使用"碰撞检查"功能，自动检查管线、设备的冲突，并生成冲突报告。碰撞检查可以进行机电管线之间的碰撞检查，也可以对管线与链接文件中建筑、结构的碰撞进行检查。碰撞检查的原理是利用数学方程描述监测对象轮廓，调用函数求检测对象的联立方程是否有解。选择任意一条冲突报告，软件会自动以高亮显示的方式定位相互碰撞的对象。

当遇到需要进行重大调整的问题时，先提出预解决方案，各专业工程师一起进行协调，对三维模型进行调整，确定解决方案，各专业进行确认后，再对施工图进行修改。

4. 系统图生成

平面图中绘制完成的各类管道系统，会自动生成三维视图，通过过滤器的设置选择，可以隐藏不需要的系统和图元，生成自己需要的各种系统图。以生成消火栓系统图为例，在三维视图中，添加过滤器，隐藏其他管道系统，调整视角后，锁定视图，标记管径、立管编号等信息，这样就生成了反映真实信息的消火栓系统图。

7.7.3 BIM技术在给水排水设计应用中存在的主要问题

BIM在工程运用中的优势已被越来越多的设计师所接受,然而目前BIM在给水排水专业上的运用在国内仍处于起步阶段,大致存在以下几方面问题。

1. 没有形成统一的设计标准

BIM技术在给水排水专业领域还没有相应的国家标准或行业标准,这在一定程度上影响了BIM技术在该专业领域的应用。

2. 缺少符合中国建设标准的构件

Revit在本土化方面仍存在提升空间,如缺少符合中国设计要求的相应构件,以及常用管道、管件等的族库。尤其在市政工程领域,市政工程常用的管道、管件类型、机械设备族库还非常欠缺。

3. Revit的管路系统类型和计算问题

对于某些复杂的管网系统,Revit存在无法自动计算的问题,有时一处设备与管道没有建立好逻辑,使整个系统的计算变得复杂。例如,构筑物内的管路不一定直接连接成封闭系统,便会导致整个管路系统计算变得复杂。

4. 模型的重复利用的问题

在项目中建成的单体构筑物二次利用难度较高,不能在项目中设置变量,复制和移动现有的模型时经常出现管路连接断开、不能随意移动等问题。

5. Revit在二维出图中存在问题

Revit的统计表只能将管道、管件、设备等按类别分类统计,如需合并,则要后期导出后手动修改。注释类型较少,与实际使用差距较大。Revit二维功能比较弱,无法满足出图要求。

7.8 基于BIM的工程算量

传统的算量软件操作模式可分两种:一是按照二维施工图纸在算量软件中手动建立算量模型,二是使用算量软件二维识图功能自动将CAD二维图转成三维模型。这两种方法的本质都是通过在二维平面图上添加楼层、标高等参数重新生成三维模型,导致算量效率的降低和BIM价值的流失。

基于 BIM 的
工程算量

评价工程算量模式的指标包括建筑构件几何对象的计算能力、计算质量、计算效率以及附带几何对象属性能力等。由于现代工程设计常包含很多曲面几何形体,因此,对这一类曲面几何形体的计算能力显得尤为重要。为了尽可能准确估算工程造价,造价人员需要衡量工程算量的准确性和详细程度,同时要考虑到设计变更情形。工程量计算效率不但要考虑初次计算所消耗的时间,还要考虑设计变更调整工程量所耗费的时间,这两部分相加的总时间才全面描述算量软件的效率。几何对象附带的属性可载有更多非几何信息,为工程造价管理提供更多有价值信息,例如通过设置"阶段化"属性定义项目建设进程,在后期若发生变更,造价人员可以此来确定变更后的调整工程量。

工程算量模式在相当程度上决定了算量指标的高低。利用 BIM 技术,造价人员可以直接利用 BIM 提取工程量(算量效率和质量都将比当前传统算量软件有大幅度提升),直接、快速、精确地计算大多数工程计量项目的工程量,无须借助其他外部算量软件。斯坦福大学综合设施工程中心(CIFE)2007 年的 BIM 研究成果显示:基于 BIM 的工程成本估算耗费时间缩短了80%。但同时,BIM 技术对既有的工程计价规则提出了挑战,BIM 的算量规则与国内工程量计算规则存在差异,需解决本地化问题。通过编程设置软件的运算规则或发布本地化功能插件包的方式适应我国工程造价行业算量规则。基于 CAD 和 BIM 的算量流程如图 7 - 19所示。

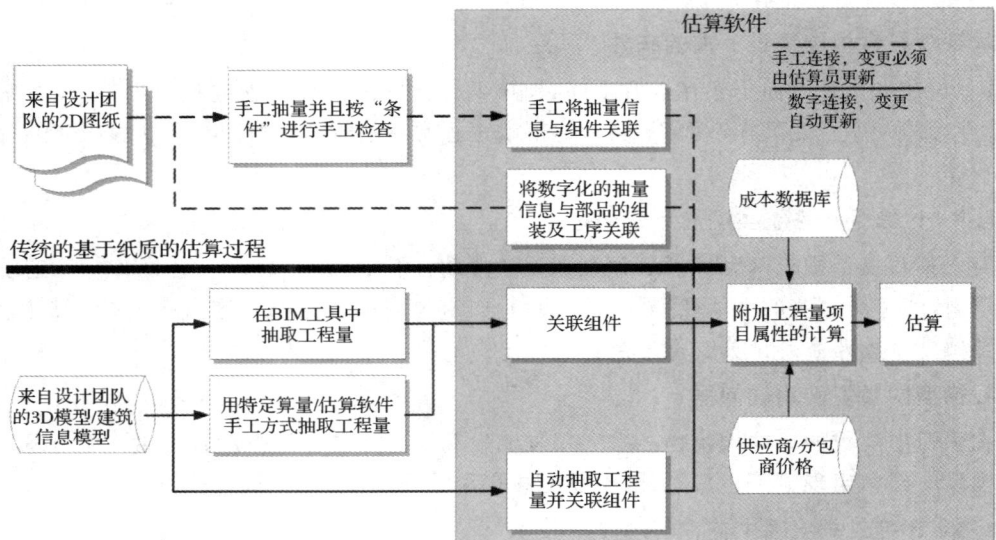

图 7 - 19　基于 CAD 和 BIM 的算量流程

➤ 7.8.1　方案设计阶段 BIM 算量

方案设计阶段主要是对工程项目的体量、外观、空间功能等进行探讨,在满足空间功能要求的前提下,做到外形美观、成本可控。利用 BIM 技术可以对功能空间和建筑组件进行分析、比较,寻找满足功能要求的最低成本方案。

在方案设计阶段,工程信息往往依附在功能空间上,除此之外没有更多具体信息,因此空间是方案分析的基础。在空间满足功能要求的前提下,对不同方案成本进行分析。在基于 BIM 的方案比选中,首先将建筑空间划分为具有不同功能的区域,再通过 BIM 成本数据库对不同方案的功能区域成本进行对比,从而选出最低成本的方案。

例如,Revit 软件,可通过区域(Area)命令和统计功能实现区域划分和成本分析。区域(Area)命令可将建筑物划分成以不同颜色区分的功能区域,再利用 Revit 的成本数据库和统计功能将各个功能区域的如面积、成本等属性值输出,供方案间的成本比较。

➤ 7.8.2　初步设计阶段 BIM 算量

在初步设计阶段的 BIM 算量中,造价人员可从模型中提取更丰富的工程参数,并据此计算造价影响因素系数。BIM 建模软件创建的基于三维几何形状形成的体量模型,可以反复、随意变化,并且会自动统计体量模型的外围周长、总高度和各楼层高度等参数。例如,在总建筑面积确定的前提下,利用基底面积、楼层层数及单层几何形状间的约束关系,可以合理地确定建筑物形状和楼层分布,并提取外周长、基底和楼层面积等参数,作为造价影响因素系数的依据。

在初步设计阶段的估算应采用组件估价法,即以组件为计量单位,估算各功能组件价格并汇总出工程总造价。BIM 的建模方法有两种:按照建筑物组件(object-based modeling)或按照建筑物空间关系(space-based modeling)构造建筑物,实践中按前者操作的较多,符合组件估价法的要求。

1. 从算量精度看,BIM 算量偏差在可接受范围内

(1)BIM 建模软件的组件间自动扣减运算规则精确。在一定的条件下,Revit 软件中的梁板柱、墙板、门窗与其主墙体之间可以自动完成结构扣减,实现组件几何关系和功能结构的协同统一。尤其在形体复杂、内容多样化的建筑项目中,运用软件的自动扣减功能,能够在提高准确性的同时有效降低造价人员的工作强度并缩短时间。

(2)BIM 软件的组件智能联动关系明确。设计变更的内容可以自动关联到工程量统计上,当改动某组件参数或位置时,该组件的其他相关统计数据会自动更新,并且与之相关联的其他组件的关联参数和位置也会发生联动。这样不仅保证了统计结果的精确性,避免工程量的虚增或遗漏,更新结果也可及时反馈给设计人员,使之清楚了解设计方案的变动对成本的影响,便于进一步的设计修改以满足业主的投资、成本要求。

2. 从算量效率看,BIM 算量效率更高,速度更快

BIM 技术从四个方面提高了算量效率:

第一,算量工作是在设计阶段已建立的模型基础上完成的,造价人员不必另行建立算量模型。

第二,BIM 可以实现同步算量,即设计与算量同步进行。当组件参数、位置等随着设计深入或变更而发生变化时,软件可以自动更新并统计变动的工程量。

第三,利用 BIM 软件进行工程量提取和统计只需数分钟便可完成,造价人员的主要工作转为统计结果的检验、补充、修改以及输出。

第四,初步设计阶段的模型是在方案设计阶段构建的体量模型基础上进行组件转化和设计深化得来的,从而保持了设计阶段模型完整性和建模连续性、高效性。

在 Revit 软件中,在体量和场地环境里,通过创建命令(Create)将体量模型中的各个板块转化为楼板、屋面、墙体等基本组件。建筑物组件被定义为 Revit 族,通过族定义可以设置每个族的诸如尺寸、价格、供应商等数据和信息。进行方案比选时,可以先选取需要研究的族,分析其功能和成本,然后在设计方案(Design Option)面板中进行族的调换,并通过面板间的实时切换对替换族与原族进行成本对比,以选定成本最低的方案。当族发生变化时,可以使用族编辑器随时修改该族所代表的建筑组件的参数信息,以保证成本数据的有效性和准确性。例如,内外墙含有结构、抹灰、装饰等构造层,利用拆分(Parts)命令可以将墙的各构造层分开并独立统计各自工程量,方案比选时,可以单独对墙的某一个或几个构造层进行替换并进行成本分析。

➤ 7.8.3　施工图设计阶段 BIM 算量

关于在施工图阶段如何利用 BIM 进行工程算量问题,业内大体有两种观点:一种观点认为可将 BIM 文件导出到外部算量软件,利用外部软件进行算量;另一种认为 BIM 可直接作为算量平台,实现自动化精确的工程算量。就实践而言,目前国内已有软件企业研发出数据接口,将 BIM 导出到现行的计量软件中进行工程算量,亦有开发符合国内计量规则的 BIM 算量插件。

本节探讨设计人员将 BIM 深化到施工图设计阶段,工程造价人员如何利用 BIM 提取工程量。在此模式下,以《房屋建筑与装饰工程工程量计算规则》为计量标准,可以直接、快速、精确地计算出大多数工程计量项目的工程量,并同步调整设计变更后的工程量,且无须借助外部软件进行工程算量。该算量模式在复杂形体工程算量中更具优势。我们以业界最为常用的 BIM 软件 Autodesk Revit 2021 版(以下简称 Revit)作为平台工具。

BIM 通过建立 3D 关联数据库,可以准确、快速计算和提取工程量,提高工程算量的精度和效率。BIM 遵循面向对象的参数化建模方法,利用模型的参数化特点,在表单域(Field)设置所需条件,对构件的工程信息进行筛选,并利用软件自带表单统计功能(Schedule)完成相关构件的工程量统计。另外,BIM 能实现即时算量,即设计完成或修改,算量随之完成或修改。随着工程推进,设计变更经常发生,BIM 算量的即时性优势,可以大幅度减少变更算量的响应时间,提高工程算量效率。

首先建立 BIM 分类和造价分类的对应关系。因为 BIM 的构件划分思路与国内现行施工图设计阶段的工程造价划分并不一致,前者按建筑构造功能性单元划分,后者则以建筑施工工种或工序来划分项目,两种分类体系并非简单的一一对应关系,如图 7-20 所示。

1. 土石方工程

利用 BIM 可以直接进行土石方工程算量。对于平整场地的工程量,可以根据模型中建筑物首层面积计算。挖土方量和回填土量按结构基础的体积、所占面积以及所处的层高进行工程算量。造价人员在表单属性中设定计算公式可提取所需工程量信息。例如,利用 BIM 计算某一建筑物中条形基础的挖基槽土方量,已知挖土深度为 1.15 m。按照国内工程计量规范中的计算方法,在 BIM 的表单属性中设置项目参数和计算公式,使用表单直接统计出建筑物挖基槽土方总量。

2. 基础

BIM 自带表单功能可以自动统计出基础的工程量,也可以通过属性窗口获取任意位置的基础工程量。大多类型的基础都可按特定的基础族模板建模,若某些特殊基础没有特定的建模方式,可利用软件的基本工具(如梁、板、柱等)变通建模,但需改变这些构件的类别属性,以便与其源建筑类型的元素相区分,利于工程量的数据统计。

3. 混凝土构件

BIM 软件能够精确计算混凝土梁、板、柱和墙的工程量且与国内工程计量规范基本一致。对单个混凝土构件,BIM 能直接根据表单得出相应工程量。但对混凝土板和墙进行算量时,其预留孔洞所占体积均被扣除。当梁、板、柱发生交接时,国内计量规范规定三者的扣减优先序为柱>梁>板("＞"表示优先于),即交接处工程量部分,优先计算柱工程量,其次为梁工程

		工程计量规范分类	建筑工程								装饰装修工程				
	Revit 模型分类		土石方工程	桩与地基基础工程	砌筑工程	钢筋混凝土工程	土木结构工程	金属结构工程	屋面及防水工程	防腐隔热、保温工程	楼地面工程	墙柱面与隔断、幕墙工程	天棚工程	门窗工程	油漆涂料工程
建筑工程	墙体(建筑)	核心层			●										
		其他							●	●		●			●
	门													●	●
	窗													●	●
	天花板	核心层					●		●	●					
		其他							●	●			●		●
	楼板(建筑)	核心层													
		其他							●		●				●
	屋顶	核心层							●	●					
		其他							●	●					
	柱(建筑)				●		●	●		●		●			●
	通用模型				●	●	●	●		●	●				●
	坡道				●	●									
	楼梯					●	●	●			●				
	栏杆					●	●	●							●
	幕墙											●			
结构工程	墙体(结构)	核心层	●		●	●									
		其他							●		●	●			●
	楼板(结构)	核心层				●					●				
		其他							●		●				●
	梁		●			●	●	●		●		●			●
	柱(结构)		●		●	●	●	●		●		●			●
	桁架					●	●	●				●			
	支撑					●	●	●							
	基础		●	●	●	●									
	钢筋					●									

注:1. ●代表两个分类之间的对应关系;

2. 工程中的台阶、勒脚、散水、地沟、明沟、踢脚线等均归入 Revit 中的通用模型。

图 7－20 清单计价与 Revit 软件构件和项目分类对应关系

量,最后为板工程量。使用 BIM 软件内修改工具中的连接(Join)命令,根据构件类型修正构件位置并通过连接优先序扣减实体交接处重复工程量,优先保留主构件的工程量,将次构件的统计参数修正为扣减后的精确数据,避免了构件工程量统计的虚增或减少。图 7-21 为一梁、板、柱交接处的节点图,使用连接命令设置后自动生成的梁、板、柱体积分别为:0.192 m³、0.307 m³、0.320 m³,即实现了柱>梁>板的扣减顺序。

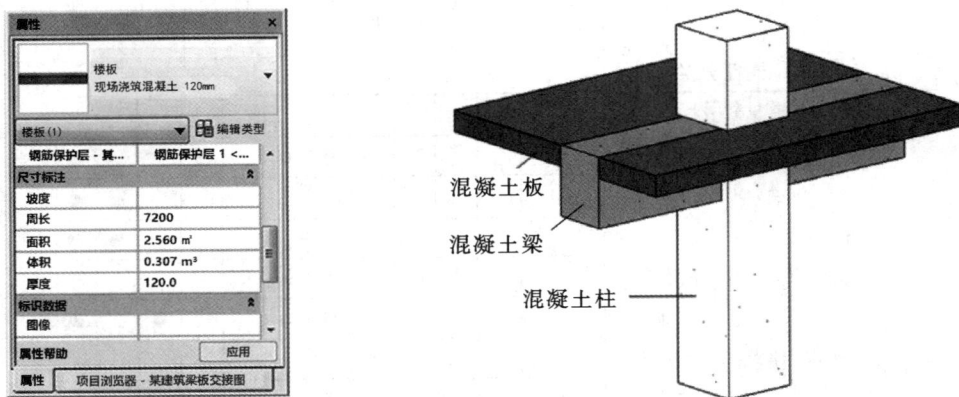

图 7-21　某梁板柱交接处节点图及楼板工程量

4.混凝土模板

混凝土模板虽然为非实体工程项目,但却是重要的计量项目。现行 BIM 软件并没有设置混凝土模板建模专用工具,采用一般建模工具虽然可建立模板模型,但需要耗费大量的时间,因此需要其他途径来提高模板建模效率。可以通过编程 BIM 软件插件解决快速建立模板模型问题,这样就可以在软件内自动提取模板工程量,达到像前述构件在 BIM 软件内一样的算量效果。

5.钢筋

BIM 结构设计软件提供了用于为混凝土柱、梁、墙、基础和结构楼板中的钢筋建模的工具,可以调入钢筋系统族或创建新的族来选择钢筋类型。计算钢筋质量所需要的长度都是按照考虑钢筋量度差值的精确长度。图 7-22 为部分构件内部钢筋布置图,这一部分的钢筋算量,不仅能计算出不同类型的钢筋总长度,还能通过设置分区(Partition)得出不同区域的钢筋工程量。

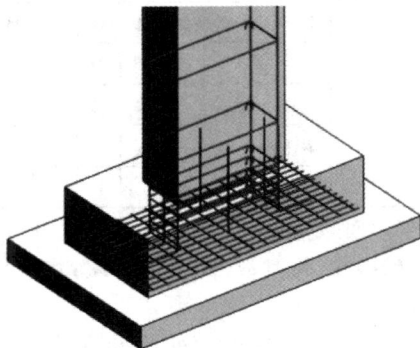

图 7-22　部分结构基础内部钢筋布置图

6. 楼梯

BIM 能直接计算出楼梯的实际踏步高度、深度和踏面数量,还能得出混凝土楼梯的体积。对于楼梯栏杆的算量,可以按照设计图示尺寸对栏杆族进行编辑,进而通过表单统计出栏杆长度。经测试,采用 BIM 内部增强性插件(Buildingbook Extension)来提取楼梯工程量,得到的数据及信息更符合实际需求。

7. 墙体

通过设置,BIM 可以精确计算墙体面积和体积。墙体有多种建模方式。一种是在已知结构构件位置和尺寸的情况下,以墙体实际设计尺寸进行建模,将墙体与结构构件边界线对齐,但这种方式有悖常规建筑设计顺序,并且建模效率很低,出现误差的概率较大。另一种方式是直接将墙体设置到楼层建筑或结构标高处,如同结构构件"嵌入"墙体内,这样可大幅度提升建模速度,见图 7 - 23(a)。前者在实际建模中少见,后者需要通过设置才能计算墙体准确的工程量。可通过"连接"命令,实现墙体对这些构件工程量的扣减。图 7 - 23(b)为墙体内部放置柱、梁构件的节点图,不做任何处理时,墙体的体积为 1.16 m^3,将梁、柱与墙体通过连接命令进行设置后,墙体的体积变为 0.653 m^3,为准确的墙体体积。

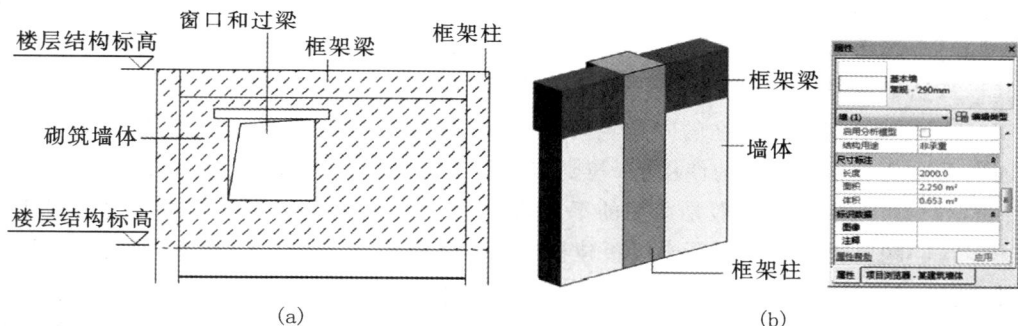

图 7 - 23　结构构件"嵌入"墙体的建模示意图及梁、柱与墙体 3D 节点图

对于嵌入墙体的过梁,可通过共享的嵌入族的形式将其绑定在门、窗族上方,再将门、窗族载入项目并放置在相应墙体内,此时的墙体工程量就会自动扣除过梁体积,且过梁的体积也能单独计算出来。此外,若墙体在施工过程中发生改变,还可利用阶段(Phase)参数,得出工程变更后的墙体工程量,为施工阶段造价管理带来方便。将建立的模型设置不同阶段,若需删除某一部位的墙体,选中该墙体并在属性窗口中设置其拆除的阶段,如阶段 3,因 BIM 自带表单功能与阶段化属性相关联,在表单中选择阶段 3,此时统计的工程量不包含删除墙体的体积。

8. 门窗工程

从 BIM 中可以提取门窗工程量和其他门窗构件的附带信息,包括各种型号的门窗数量、尺寸规格、板框材面积、门窗所在墙体的厚度、楼层位置以及其他造价管理和估价所需信息(如供应商等)。此外还可以自动统计出门窗五金配件的数量等详细信息。以门上执手为例,在BIM 中分别建立门和门执手两个族文件,将门执手以共享的嵌入族的方式加载到门族中,门执手即可以单独调取的族形式出现,利用软件自带的表单统计功能,就可得到门执手的相应数量及信息。

9. 幕墙

无论是对普通的平面幕墙还是曲面幕墙的工程量计算,BIM 都达到了精确程度,并且还能自动统计出幕墙嵌板(panel)和框材(mullion)的数量。在 BIM 建模时,可以通过预置的幕墙系统族或通过自适应族与概念体量结合,创建出任意形状的幕墙。在概念体量建模环境下,创建幕墙结构的整体形状,可根据幕墙的单元类型使用自适应族创建不同单元板块族文件,每个单元板块都能通过其内置的参数自动驱动尺寸变化,软件能自动计算出单元板块的变化数值并调整其形状及大小。也可将体量与幕墙系统族结合,创建幕墙嵌板和框材。模型建立后,再利用表单统计功能自动计算出其相应工程量。

10. 装饰工程

同样,BIM 也能自动计算出装饰部分的工程量。BIM 有多种饰面构造和材料设置方法,可通过涂刷方式(Paint),或在楼板和墙体等系统族的核心层上直接添加饰面构造层,还可以单独建立饰面构造层。前两种方法计算的工程量不准确,如在楼板核心层上设置构造层,构造层的面积与结构楼板面积相同,显然没有扣除楼板上墙体所占的面积。为使装饰工程量计算接近实际施工,可用基于面的模板族单独建立饰面层,这种建模方法可以解决模型自身不能为梁、柱覆盖面层的问题,同时通过材料表单提取准确的工程量。对室内装饰工程量来说,将表单关键词与房间布置插件(Roombook Extension)配合使用,可以迅速准确计算出装饰工程量。其计算结果可导入 Excel 中,便于造价人员使用。

BIM 在工程算量方面存在的问题主要是需求问题、构建方法、算量规则不一。由于 BIM 软件面向众多有着不同需求的使用者,若要满足所有使用者的需求,则会导致软件庞大、运行困难。BIM 软件商提供的一般是通用的平台软件,使用者可根据自身的需求通过编程插件解决专用需求问题。类似前述混凝土模板建模和工程量计算就是需求问题而不是技术问题,已有专业人员通过编程解决了混凝土建模问题。构建模型方法问题则比较复杂,不能通过技术解决。典型问题如建筑师可以使用贯通多层的墙体建立外墙,建模速度快,视觉效果和设计图都能满足要求。然而,这对统计墙体工程量和进行造价管理带来困难,造价人员无法直接利用模型分层统计不同强度等级的墙体或楼层墙体工程量。这类问题是因建模者和模型使用者目标不一致所致,可以通过项目管理制度安排解决。在掌握 BIM 技术的基础上,模型使用者向建模者提出建模要求,建模者按照要求建立模型。对于算量规则不一问题,由于几何形体在 BIM 软件属性中显示的是其自然数量,与手工计算工程量年代制定的工程量计算规则肯定会有所不同,后者考虑到手工计算量的烦琐,简化了计算规则,遵循"细编粗算"原则,如规则对面积较小的洞口做不扣除的规定,对门窗洞口侧边的抹灰梁等亦不增加。但是,如果让 BIM 适应既有规则,会有"削足适履"效果,使 BIM 的价值降低。而现在让规则完全适应 BIM,显然也不现实。解决问题的对策是改进现有规则,让规则具有适应不同要求的灵活性。

➤ 7.8.4 当前国内 BIM 工程算量模式

国内主流的算量软件广联达发布的 BIM 5D 软件包,支持将 Revit 的模型直接导入广联达的算量软件中进行算量。该系统主要实现了以下功能:

(1)实现 Revit 土建三维设计模型导入造价算量软件,进而实现 BIM 的全过程应用。对 Revit 土建模型导入算量插件(简称插件)实现了基于 Revit 创建的设计阶段三维模型直接导入专业算量软件(广联达系列算量软件),用于工程计量、计价,如图 7-24 所示。

图 7-24 Revit 土建模型转广联达算量模型示意图

(2)实现结构设计模型到三维设计模型再到造价算量模型的转换,进而实现 BIM 的全过程应用。

对于钢筋来说,广联达结构施工图设计软件 GICD 实现了将 PKPM 结构计算模型经过配筋设计后导入 Revit,形成基于 Revit 的设计阶段三维模型,并能直接导入专业算量软件(广联达系列算量软件),用于工程计量、计价。过程如图 7-25 所示。

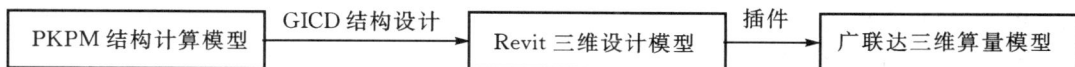

图 7-25 结构计算模型转广联达三维算量模型示意图

(3)在造价算量软件中,实现导入的模型套取做法后快速提供工程造价。通过主流设计软件(Revit)与主流工程量计算软件(GCL)的数据交互,直接将 Revit 设计模型导入算量软件,免去造价人员的二次重复建模,提高造价人员的工作效率。同时支持主流结构计算软件(PKPM)和主流设计软件(Revit)与主流工程钢筋量计算软件(GGJ)的数据交互,直接将 Revit 设计模型导入算量软件,免去造价人员的二次重复建模,提高造价人员的工作效率。

这种方式使模型的转化率达到了 98.7% 以上,工程量转化率达 97.5% 以上,设计完成到统计清单时间缩短 50% 以上。

7.9 基于 BIM 的管线综合

基于 BIM 技术的管线综合是在 BIM 三维建筑设计的基础之上对机电专业的管线与桥架进行走向优化、标高调整以及碰撞检查。引入建筑信息模型的概念,设计师可以通过功能强大的三维设计软件在计算机中搭建与实际工程 1∶1 的建筑模型,并且通过各专业协同功能让不同专业的设计师更全面地获取相关专业的信息,更完整地获取其他设计师的设计意图。建筑信息模型的使用,可以充分避免传统二维设计中不同设计师间信息传递的缺失与误解,从而在设计中解决了许多以前只有在工地施工中才能碰到的问题,极大地提高了设计与施工的质量。

7.9.1 传统管线综合的问题及 BIM 技术的优势

传统方式管线综合是采取二维图纸方式进行的。对于越来越复杂的建筑,管线系统常常交织在一起,各专业设计师在进行本专业的管线设计时,往往不太考虑其他专业管线的排布,有时还会与结构冲突,导致施工时的设计变更,给施工企业的施工造成很多麻烦,增加了业主及施工企业的成本。

1.传统方式管线综合的主要问题

传统方式管线综合的主要问题表现在以下几个方面:

(1)传统项目管线综合设计过程中,设计师只能将自己的想法以二维设计图的形式表现出来,施工技术人员根据自己对设计图的理解和对设计师意图的揣测进行施工。二维设计图仅能够表达单一截面或局部信息,很难表现管线系统的整体情况,最终导致施工错误的出现。

(2)传统的管线综合设计在二维条件下进行,平面图、立面图、剖面图和局部详图将建筑信息割裂开来,破坏了设计的整体性、连续性和一致性。在进行管线综合时,难以避免调整管线标高所带来的"连锁反应",往往是调整一个碰撞点又会导致另一处的碰撞。

(3)管线综合设计不仅要协调机电各个专业之间的关系,还要协调与建筑、结构专业之间的关系。然而设计分工明确,专业之间的信息壁垒是长期存在的。协同界面非常广,不是控制好吊顶的控制标高、设备尺寸、地沟和管沟位置等关键点就能消除碰撞问题的。

2. BIM 技术在管线综合中的优势

(1)将二维设计图转化为与实际工程等比例的三维模型,各个专业协同建模使得不同专业的设计师获得更全面的相关专业信息,也让工程技术人员更直观快速地了解工程。利用模型进行施工交底,可以减少错误的发生。

(2)BIM 的碰撞检查功能可以自动查找管线碰撞问题,配合虚拟漫游功能,大幅提高管线综合设计的效率,并且调整时不会出现盲点和遗漏。通过模型展示提高沟通效率,设计人员可以及时调整方案,减少施工现场的碰撞和返工,降低成本。

(3)在碰撞检查的基础上,为满足工程的净高要求、预留足够的检修空间、充分考虑管线和支吊架的安装空间,可以在模型中进行优化排布提高净空高度,模拟确定合理的施工方案。

7.9.2　基于 BIM 技术的管线综合过程

1. 管线综合的需求

对于一般的公共建筑来说,特别是商业、写字楼建筑,机电专业的空调、通风、给水、排水、消防、喷洒、强电、弱电、消防桥架等各种系统繁多,并且根据建筑高度还有不同分区,导致管线布置极其复杂。由于建筑内部空间的限制,在管线集中设备层区域、地下车库区域,管线交叉严重。为满足使用空间功能划分,地上办公区域的消防给水排水管道与商业的通风管道会在设备夹层交汇。写字楼中的办公区域走廊净高紧张,而传统二维绘图方式很难排出理想的解决方案。利用 BIM 技术来解决管线合理排布的问题就显得非常必要和迫切。

2. 管线综合过程

对于公共建筑,特别是商业、写字楼、酒店等建筑,地下车库是管线综合的重点区域。一般来讲,BIM 机电工程师按照施工图纸完成第一轮管线绘制后,往往会发现大量碰撞,其中包括管道间的交叉碰撞以及管线与结构专业的梁柱间的碰撞,甚至会出现不同的管道系统排列在一起,这为之后的碰撞检查带来了很大的麻烦。图 7-26 为某工程项目在第一轮管线绘制后发现的碰撞情况。

针对发现的问题,BIM 机电工程师可对模型管线进行全面的修改,优化管线走向,在解决管线系统性碰撞的同时使设备管线排布更加合理。例如,以电气桥架位置等方式,在满足设计与施工要求的同时,给设备管线留出足够空间;依据"有压让无压、小管让大管"的原则,按照各个系统调整设备管道,并注意给电气专业留出检修空间。通过检测模型中的碰撞点,可将碰撞问题归为以下几类:①通信桥架与排烟管道的碰撞;②排烟管道与电力桥架的碰撞;③给水系统与消防系统穿梁;④喷淋管道与桥架的碰撞;⑤消火栓系统干管与桥架的碰撞;⑥喷淋管道

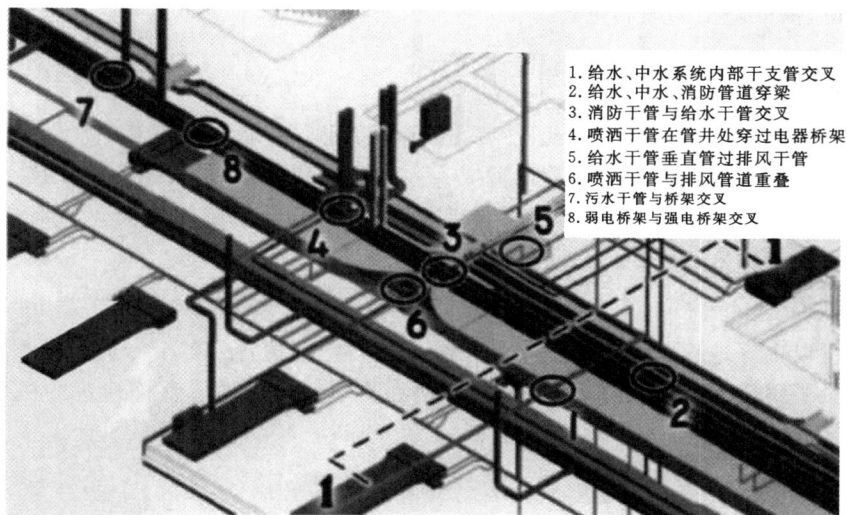

图 7 - 26   管线绘制后发现的管线及管线与结构的碰撞情况

1. 给水、中水系统内部干支管交叉
2. 给水、中水、消防管道穿梁
3. 消防干管与给水干管交叉
4. 喷洒干管在管井处穿过电器桥架
5. 给水干管垂直管过排风干管
6. 喷洒干管与排风管道重叠
7. 污水干管与桥架交叉
8. 弱电桥架与强电桥架交叉

穿过结构梁;⑦喷淋管道穿过建筑隔墙。

碰撞修改之后,基本达到令人满意的效果,图 7 - 27 为某项目经过碰撞修改后的管线图。

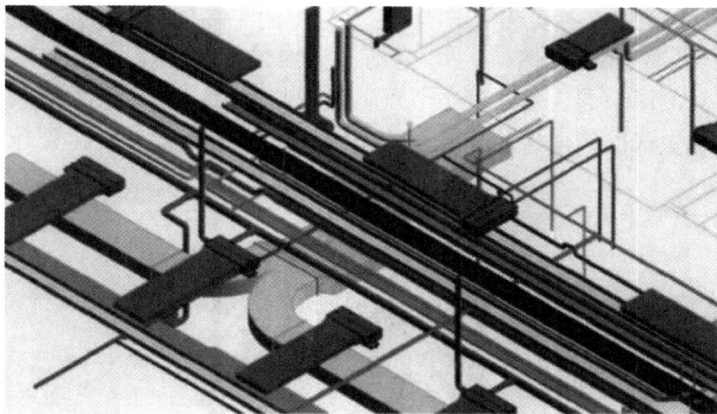

图 7 - 27   碰撞修改后的管线图

完成管线调整之后,BIM 机电工程师可将模型导出到 Navisworks 软件中做碰撞检查,以排查在人工调整中很难发现的碰撞点,通过其碰撞检查功能发现碰撞位置,再拟订优化方案调整 Revit 模型,最终得到满足专业及施工要求的"零碰撞"模型。

BIM 工程师做综合管线排布时,必须考虑施工空间及工作面问题,否则仅仅根据施工图和碰撞检查报告做管线排布,是无法指导施工的。管线集中区域,如办公楼走道、地下室、管井等,如果机电各专业完全按传统设计提供的 CAD 设计图绘制,必定造成大量管线碰撞,后期调整的工作量也很大。因此应根据各管线参数提前排布好各管线间距,以减少后续管线综合后的碰撞数量,降低模型调整的工作量,从而提高工作效率。

应用 BIM 技术后,不仅要排除机电专业内部的碰撞,还要协调好机电与建筑、结构的关系,及时更新土建模型,重新调整 BIM 管线综合成果后才能应用。利用模型,对结构预留洞口进行精确定位,保证施工的顺利进行。

➤ 7.9.3　管线综合的成果表达

BIM工作流程是先建立土建模型,然后进行各专业设备管线的建模,将设备管线根据通风、给水管、排水管、消防、电缆桥架等设置成不同颜色以便区分,再根据各专业技术要求、空间要求、施工工作面以及质量安全监督部门要求等因素,进行几轮碰撞检查并调整避让,之后可完美地表现出模型成果,并汇总出图。

1. 三维轴测图

轴测图可以更好地表现管线及桥架的系统划分与空间位置。各个专业的轴测设计图能够让非专业人员了解该专业的设计思路,而综合轴测图则充分表现了整栋建筑的机电专业复杂程度。

2. CAD平面图

为了方便模型成果指导现场施工,应对模型平面进行深化,使之达到管线综合的施工图深度,并导出CAD图打印最终交付施工现场。通过调整后的模型指导对施工图进行修改,并在施工交底时将各个专业的管线综合图直接交给施工方,使其价值最大化利用。

3. 复杂节点轴测图及剖面图

模型中不乏管线桥架交错复杂的节点,光靠传统的平面图已无法很好地表达管线走向。这就需要节点的三维轴测图(见图7-28)辅助平面图,并利用Revit模型可以随意切剖的优势,绘制剖面图与轴测图一起表达的复杂节点。但在制作剖面图的过程中发现,虽然声称剖面图本身很便捷,但将生成的剖面深化为符合施工图标准的剖面就需要在设计图标注上花费很长时间。

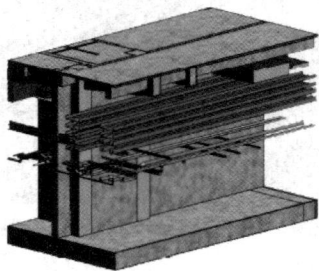

图7-28　复杂节点三维轴测图

4. 复杂节点三维PDF

对于复杂的节点,平面化的三维图纸的表现能力仍稍显乏力,如果能够直接把三维的节点模型输出并交付,则需要看图时配备足够的硬件能力和三维软件。而通过制作PDF格式的三维模型,计算机只要安装了PDF看图软件就可以浏览,使模型展示更充分、更灵活。

5. 复杂节点第三人视角视频图像

甲方等非专业设计人员可能对平面设计图并不熟悉,为此设计人员可以通过Navisworks或Lumion等软件进行模型漫游,以第三人视角浏览模型,截取视图或录制视频,以更加真实的视角了解项目。

6. Navisworks 碰撞检查报告与碰撞点前后对比

碰撞检查报告与碰撞点前后对比图,可表现出三维管线综合的必要性。

综上所述,BIM 技术具有可视化、虚拟化等优势,能够很好地解决管线综合设计的难题。通过整合多方建筑信息,BIM 技术更能够进行协同管理,提升工程决策、规划、设计、施工和运营管理的整体水平,减少返工浪费,有效缩短工期,提高工程质量和投资效益。

7.10　项目设计阶段 BIM 应用案例

▶ 7.10.1　工程概况

上海中心大厦,是上海浦东陆家嘴摩天建筑群中一个标志性建筑,位于陆家嘴金融中心区 Z3-2 地块,紧邻金茂大厦和上海环球金融中心,是一座集商业、办公和酒店功能于一体的超高层建筑。该项目总建筑面积约 57.8 万 m²,地面以上 127 层,建筑高度达 632 m。此外,项目还包括一座地上 5 层、地下 2 层的裙楼和 5 层地下空间。如此空间庞大、功能复杂的超高层建筑,仅建筑给水排水专业就包括给水系统、污水系统、废水系统、中水系统、消火栓系统、自动喷水灭火系统、雨水系统和酒店区域的游泳池设施等,系统复杂,管道、设备数量众多。如何对给水排水、暖通和电气专业的管道、风管、桥架和设备进行协调和定位成为一项非常艰巨的任务。BIM 技术的应用为管线综合和碰撞检查及施工指导提供了新的途径。

▶ 7.10.2　BIM 在上海中心建筑给水排水设计中的应用实例

对于上海中心大厦这样建筑面积为几十万平方米的超高层建筑来说,若建立一个完整的 BIM 文件,文件过大,根本无法在单机工作站中流畅运行。在实际工作中,仅仅是几万平方米,高 LOD(levels of detail,细节层次)的项目,想要把所有专业的信息绘制在一起,在现有的条件下,几乎是不可能完成的任务。因此,在搭建模型前必须对项目进行合理分割,可以按楼层、区域或者专业进行分割。上海中心大厦项目建筑信息模型在设计阶段的主要任务是进行碰撞检查,需要对每一层的机电管线以及管线与结构之间的碰撞进行检查和调整,因此,按楼层分割更为合理。

建筑按功能特征将所有楼层分成 11 个部分,其中,地下空间为一个区,裙房为一个区,塔楼的 6~7 层为裙房的配套设备用房,因此也单独设为一个区,塔楼其余楼层则分为八个区,每个区包括若干个标准层和为其提供配套设施的设备、避难层。机电模型也按照建筑分区,分为 11 个部分进行搭建。按照上述分区方式,每个分区的项目文件运行速度也相对较快。相邻分区之间的模型需要进行衔接时,可以通过插入链接模型的方式将模型进行拼接,在模型创建时已采用同一原点,所以链接文件只需采用"原点到原点"的对齐方式,便可以实现准确拼接。

1. 协同设计方式选择

Revit 软件提供了两种协同工作模式:链接模式和工作集模式。链接模式下,项目文件中的外部链接模型不可编辑,不便于管线调整。工作集模式下,虽然权限的获得与释放较为烦琐,经常产生冲突,但便于在同一项目文件中进行管线调整。结合最终需要进行管线综合和碰撞检查的目的,对两种协同工作模式进行比较后,将建筑和结构模型作为链接文件,在同一项目文件中创建给水排水、暖通、电气工作集进行协同工作。下文以上海中心大厦项目5区的67层设备层为例,介绍BIM技术在建筑给水排水设计中的应用。

2. 项目准备

1) 项目创建

在Revit MEP 2012版软件的环境下,创建机电模型。要创建一个新的MEP项目,首先需要利用Revit MEP提供的协同工作功能,将建筑模型的中心文件链接到MEP项目文件中,读取标高、轴网、墙等建筑信息,作为设计的起点。同样,将结构模型的中心文件进行链接。上海中心大厦项目5区的建筑结构模型如图7-29所示。

2) 三维视图和平面视图的创建

为便于管道绘制时单独绘制每一层的给水排水管道,创建给水排水的各层平面视图。创建各层的三维视图以便于每一楼层可单独查看,67层的三维视图如图7-30所示。创建各层的视图实际上是通过设置视图范围隐藏了模型的其他部分,只显示设置的可见视图范围之内的模型。并且,在平面式三维视图中可以通过设置过滤器单独显示给水排水管道和设备,隐藏其他设备工种的管道、设备。

3) 中心文件与工作集的创建

(1) 建立中心文件。将创建的MEP项目文件保存在各专业工程师都有读写与授权的文件服务器上。

(2) 建立本地文件。各专业工程师将中心文件另存为本地文件,在本地文件上进行工作。

(3) 同步中心文件。利用"与中心文件同

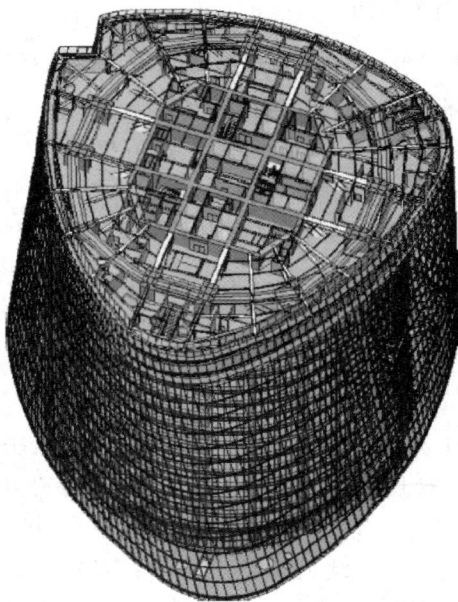

图7-29 上海中心项目5区建筑结构模型

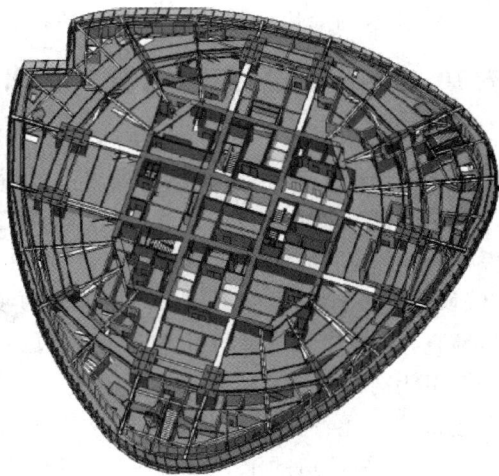

图7-30 设备层67层三维视图

步"的功能,可以实时更新建筑、结构模型。给水排水、暖通、电气专业的工程师使用工作集模式确定各自权限,创建各自工作集并占用,可以使其他专业不能对自己所属的工作集中的图元进行直接修改,也可以在必要时允许他人进行编辑。各专业同时进行模型的创建,并可实时更新、互相查看工作进度,实现了协同设计的过程。

3. 给水排水系统模型创建

1) 基本设置

在使用模型构件之前,需要从外部族库将所需的构件模型族导入系统,并修改信息。

（1）导入构件族。给水排水系统所需的管件、附件和设备可以从构件族库中载入相应管道、关键和设备族。

（2）修改构建属性。导入模型族后，在"类型属性"对话框中可以对管道的属性进行修改，设置管道的类型（如给水管道、污水管道、消防管道等）、材质、连接类型、型号、制造商等属性信息，如图7-31所示。

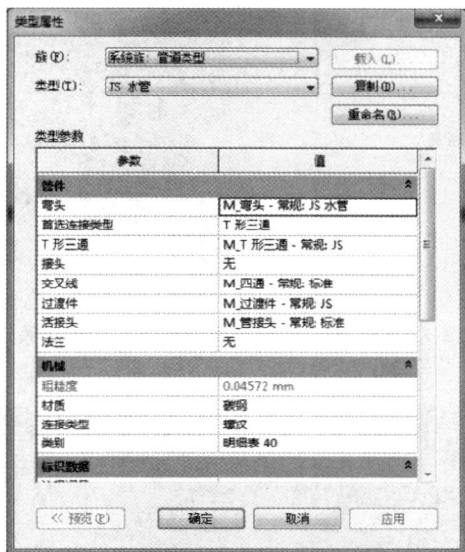

图7-31　给水管道的类型属性对话框

2）设备选型与管道铺设

完成基本准备设置后，便可以创建给水排水系统的模型。

（1）调用导入的模型，如供水设备、卫生器具等，放置到相应位置。

（2）绘制横管。一般在平面视图中进行给水排水横管绘制，选择所需管道类型、选择管径、输入标高，即可绘制。

（3）绘制立管。首先创建剖面，在立面视图中绘制立管，选择所需管道类型、设置管径、输入标高，便可绘制。

（4）放置必要的连接构件。在必要的位置放置管件、阀门、管路附件等模型。

（5）在三维视图中查看绘制后的设备。绘制有坡度的管道时，可以在选项卡中启用"向上坡度"或"向下坡度"，输入坡度值，即可绘制有坡度的管道。如图7-32所示，同时打开平面、立面、三维三种视图窗口进行给水排水设计，可以帮助工程师更加直观、准确地获取建筑、结构信息，不仅能确定管道的平面位置，还可以精确定位管道的立面位置，以符合净空高度的要求。

给水排水工程师在绘制本专业管道（见图7-33）的同时，暖通工程师、电气工程师绘制风管、暖通水管和桥架等，各专业之间可以相互观察工作进度。并且在建立模型的初期就可以观察到一些明显的碰撞情况，例如，暖通专业设计图中有风管从水箱上方通过，在创建模型时可观察到水箱上方有梁和环带桁架，空间有限，风管与结构、水箱等都会发生碰撞。将碰撞位置截图并记录，并附上解决方案，待模型创建完成后，汇总碰撞报告。

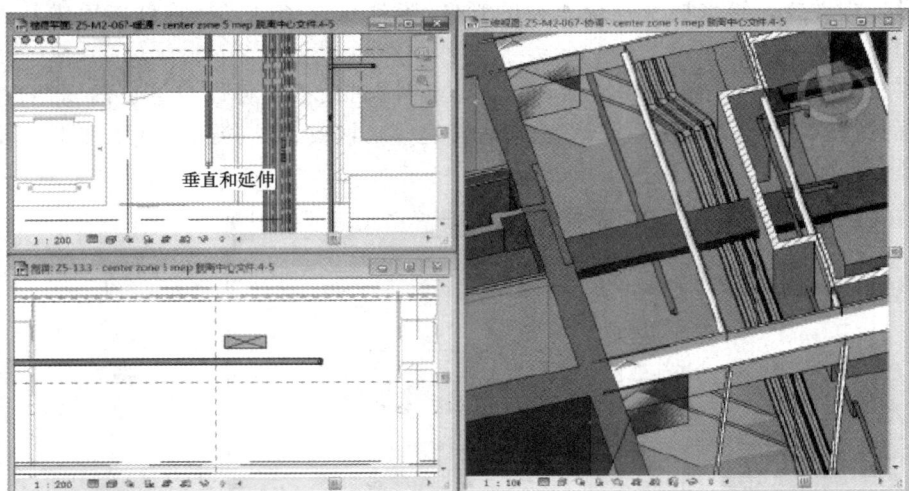

图 7 – 32　消火栓管道在三种视图中的位置

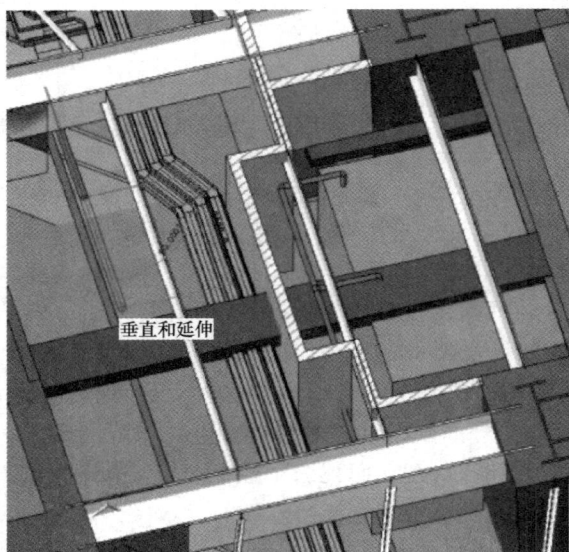

图 7 – 33　消火栓管道的绘制

4. 碰撞检查与管线综合

在 Revit MEP 中,将给水排水模型、电气模型和暖通模型置于统一、直观的三维协同设计环境中。如图 7 – 34 所示,水、暖、电专业的管线建模基本完成。完成所有管线绘制和设备放置后,结合模型创建时发现的碰撞点,进行第一轮调整。首先在三维视图中手动查找明显的管线碰撞,进行初步调整,大多数碰撞可以通过移动位置和调整标高来解决。如果直接利用"碰撞检查"功能,检测出的碰撞点数量巨大,不利于查找和修改。对已解决和待解决的碰撞点进行汇总和记录,以便之后反馈给设计人员进行施工图修改。

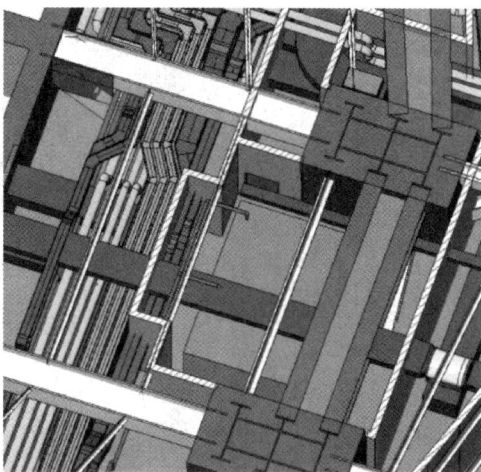

图 7 - 34　生活水箱间附近管线布置情况

对管线进行初步调整后,使用"碰撞检查"功能,自动检查管线、设备的冲突,并生成冲突报告。图 7 - 35 为走道区域的碰撞检查冲突报告,选择任意一条冲突报告,软件会自动以高亮显示的方式定位相互碰撞的对象。图 7 - 36 显示水管与风管相碰撞,调整水管的局部标高就可以避免其与风管的碰撞。根据冲突报告,机电工程师先对碰撞问题逐一进行调整并做好记录。

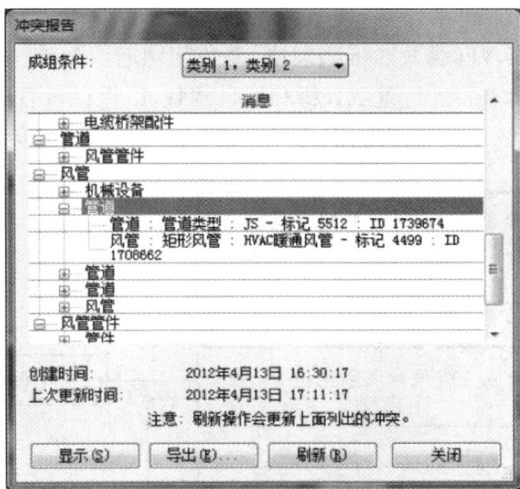

图 7 - 35　走道区域的碰撞检查报告

当遇到需要进行重大调整的问题时,先提出预解决方案,各专业工程师一起进行协调,对三维模型进行调整,确定解决方案,各专业确认后,再对施工图进行修改。例如,生活水箱间中,碰撞检查发现水箱与环带桁架发生碰撞,给水排水工程师沟通后,决定将水箱高度降低0.5 m,增加其横向宽度,修改模型和施工图。对碰撞的管线、设备进行调整和修改后,与中心文件同步,便可实时更新管线位置。

图 7 - 36　给水管道与风管的碰撞情况

　　图 7 - 37 为碰撞检查的工作流程,碰撞检查通常会随着设计图的修改进行好几轮。如图 7 - 38 所示,结构专业进行了深化设计,更新了模型,管线与结构深化模型相碰撞,需进行第二轮管线综合。由于空间进一步减小,在此过程中,暖通风管和弱电桥架都要从生活水箱间上方穿越,经各专业确认后,接受推荐方案,修改后的模型如图 7 - 39 所示,同时,各专业对施工图进行修改。这样就可真正实现问题及时准确解决,避免问题遗留到施工阶段。在上海中心大厦项目中,设备层情况相对复杂,需要进行重点分析和综合调整,以保证设备层中空间的净高要求,在合理避让结构的同时,确定管线位置和标高,由此可以减少施工难度,避免返工,加快施工进度。

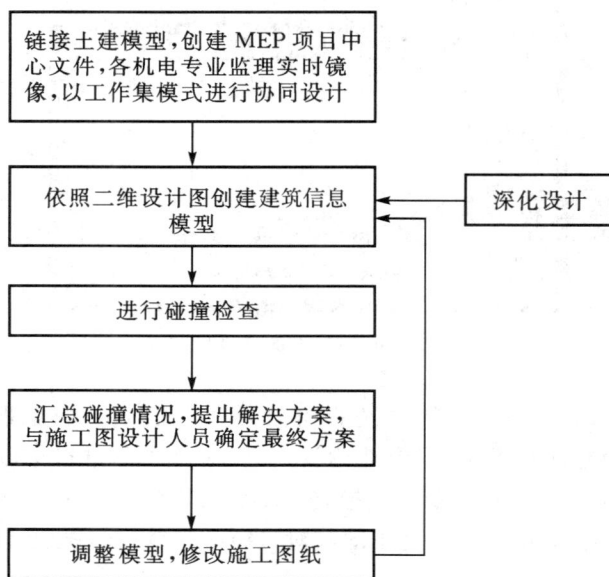

图 7 - 37　碰撞检查的工作流程

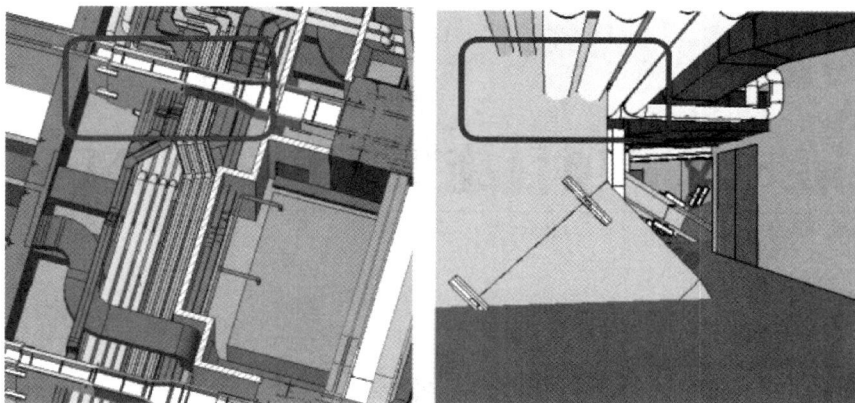

图 7 - 38　管线与结构深化模型相碰撞

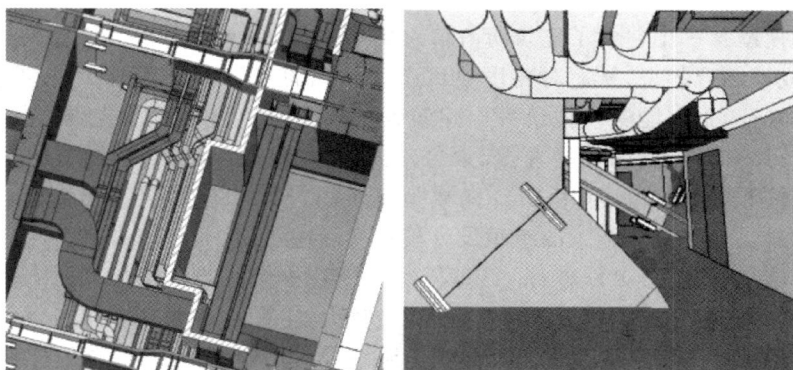

图 7 - 39　再次进行管线综合后的情况

综上所述,在上海中心大厦项目中,BIM技术在建筑给水排水设计阶段的主要应用是进行管线综合和碰撞检查,在后续施工阶段和运维阶段还将利用BIM进行施工模拟和维护管理等,以实现BIM全生命周期的应用。目前,在大部分项目尚不能实现BIM技术全过程应用的情况下,局部过程、局部专业的BIM应用是发展阶段的必然现象。况且,BIM在应用时,项目的不同、实现目的的不同,都决定了BIM介入的时间点、建模深度和展现成果的差异。BIM技术的应用普及将是大势所趋。

复习思考题

1. 概述概念设计阶段所用的主要草绘工具及其特点。

2. 简述BIM协同设计的概念、意义和实施流程。

3. 利用BIM技术对项目进行性能分析包括哪些主要内容?

4. 论述在不同设计阶段进行BIM算量的方法。

5. 对比传统管线综合与BIM管线综合的不同。

6. 基于BIM技术的管线综合过程是什么?

7. BIM管线综合的成果有哪些表现方式?

第8章 项目施工阶段的 BIM 应用

8.1 项目施工阶段 BIM 应用概述

➤ 8.1.1 项目施工阶段 BIM 应用意义

建筑信息模型是一个包含了建筑所有信息的数据库,因此可以将 3D 建筑模型同时间、成本结合起来,从而对建设项目进行直观的施工管理。BIM 技术具有模拟性的特征,不仅能够模拟设计出建筑物的模型,还可以模拟不能够在真实世界中进行的操作,例如节能模拟、紧急疏散模拟、日照模拟、热能传导模拟等。在招投标和施工阶段,利用 BIM 的模拟性可以进行 4D 模拟(三维模型加项目的进度),也就是根据施工的组织设计模拟实际施工,从而确定合理的施工方案来指导施工;同时还可以进行 5D 模拟(基于 4D 模型的造价控制),来实现成本控制。

施工阶段
BIM 构建

总之,在项目施工阶段应用 BIM 技术的意义重大,主要表现在以下方面:

(1)加速推进 BIM 技术从设计阶段向施工阶段的应用延伸,降低信息传递过程中的衰减。

(2)促进推广工程施工组织设计、施工过程变形监测、施工深化设计、大体积混凝土计算机测温等方面计算机应用系统在实践中的应用。

(3)促进推广虚拟现实和仿真模拟技术的应用,辅助大型复杂工程施工过程管理和控制,实现事前控制和动态管理。

(4)促进在工程项目现场管理中应用移动通信和射频技术,通过与工程项目管理信息系统结合,实现工程现场远程监控和管理。

(5)促进基于 BIM 技术的 4D 项目管理信息系统在大型复杂工程施工过程中的研究与应用,实现对建筑工程有效的可视化管理。

(6)促进工程测量与定位信息技术在大型复杂超高建筑施工以及隧道、深基坑施工中的应用实践,实现对工程施工进度、质量、安全的有效控制。

(7)促进工程结构健康监测技术在建筑物及构筑物建造与使用中的应用。

➤ 8.1.2 项目施工阶段 BIM 应用需求

BIM 在项目施工阶段的应用可以分为十一大模块,分别为投标应用、深化设计、图纸和变更管理、施工工艺模拟优化、可视化交流、预制加工、施工和总承包管理、工程量应用、集成交付、管理信息化及其他应用。每个模块的具体应用点见表 8-1。

表 8-1　项目施工阶段 BIM 应用

应用模块	具体应用点
BIM 支持投标应用	技术标书精细化,技术标书表现形式优化,工程量计算及报价,投标演示视频制作
基于 BIM 的深化设计	碰撞分析、管线综合,巨型及异形构件钢筋复杂节点深化设计,钢结构连接处钢筋节点深化设计,机电穿结构预留洞口深化设计,砌体工程深化设计,样板展示楼层装饰装修深化设计,综合空间优化,幕墙优化
BIM 支持图纸和变更管理	图纸检查,空间协调和专业冲突检查,设计变更评审与管理,建筑信息模型出施工图,建筑信息模型出工艺参考图
基于 BIM 的施工工艺模拟优化	大体积混凝土浇筑施工模拟,基坑内支撑拆除施工模拟及验算,钢结构及机电工程大型构件吊装施工模拟,大型垂直运输设备的安拆及爬升模拟与辅助计算,施工现场安全防护设施工模拟,设备安装模拟仿真演示,4D 施工模拟,基于 BIM 的测量技术,模板、脚手架、高支撑 BIM 应用,装修阶段 BIM 技术应用
基于 BIM 的可视化交流	作为相关方技术交流平台,作为相关方管理工作平台,基于 BIM 的会议组织,漫游仿真展示,基于三维可视化的技术交底
BIM 支持预制加工	数字化加工 BIM 应用,混凝土构件预制加工,机电管道支架预制加工,机电管线预制加工,为构件预制加工提供模拟参数,预制构件的运输和安排
基于 BIM 的施工和总承包管理	施工进度三维可视化演示,施工进度监控和优化,施工资源管理,施工工作面管理,平面布置协调管理,工程档案管理
基于 BIM 技术的工程量应用	基于 BIM 技术的工程量测算,BIM 算量与定额的对接应用,通过 BIM 进行项目策划管理,5D 分析
竣工管理和数字化集成交付	竣工验收管理 BIM 应用,物业管理信息化,设备设施运营和维护管理,数字化交付
基于 BIM 的管理信息化	采购管理 BIM 应用,造价管理 BIM 应用,BIM 数据库在生产和商务上的应用,质量管理 BIM 应用,安全管理 BIM 应用,绿色施工,BIM 协同平台的应用,基于 BIM 的管理流程再造
其他应用	三维激光扫描与 BIM 技术结合应用,GIS 与 BIM 技术的结合应用,物联网技术与 BIM 技术的结合应用

▶8.1.3　项目施工阶段建筑信息模型的建立与维护

建设项目中需要记录和处理大量的图形和文字信息。传统的数据集成是以二维设计图和书面文字进行记录的,但引入 BIM 技术后,将原本的二维设计图和书面信息进行了集中收录与管理。在 BIM 中"I"为 BIM 的核心理念,也就是"information",它将工程中庞杂的数据进行了有效的分类与归总,使工程建设变得顺利,减少和消除了工程中出现的问题。但需要强调的是,在 BIM 的应用中,模型是信息的载体,没有模型的信息是不能反映工程项目的内容的。所以 BIM 中"M"也具有相当的价值,应受到相应的重视。模型建立的优劣,会对将要实施的项目在进度、质量上产生很大的影响。BIM 是贯穿整个建筑全生命周期的,在初始阶段的问题会被一直延续到工程的结束。同时,失去模型这个信息的载体,数据本身的实用性与可信度将会大打折扣。所以,在建立模型之前一定得建立完备的流程,并在项目进行的过程中,对模型进行相应的维护,以确保建设项目能安全、准确、高效地进行。

在工程开始阶段,设计单位向总承包单位提供设计图、设备信息和BIM创建所需数据,总承包单位对设计图进行仔细核对和完善,并建立建筑信息模型。在完成根据设计图建立的初步建筑信息模型后,总承包单位组织设计和业主代表召开建筑信息模型及相关资料法人交接会,对设计提供的数据进行核对,并根据设计和业主的补充信息完善建筑信息模型。在整个建筑信息模型创建及项目运行期间,总承包单位将严格遵循经建设单位批准的BIM文件命名规则。

在施工阶段,总承包单位负责对建筑信息模型进行维护、实时更新,确保模型中的信息正确无误,保证施工顺利进行。模型的维护主要包括以下几个方面:①根据施工过程中的设计变更及深化设计,及时修改、完善模型;②根据施工现场的实际进度,及时修改、更新模型;③根据业主对工期节点的要求,向业主上报与施工进度和设计变更相一致的模型。在施工阶段,可以根据表8-2对建筑信息模型进行完善和维护。

表 8-2 建筑信息模型管理协议和流程

序号	模型管理协议和流程	是否适用于本项目	详细描述
1	模型原点坐标系统、精度、文件格式和单位	是/否	是/否
2	模型文件存储位置(年代)	是/否	是/否
3	流程传递和访问模型文件	是/否	是/否
4	命名约定	是/否	是/否
5	流程聚合模型文件从不同软件平台	是/否	是/否
6	模型访问权限	是/否	是/否
7	设计协调和冲突检测程序	是/否	是/否
8	模型安全需求	是/否	是/否

在模型创建及维护的过程中,应保证BIM数据的安全性。建议采用以下数据安全管理措施:①BIM小组采用独立的内部局域网,阻断与互联网的连接;②局域网内部采用真实身份验证,非BIM工作组成员无法登录该局域网,进而无法访问网站数据;③BIM小组进行严格分工,数据存储按照分工和不同用户等级设定访问和修改权限;④全部BIM数据进行加密,设置内部交流平台,对平台数据进行加密,防止信息外漏;⑤BIM工作组的电脑全部安装密码锁进行保护,BIM工作组单独安排办公室,无关人员不能入内。

8.2 基于 BIM 的深化设计

深化设计是指在业主或设计顾问提供的条件图或原理图的基础上,结合施工现场实际情况,对图纸进行细化、补充和完善。深化设计是为了将设计师的设计理念、设计意图在施工过程中得到充分体现;是为了在满足甲方需求的前提下,使施工图更加符合现场实际情况,是施工单位的施工理念在设计阶段的延伸;是为了更好地为甲方服务,满足现场不断变化的需求;是为了在满足功能的前提下降低成本,为企业创造更多利润。

深化设计管理是总承包管理的核心职责之一,也是难点之一,例如机电安装专业的管线综合排布一直是困扰施工企业深化设计部门的一个难题。传统的二维 CAD 工具,仍然停留在平面重复翻图的层面,深化设计人员的工作负担大且效率低下。利用 BIM 技术可以大幅提升深化设计的准确性,并且可以实现 3D 漫游与可视化设计。

基于 BIM 的深化设计可以笼统地分为以下两类:

(1)专业深化设计。专业深化设计的内容一般包括土建结构、钢结构、幕墙、电梯、机电各专业(暖通空调、给水排水、消防、强电、弱电等)、冰蓄冷系统、机械停车库、精装修、景观绿化深化设计等。这种类型的深化设计应该在建设单位提供的专业建筑信息模型上进行。

(2)综合性深化设计。即对各专业深化设计初步成果进行集成、协调、修订与校核,并形成综合平面图、综合管线图。这种类型的深化设计着重与各专业图纸协调一致,应该在建设单位提供的总体建筑信息模型上进行。

尽管不同类型的深化设计所需的建筑信息模型有所不同,但是从实际应用来讲,建设单位结合深化设计的类型,采用 BIM 技术进行深化设计应实现以下几个基本功能:①能够反映深化设计特殊需求,包括进行深化设计复核、末端定位与预留,加强设计对施工的控制和指导。②能够对施工工艺、进度、现场、施工重点、难点进行模拟。③能够实现对施工过程的控制。④能够由建筑信息模型自动计算工程量。⑤实现深化设计各个层次的全程可视化交流。⑥形成竣工模型,集成建筑设施、设备信息,为后期运营提供服务。

▷ 8.2.1 BIM 模式下深化设计主体的职责

深化设计的最终成果是经过设计方、施工方与制作加工方三方充分协调后形成的,需要得到建设方、设计方和总承包方的共同认可。因此,对深化设计的管理要根据我国建设项目管理体系的设置,具体界定参与主体的责任,使深化设计的管理有序进行。另外,在采用 BIM 技术进行深化设计时应着重指出,BIM 的使用不能免除总承包单位及其他承包单位的管理和技术协调责任。

深化设计各方职责如下:

1. 建设单位职责

建设单位负责建筑信息模型版本的管理与控制;督促总承包单位认真履行深化设计组织与管理职责;督促各深化设计单位如期保质地完成深化设计;组织并督促设计单位及 BIM 顾问单位认真履行深化设计成果审核与确认职责;汇总设计单位及 BIM 顾问单位的审核意见,组织设计单位、BIM 顾问单位与总承包单位沟通,协调解决相关问题;负责深化设计的审批与确认。

2. 设计单位职责

设计单位负责提供项目建筑信息模型,配合 BIM 顾问单位对模型进行细化,负责向深化设计单位和人员设计交底,配合深化设计单位完成深化设计工作,负责深化设计成果的确认或审核。

3. BIM 顾问单位职责

在建模前准备阶段,BIM 顾问单位应先确保要建立建筑信息模型的各个专业应用统一且规范的建模流程,要确保 BIM 的使用方有一定的能力,这样才能确保建模过程的准确和高效。

BIM顾问单位在基础模型中建立精装、幕墙、钢结构等专业模型,以及重点设备机房和关键区域机电专业深化设计模型,对这些设计内容在BIM软件中进行复核,并向建设单位提交相应的碰撞检查报告和优化建议报告;根据业主确认的深化设计成果,及时在建筑信息模型中做同步更新,以保证模型正式反映深化设计方案调整的结果,并向建设单位报告咨询意见。

4. 总承包单位职责

总承包单位应设置专职深化设计管理团队,负责全部深化设计的整体管理和统筹协调;负责制订深化设计实施方案,报建设单位审批后执行;根据深化设计实施方案的要求,在建筑信息模型中统一发布条件图;经建设单位签批的图纸,由总承包单位在建筑信息模型中进行统一发布;监督各深化设计单位如期保质地完成深化设计;在建筑信息模型的基础上负责项目综合性图纸的深化设计;负责本单位直营范围内的专业深化设计;在建筑信息模型的基础上负责总承包单位管理范围内各专业深化设计成果的集成与审核;负责定期组织召开深化设计协调会,协调解决深化设计过程存在的问题;总承包单位需指定一名专职BIM负责人、相关专业(建筑、结构、水、暖、电、预算、进度计划、现场施工等)工程师组成BIM联络小组,作为BIM服务过程中的具体执行者,负责将BIM成果应用到具体的施工工作中。

5. 机电主承包单位职责

机电主承包单位负责机电主承包范围内各专业深化设计的协调管理,在建筑信息模型基础上进行机电综合性图纸(综合管线图和综合预留预埋图)的深化设计,负责本单位直营范围内的专业深化设计,负责机电主承包范围内各专业深化设计成果的审核与集成,配合与本专业相关的其他单位完成深化设计。

6. 分包单位职责

分包单位负责承包范围内的深化设计,服从总承包单位或机电主承包单位的管理,配合与本专业相关的其他单位完成深化设计。

▶ 8.2.2　BIM模式下深化设计组织协调

深化设计涉及建设单位、设计单位、顾问单位及承包单位等诸多项目参与方,我们应结合BIM技术对深化设计的组织与协调进行研究。

深化设计的分工按"谁施工、谁深化"的原则进行。总承包单位就项目全部深化设计工作对建设单位负责;总承包单位、机电主承包单位和各分包单位各自负责其所承包(直营施工)范围内的所有专业深化设计工作,并承担全部技术责任,其专业技术责任不因审批与否而免除;总承包单位负责根据建筑、结构、装修等专业深化设计编制建筑综合平面图、模板图等综合性图纸;机电主承包单位根据机电类专业深化设计编制综合管线图和综合预留预埋图等机电类综合性图纸;合同有特殊约定的按合同执行。

总承包单位负责对深化设计的组织、计划、技术、组织界面等方面进行总体管理和统筹协调,其中应当加强对分包单位BIM访问权限的控制与管理,对下属施工单位和分包商的项目实行集中管理,确保深化设计在整个项目层次上的协调与一致。各专业承包单位均有义务无偿为其他相关单位提交最新版的建筑信息模型,特别是涉及不同专业的连接界面的深化设计时,其公共或交叉重叠部分的深化设计分工应服从总承包单位的协调安排,并且以总承包单位提供的建筑信息模型进行深化设计。

机电主承包单位负责对机电类专业的深化设计进行技术统筹,应当注重采用 BIM 技术分析机电工程与其他专业工程是否存在碰撞和冲突。各机电专业分包单位应服从机电主承包单位的技术统筹管理。

➢ 8.2.3 BIM 模式下深化设计工作流程

基于 BIM 的深化设计流程不能够完全脱离现有的管理流程,但是必须符合 BIM 技术的特征,特别是对流程中的每一个环节涉及 BIM 的数据都要尽可能详尽地规定。深化设计管理流程如图 8-1 所示,BIM 深化设计工作流程如图 8-2 所示。

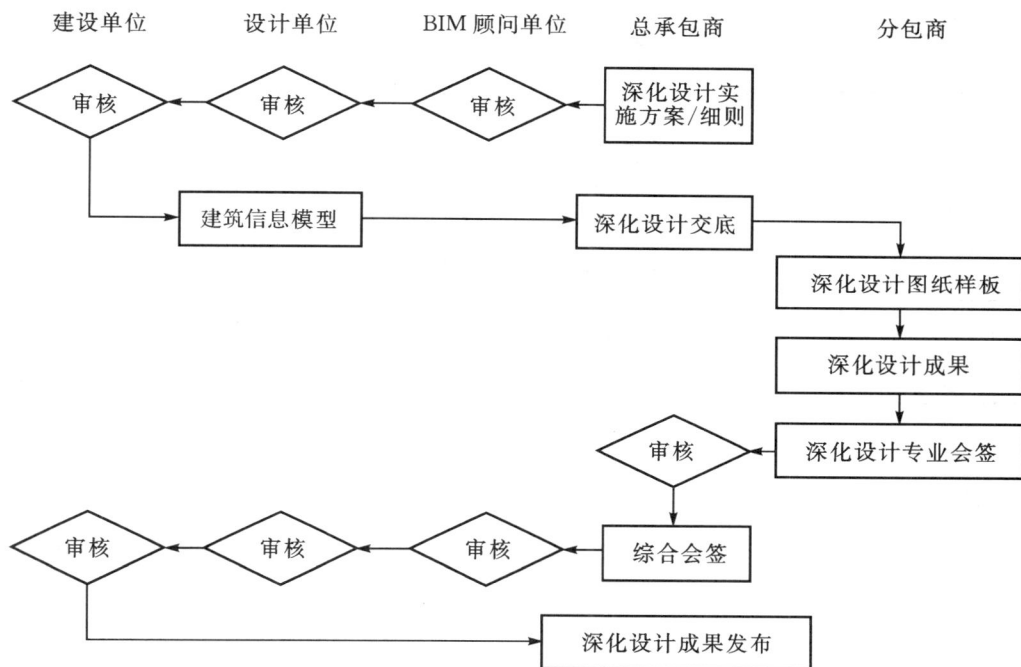

图 8-1 深化设计管理流程

管线综合深化设计及钢结构深化设计是工程施工中的重点及难点,下文将重点介绍管线综合深化设计及钢结构深化设计流程。

1. 管线综合深化设计流程

管线综合专业 BIM 设计空间关系复杂,内外装要求高,机电的管线综合布置系统多、智能化程度高、各工种专业性强、功能齐全。为使各系统的使用功能效果达到最佳、整体排布更美观,工程管线综合深化设计是重要一环。基于 BIM 的深化设计能够通过各专业工程师与设计公司的分工合作优化设计存在问题,迅速对接、核对、相互补位、提醒、反馈信息和整合到位。其深化设计流程为:制作专业精准模型—综合链接模型—碰撞检查—分析和修改碰撞点—数据集成—最终完成内装的模型,如图 8-3 所示。利用该模型虚拟结合已完成的真实空间,动态观察,综合业态要求,推敲空间结构和装饰效果,并依据管线综合施工工艺、质量验收标准确定的管线综合避让原则调整模型,将设备管道空间问题解决在施工前期,避免在施工阶段发生冲突而造成不必要的浪费,有效提高施工质量,加快施工进度,节约成本。

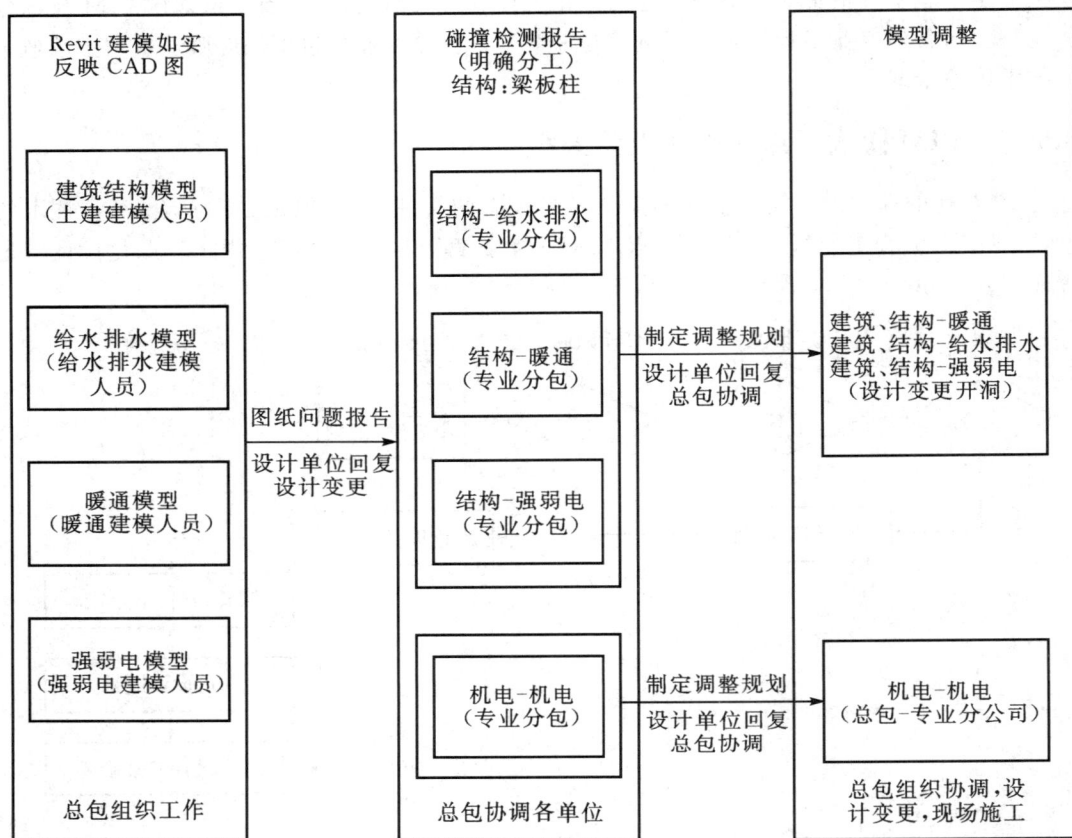

图 8-2　BIM 深化设计工作流程

图 8-3　管线综合深化设计流程

2. 钢结构深化设计流程

将三维钢筋节点布置软件与施工现场应用要求相结合，形成了一种基于 BIM 技术的梁柱节点深化设计方法，具体流程如图 8-4 所示。

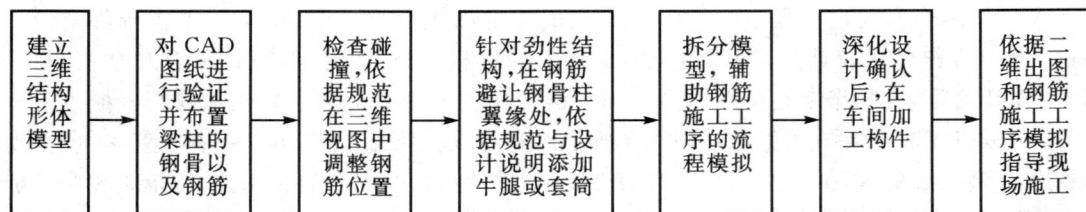

图 8-4　钢结构深化设计流程

8.3 基于 BIM 的数字化加工

目前国内建筑施工企业大多采用的是传统的加工技术,许多建筑构件以传统的二维 CAD 加工图为基础,设计师根据 CAD 模型手工画出或用一些详图软件画出加工详图,这在建筑项目日益复杂的今天,是一项工作量非常巨大的工作。为保证制造环节的顺利进行,加工详图设计师必须认真检查每一张原图纸,以确保加工详图与原设计图的一致性;再加上设计深度、生产制造、物流配送等流转环节,导致出错概率很大。

而 BIM 是建筑信息化大革命的产物,能贯穿建筑全生命周期,保证建筑信息的延续性,也包括从深化设计到数字化加工的信息传递。基于 BIM 的数字化加工将包含在建筑信息模型里的构件信息准确地、不遗漏地传递给构件加工单位进行构件加工,这个信息传递方式可以是直接以建筑信息模型传递的方式,也可以是建筑信息模型加上二维加工详图的方式。由于数据的准确性和不遗漏性,建筑信息模型的应用解决了信息创建、管理与传递的问题,并且建筑信息模型、三维图纸、装配模拟、加工制造、运输、存放、测绘、安装的全程跟踪等手段为数字化建造奠定了坚实的基础。所以,基于 BIM 的数字化加工建造技术是一项能够帮助施工单位实现高质量、高精度、高效率施工的技术。更多的 BIM 数字化优势的发挥,大大提高了建筑施工的生产效率,从而推动建筑行业的快速发展。

➢ 8.3.1 基于 BIM 的数字化加工前的准备

建筑行业也可以采用 BIM 与数字化建造系统的结合来实现建筑施工流程的自动化,尽管建筑不能像汽车一样在加工好后整体发送给业主,但建筑中许多构件的确可以预先在加工厂加工,然后运到建筑施工现场,装配到建筑中(如门窗、预制混凝土构件和钢构件、机电管道等)。通过数字化加工,建筑行业可以自动完成建筑物构件的预制,降低建造误差,大幅度提高构件制造的生产率,从而提高整个建筑建造的生产率。

1. 数字化加工首要解决问题

(1)加工构件的几何形状及组成材料的数字化表达;

(2)加工过程信息的数字化描述;

(3)加工信息的获取、存储、传递与交换;

(4)施工与建造过程的全面数字化控制。

BIM 技术的应用能很好地解决上述这些问题。要实现数字化加工,首先必须要通过数字化设计建立建筑信息模型,建筑信息模型能为数字化加工提供详尽的数据信息。基于 BIM 的深化设计是数字化加工开展的基本保证。在完成 BIM 深化后的模型基础上,要确保数字化加工顺利有效地进行,在数字化加工前还有一些注意要点需准备。

2. 数字化加工前的准备注意要点

(1)深化设计方、加工工厂方、施工方图纸会审,检查模型和深化设计图纸中的错漏碰缺,根据各自的实际情况互提要求和条件,确定加工范围和深度以及有无需要注意的特殊部位和复杂部位,并讨论复杂部位的加工方案,选择加工方式、加工工艺和加工设备;施工方提出现场施工和安装可行性要求。

(2)根据三方会议讨论的结果和提交的条件,把要加工的构件分类,如表 8 - 3 所示。

（3）确定数字化加工图纸的工作量、人力投入。

（4）根据交图时间确定各阶段任务、时间进度。

（5）制定制图标准，确定成果交付形式和深度。

（6）将文件归档。

表 8 - 3　各专业加工构件分类表

专业分类	复杂构件	一般构件
钢结构	钢管相贯线 复杂曲线、边界	加劲板 焊接 H 型钢板
混凝土结构	复杂形状模板	一般模板
机电	复杂弯头、大小管连接 不同形状管的连接	普通管道

待数字化加工方案确定后，需要对建筑信息模型进行转换。建筑信息模型中所蕴含的信息内容很丰富，不仅能表现出深化设计意图，还能解决工程里的许多问题，但如果要进行数字化加工，就需要把 BIM 深化设计模型转换成数字化加工模型，加工模型比设计模型更详细，但也去掉了一些数字化加工不需要的信息。

3. 建筑信息模型转换为数字化加工模型的步骤

（1）需要在原深化设计模型中增加许多详细的信息（如一些组装和连接部位的详图），同时根据各方要求（加工设备和工艺要求、现场施工要求等）对原模型进行一些必要的修改。

（2）通过相应的软件把模型里数字化加工需要的且加工设备能接受的信息隔离出来，传送给加工设备，并进行必要的数据转换、机械设计以及归类标注等工作，实现把 BIM 深化设计模型转换成预制加工设计图，与模型配合指导工厂生产加工。

4. BIM 数字化加工的注意事项

（1）要考虑到精度和容许误差。对数字化加工而言，其加工精度是很高的，由于材料的厚度和刚度有时候会有小的变动，组装也会有累积误差，另外还有一些比较复杂的因素如切割、挠度等也会影响构件的最后尺寸，所以在设计的时候应考虑到一些容许变动。

（2）选择适当的设计深度。数字化加工模型不要太简单也不要过于详细，太详细就会浪费时间，拖延工程进度，但如果太简单、不够详细就会错过一些提前发现问题的机会，甚至会在将来造成更大的问题。模型里包含的核心信息越多，越有利于与别的专业的协调，越有利于提前发现问题，越有利于数字化加工。所以在加工前最好预先向加工厂商的工程师了解加工工艺过程及如何利用数字化加工模型进行加工，然后选择各阶段适当的深度标准，制订一个设计深度计划。

（3）处理好多个应用软件之间的数据兼容性。跨行业的数据传递涉及的专业软件和设备比较多，就必然会存在不同软件之间的数据格式不同的问题。为了保证数据传递与共享的流畅和减少信息丢失，应事先考虑并解决好数据兼容的问题。

BIM 数字化加工的优点不言而喻，但在使用该项技术的同时必须认识到数字化加工并不是面面俱到的。比如，在加工构件非常特别或者构件过于复杂时，利用数字化加工则会显得费时费力,凸显不出其独特优势。所以在大量加工重复构件时,数字化加工才能带来可观的经济利益,实现材料采购优化、材料浪费减少和加工时间的节约。不在现场加工构件的工作方式能减少现场与其他施工人员和设备的冲突干扰,并能解决现场加工场地不足的问题;另外,由于构件被提前加工制作好了,这样就能在需要的时候及时送到现场,不提前也不拖后,可加快构件的放置与安装。同时,基于 BIM 技术的数字化加工大大减少了因错误理解设计意图或与设计师交流不及时导致的加工错误。而且,工厂的加工环境和加工设备都比现场要好得多,工厂加工的构件质量也势必比现场加工的构件质量更有保障。

▶8.3.2 基于 BIM 的加工过程的数字化复核

现场加工完成的成品由于温度、变形、焊接、矫正等产生的残余应变,会对现场安装产生误差影响,故在构件加工完成后,要对构件进行质量检查复核。传统的方法是采取现场预拼装检验构件是否合格,复核的过程主要是通过手工的方法进行数据采集,对一些大型构件往往存在着检验数据采集存有误差的问题。数字化复核技术的应用不仅能在加工过程中利用数字化设备对构件进行测量,如激光、数字相机、3D 扫描仪、全站仪等,对构件进行实时、在线、100％检测,形成坐标数据,并将此坐标数据输入计算机转变为数据模型,在计算机中进行虚拟预拼装以检验构件是否合格,还能返回到施工模型中进行比对,判断其误差余量能否被接受,是否需要设置相关调整预留段以消除其误差,或对超出误差接受范围之外的构件进行重新加工。数字化加工过程的复核不仅采用了先进的数字化设备,还结合了三维模型,实现了模型与加工过程管控中的协同,实现了数据之间的交互和反馈。数字化复核过程中需要注意的要点有以下方面。

1. 测量工具的选择

测量工具的选择,要根据工程实际情况,如成本、工期、复杂性等进行,不仅要考虑测量精度的问题,还要考虑测量速度的因素,如 3D 扫描仪具有进度快但精度低的特点,而全站仪则具有精度高、进度慢的特点。

2. 数字化复核软件的选择

扫描完成后需要把数据从扫描仪传送到计算机里,这就需要选择合适的软件,这个软件要能读取扫描仪的数据格式并将其转换成能够使用的数据格式,实现与测量工具的无缝对接。另外,这个软件还需要能与 BIM 软件兼容,在基于 BIM 的三维软件中有效地进行构件虚拟预拼装。

3. 预拼装方案的确定

要根据各个专业的特性对构件的体积、重量、施工机械的能力拟订预拼装方案。在进行数字化复核的时候,预拼装的条件应做到与现场实际拼装条件相符。

▶8.3.3 基于 BIM 的数字化物流与作业指导

在没有 BIM 技术前,建筑行业的物流管控都是通过现场人为填写表格报告,负责管理人员不能够及时得到现场物流的实时情况,不仅无法验证运输、领料、安装信息的准确性,并对之做出及时的控制管理,还会影响到项目整体实施效率。二维码和 RFID 作为一种现代信息技术已经在国内物流、医疗等领域得到了广泛的应用。同样,在建筑行业的数字化加工运输中,也有大量的构件流转在生产、运输及安装过程中,如何了解它们的数量、所处的环节、成品质量等情况就是需要解决的问题。

二维码和RFID在项目建设的过程中主要用于物流和仓库存储的管理,如今结合BIM技术的运用,无疑对物流管理而言是如虎添翼。其工作过程为:在数字化物流操作中可以给每个建筑构件都贴上一个二维码或者埋入RFID芯片,这个二维码或RFID芯片相当于每个构件的"身份证",再利用手持设备以及芯片技术,在需要的时候用手持设备扫描二维码及芯片,信息立即传送到计算机上进行相关操作。二维码或RFID芯片所包含的所有信息都应该被同步录入模型中,使模型与编有二维码或含有RFID芯片的实际构件对应上,以便于随时跟踪构件的制作、运输和安装情况,也可以用来核算运输成本,同时为建筑后期运营做好准备。数字化物流的作业指导模式从设计开始直到安装完成可以随时传递它们的状态,从而达到把控构件的全生命周期的目的。二维码和RFID技术对施工的作业指导主要体现在以下方面。

1. 对构件进场堆放的指导

由于建筑信息模型中的构件所包含的信息跟实际构件上的二维码及RFID芯片里的信息是一样的,所以通过建筑信息模型,施工员就能知道每天施工的内容需要哪些构件,这样就可以只把当天需要的构件(通过扫描二维码或RFID芯片与建筑信息模型里相应的构件对应起来)运送进场并堆放在相应的场地,而不用一次把所有的构件全都运送到现场,这种分批有目的的运送既能解决施工现场材料堆放场地的问题,又可降低运输成本。因为不用一次安排大量的人力和物力在运输上,只需要定期小批量地运送就行,同时也缩短了工期。工地也不需要等所有的构件都加工完成才能开始施工,而是可以工厂加工和工地安装同步进行,即工厂先加工第一批构件,然后在工地安装第一批构件的同时工厂生产第二批构件,如此循环。

2. 对构件安装过程的指导

施工员在领取构件时,对照模型里自己的工作区域和模型里构件的信息,就可以通过扫描实际构件上的二维码或RFID芯片很迅速地领到对应的构件,并把构件吊装到正确的安装区域。而且在安装构件时,只要用手持设备先扫描一下构件上的二维码或RFID芯片,再对照建筑信息模型,就能知道这个构件应该安装在什么位置,这样就能减少因构件外观相似而安装出错造成成本增加、工期延长。

3. 对安装过程及安装完成后信息录入的指导

施工员在领取构件时,可以通过扫描构件上的二维码或RFID芯片来录入施工员的个人信息、构件领取时间、构件吊装区段等,且凡是参与吊装的人员都要录入自己的个人信息和工种信息等。安装完成后,应该通过扫描构件上的二维码或RFID芯片确认构件安装完成,并输入安装过程中的各种信息,同时将这些信息录入相应的建筑信息模型里,等待监理验收。这些安装过程信息应包括安装时现场的气候条件(温度、湿度、风速等)、安装设备、安装方案、安装时间等所有与安装相关的信息。此时,建筑信息模型里的构件将会处于已安装完成但未验收的状态。

4. 对施工构件验收的指导

当一批构件安装完成后,监理要对安装好的构件进行验收,检验安装是否合格,这时监理可以先从建筑信息模型里查看哪些构件处于已安装完成但未验收状态,然后只需要对照建筑信息模型,再扫描现场相应构件的二维码或RFID芯片,如果两者包含的信息是一致的,就说明安装的构件与模型里的构件是对应的。同时,监理还要对构件的其他方面进行验收,检验是否符合现行国家和行业相关规范的标准,所有这些验收信息和结果(包括监理单位信息、验收人信息、验收时间和验收结论等)在验收完成后都可以输入相应构件的二维码、RFID 信息里,并同时录入建筑信息模型中。同样,这种二维码或 RFID 技术对构件验收的指导和管理也可以被应用到项目的阶段验收和整体验收中,以提高施工管理效率。

5. 对施工人力资源组织管理的指导

该项新型数字化物流技术通过对每一个参与施工的人员,即每一个员工赋予一个与项目对应的二维码或 RFID 芯片实行管理。二维码、RFID 芯片含有的信息包括个人基本信息、岗位信息、工种信息等。每天参与施工的员工在进场和工作结束时可以先扫描自己的二维码或 RFID 芯片,这时该员工的进场和结束时间、负责区域、工种内容等就都被记录并录入施工管理模型里了。这样,所有这些信息都随时被自动录入施工模型里,且这个模型是由专门的施工管理人员负责管理的。通过这种方法,施工管理者可以很方便地统计每天、每个阶段、每个区域的人力分布情况和工作效率情况,根据这些信息,可以判断出人力资源的分布和使用情况,当出现某阶段或某区域人力资源过剩或不足时,就可以及时调整人力资源的分布和投入,同时也可以预估并指导下一阶段的施工人力资源的投入。这种新型的数字化物流技术对施工人力资源管理的方法可以及时避免人力资源的闲置、浪费等不合理现象,大大提高施工效率、降低人力资源成本、加快施工进度。

6. 对施工进度的管理指导

二维码、RFID 芯片数字标签最大的特点和优点就是信息录入的实时性和便捷性,即可随时随地通过扫描自动录入新增的信息,并更新到相应的建筑信息模型里,保持建筑信息模型的进度与施工现场的进度一致,也就是说,施工现场在建造一个项目的同时,计算机里的建筑信息模型也在同步地搭建一个与施工现场完全一致的虚拟建筑,那么施工现场的进度就能最快最真实地反映在建筑信息模型里,这样施工管理者就能很好地掌握施工进度并能及时调整施工组织方案和进度计划,从而达到提高生产效率、节约成本的目的。

7. 对运营维护的作业指导

验收完成后,所有构件上的二维码或 RFID 芯片就已经包含了在这个时间点之前的所有与该构件有关的信息,而相应的建筑信息模型里的构件信息与实际构件上二维码或 RFID 芯片里的信息是完全一致的,这个模型将交付给业主作为后期运营维护的依据。在后期使用时,以下情况需要对构件进行维护:一是构件定期保养维护(如钢构件的防腐维护、机电设备和管道的定期检修等);二是构件出现故障或损坏需要维修;三是建筑或设备的用途和功能需要改变时。

对于构件定期保养,由于构件上的二维码或 RFID 芯片信息已经全部录入了建筑信息模型里,那么在模型里就可以设置一个类似于闹钟的功能,当某一个或某一批构件到期需要维护时,模型就会自动提醒业主维修,业主则可以根据提醒在模型中很快地找到需要维护的构件,并在二维码或 RFID 芯片信息里找到该构件的维护标准和要求。维护时,维护人员通过扫描实际构件上的二维码或者 RFID 芯片信息来确认需要维护的构件,并根据信息里的维护要求进行维护。

维护完成后将维护单位、维护人员的信息以及所有与维护相关的信息(如日期、维护所用的材料等)输入构件上的二维码或 RFID 芯片里,并同时更新到建筑信息模型里,以供后续运营维护使用。而当有构件损坏时,维修人员通过扫描损坏构件上的二维码或 RFID 芯片来找到建筑信息模型里对应的构件,在建筑信息模型里就可以很容易地找到该构件在整个建筑中的位置、功能、详细参数和施工安装信息,还可以在模型里拟订维修方案并评估方案的可行性和维修成本。

维修完成后再把所有与维修相关的信息(包括维修公司、人员、日期和材料等)输入构件上的二维码或 RFID 芯片里并更新到建筑信息模型里,以供后续运营维护使用。如果由于使用方式的改变,原构件或设备的承载力或功率等可能满足不了新功能的要求,需要进行重新计算或评估,必要时应进行构件和设备的加固或更换,这时,业主可以通过查看建筑信息模型里的构件二维码或 RFID 芯片信息来了解构件和设备原来的承载力和功率等信息,查看是否满足新使用功能的要求,如不满足,则需要对构件或设备进行加固或更换,并在更改完成后更新构件上的和建筑信息模型里的电子标签信息,以供后续运营维护使用。由此可见,二维码、RFID技术和建筑信息模型的结合使用极大地方便了业主对建筑的管理和维护。

8. 对产品质量、责任追溯的指导

当构件出现质量问题时,业主也可以通过扫描该构件上的二维码或 RFID 芯片信息,并结合质量问题的类型来找到相关的责任人。

综上,通过采用数字化物流的指导作业模式,数字化加工的构件信息就可以随时被更新到建筑信息模型里,这样,当施工单位在使用建筑信息模型指导施工时,构件里所包含的详细信息能让施工者更好地安排施工顺序,减少安装出错率,提高工作效率,加快施工进程,加强施工过程的可控性。

8.4 基于 BIM 的虚拟施工

通过 BIM 技术结合施工方案、施工模拟和现场视频监测进行基于 BIM 技术的虚拟施工,其施工本身不消耗施工资源,却可以根据可视化效果看到并了解施工的过程和结果,可以较大程度地降低返工成本和管理成本,降低风险,增强管理者对施工过程的控制能力。建模的过程就是虚拟施工的过程,是先试后建的过程。施工过程的顺利实施是在有效的施工方案指导下进行的。施工方案的制订主要根据项目经理、项目总工程师及项目部的经验。施工方案的可行性一直受到业界的关注,由于建筑产品的单一性和不可重复性,施工方案具有不可重复性。一般情况,当某个工程即将结束时,一套完整的施工方案才展现于面前。虚拟施工技术不仅可以检测和比较施工方案,还可以优化施工方案。

基于 BIM 的虚拟施工管理能够达到以下目标:①创建、分析和优化施工进度;②针对具体项目分析将要使用的施工方法的可行性;③通过模拟可视化的施工过程,提早发现施工问题,消除施工隐患;④作为形象化的交流工具,使项目参与者能更好地理解项目范围,提供形象的工作操作说明或技术交底;⑤可以更加有效地管理设计变更;⑥体现全新的试错、纠错概念和方法。不仅如此,虚拟施工过程中建立好的建筑信息模型还可以作为二次渲染开发的模型基础,大大提高了三维渲染效果的精度与效率,可以给业主提供更为直观的宣传介绍,也可以进一步为房地产公司开发出虚拟样板间等延伸应用。

虚拟施工给项目管理带来的好处可以总结为以下三个方面。

1. 施工方法可视化

虚拟施工使施工变得可视化,可随时随地直观快速地将施工计划与实际进展进行对比,同时进行有效的协同,施工方、监理方,甚至非工程行业出身的业主领导都对工程项目的各种问题和情况了如指掌。施工过程的可视化,使 BIM 成为一个便于施工方参与各方交流的沟通平台。这种可视化的模拟缩短了现场工作人员熟悉项目施工内容、方法的时间,减少了现场人员在工程施工初期因为错误施工而导致的时间和成本的浪费,还可以加快、加深对工程参与人员培训的速度及深度,真正做到质量、安全、进度、成本管理和控制的人人参与。

5D 全真模型平台虚拟原型工程施工,对施工过程进行可视化的模拟,包括工程设计、现场环境和资源使用状况,具有更大的可预见性,将改变传统的施工计划、组织模式。施工方法的可视化使所有项目参与者在施工前就能清楚地知道所有施工内容以及自己的工作职责,能促进施工过程中的有效交流。它是目前用于评估施工方法、发现施工问题、评估施工风险的最简单、经济、安全的方法。

2. 施工方法可验证

BIM 技术能全真模拟运行整个施工过程,项目管理人员、工程技术人员和施工人员可以了解每一步施工活动。如果发现问题,工程技术人员和施工人员可以提出新的施工方法,并对新的施工方法进行模拟验证。它能在工程施工前识别绝大多数的施工风险和问题,并有效地解决。

3. 施工组织可控制

施工组织是对施工活动实行科学管理的重要手段,它决定了各阶段的施工准备工作内容,协调施工过程中各施工单位、各施工工种以及各项资源之间的相互关系。BIM 可以对施工的重点或难点部分进行可见性模拟,按时标网络进行施工方案的分析和优化。对一些重要的施工环节或采用施工工艺的关键部位、施工现场平面布置等施工指导措施进行模拟和分析,以提高计划的可执行性。利用 BIM 技术结合施工组织设计进行电脑预演,以提高复杂建筑体系的可施工性。借助 BIM 对施工组织的模拟,项目管理者能非常直观地理解间隔施工过程的时间节点和关键工序情况,并清晰地把握施工过程中的难点和要点,也可以进一步对施工方案进行优化完善,以提高施工效率和施工方案的安全性。可视化模型输出的施工图片,可作为可视化的工作操作说明或技术交底分发给施工人员,用于指导现场的施工,方便现场的施工管理人员对照图纸进行施工指导和现场管理。

采用 BIM 进行虚拟施工,需事先确定以下信息:①设计和现场施工环境的五维模型;②根据构件选择施工机械及机械的运行方式;③施工的方式和顺序;④所需临时设施及安装位置。BIM 在虚拟施工管理中的应用主要有场地布置方案管理、专项施工方案验证、关键工艺展示、施工模拟(土建主体及钢结构部分)、装修效果模拟等。

▷ 8.4.1 基于 BIM 的施工平面布置

为使现场使用合理,施工平面布置应有条理,尽量减少占用施工用地,同时做到场容整齐清洁,道路畅通,符合防火安全及文明施工的要求。施工过程中应避免多个工种在同一场地、同一区域而相互牵制、相互干扰。施工现场应设专人负责管理,使各项材料、机具等按已审定的现场施工平面布置图的位置摆放。

基于建立的三维模型及搭建的各种临时设施,可以对施工场地进行布置,合理安排塔吊、库房、加工厂地和生活区等的位置,解决现场施工场地划分问题;通过与业主的可视化沟通协调,对施工场地进行优化,选择最优施工路线。基于 BIM 的场地布置示例如图 8-5 所示。

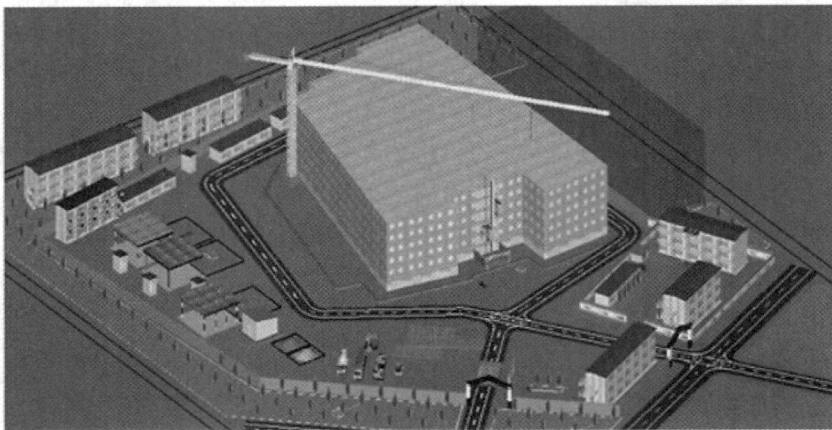

图 8-5　基于 BIM 的场地布置示例

▶ 8.4.2　基于 BIM 的专项施工方案验证

BIM 技术指导编制专项施工方案,可以直观地对复杂工序进行分析,将复杂部位简单化、透明化,提前模拟方案编制后的现场施工状态,对现场可能存在的危险源、安全隐患、消防隐患等提前排查,对专项方案的施工工序进行合理排布,提高方案的专项性、合理性。基于 BIM 的专项施工方案示例如图 8-6 所示。

(a)某工程模板方案验证模拟

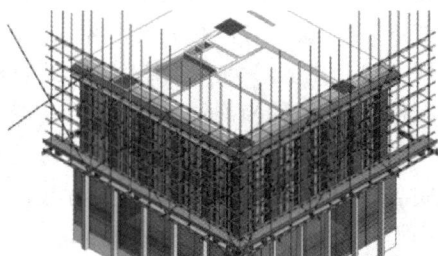

(b)某工程脚手架方案验证模拟

(c)某工程吊装方案验证模拟

(d)某工程管线方案验证模拟

图 8-6　基于 BIM 的专项施工方案示例

➤ 8.4.3 基于BIM的关键工艺展示

工程施工的关键部位,如预应力钢结构的关键构件及部位,安装相对复杂,因此合理的安装方案非常重要。传统方法只有工程实施时才能得到验证,这就可能造成二次返工等问题。同时,传统方法是施工人员在完全领会设计意图之后,再传达给建筑工人,相对专业性的术语及步骤对工人来说难以完全领会。BIM技术能够提前对重要部位的安装进行动态展示,提供施工方案讨论和技术交流的虚拟现实信息。基于BIM的复杂节点工艺展示示例如图8-7所示。

图8-7 基于BIM的复杂节点工艺展示示例

➤ 8.4.4 基于BIM的主体结构施工模拟

根据拟订的最优施工现场布置和最优施工方案,将由项目管理软件如Project编制的施工进度计划与施工现场3D模型集成于一体,引入时间维度,能够完成对工程主体结构施工过程的4D施工模拟。通过4D施工模拟,设备材料进场、劳动力配置、机械排班等各项工作可以安排得更加经济合理,从而加强了对施工进度、施工质量的控制。针对主体结构施工过程,利用已完成的建筑信息模型进行动态施工方案模拟,展示重要施工环节动画,对比分析不同施工方案的可行性,能够对施工方案进行分析,并听从甲方指令对施工方案进行动态调整。图8-8为基于BIM的主体结构施工模拟示例。

➤ 8.4.5 基于BIM的装修效果模拟

针对工程技术重点难点、样板间、精装修等,完成对窗帘盒、吊顶、木门、地面砖等基础模型的搭建,并基于BIM对施工工序的搭接及新型、复杂施工工艺进行模拟,对灯光环境等进行分析,综合考虑相关影响因素,利用三维效果预演的方式有效解决各方协同管理的难题。基于BIM的室内装修效果模拟如图8-9所示。

图 8 - 8　基于 BIM 的主体结构施工模拟

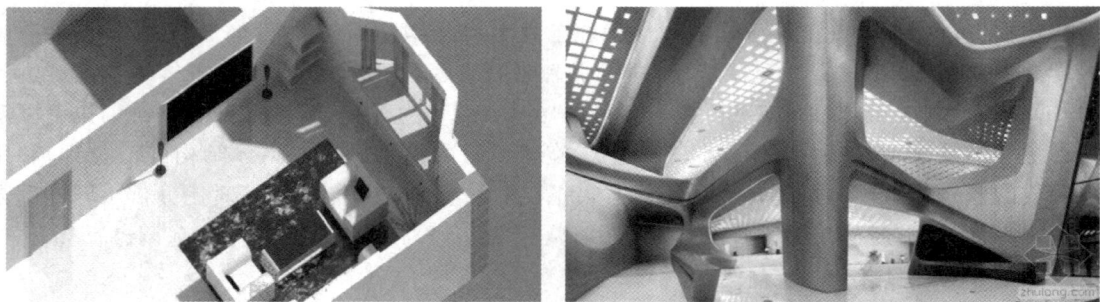

图 8 - 9　基于 BIM 的室内装修效果模拟

8.5　基于 BIM 的进度管理

➤ 8.5.1　影响进度管理的因素

在实际工程项目进度管理过程中,虽然有详细的进度计划以及网络图、横道图等技术作支撑,但是"破网"事故仍时有发生,对整个项目的经济效益产生直接的影响。对事故的调查发现,影响进度管理的主要原因有以下几个方面:

(1)建筑设计缺陷。首先,设计阶段的主要工作是完成施工所需图纸的设计,通常一个工程项目的整套图纸少则几十张,多则成百上千张,有时甚至数以万计,图纸所包含的数据庞大,而设计者和审图者的精力有限,存在错误是必然的;其次,项目各个专业的设计工作是独立完成的,导致各专业的二维图纸所表现的内容在空间上很容易出现碰撞和矛盾。如果上述问题没有提前发现,直到施工阶段才显露出来,那么势必对工程项目的进度产生影响。

(2)施工进度计划编制不合理。工程项目进度计划的编制很大程度上依赖于项目管理者的经验,虽然有施工合同、进度目标、施工方案等客观条件的支撑,但是项目的唯一性和个人经验的主观性难免会使进度计划存在不合理之处,并且现行的编制方法和工具相对比较抽象,不易对进度计划进行检查,一旦计划出现问题,按照计划所进行的施工过程必然会受到影响。

(3)现场人员的素质。随着施工技术的发展和新型施工机械的应用,工程项目施工过程越来越趋于机械化和自动化。但是,保证工程项目顺利完成的主要因素还是人,施工人员的素质是影响项目进度的一个主要方面。施工人员对施工图的理解,对施工工艺的熟悉程度和操作技能水平等因素都可能对项目能否按计划顺利完成产生影响。

(4)参与方沟通和衔接不畅。建设项目往往会消耗大量的财力和物力,如果没有一个详细的资金、材料使用计划是很难完成的。在项目施工过程中,由于专业不同,施工方与业主和供货商的信息沟通不充分、不彻底,业主的资金计划、供货商的材料供应计划与施工进度不匹配,同样也会造成工期的延误。

(5)施工环境影响。工程项目既受当地地质条件、气候特征等自然环境的影响,又受交通设施、区域位置、供水供电等社会环境的影响。项目实施过程中任何不利的环境因素都有可能对项目进度产生严重影响。因此,必须在项目开始阶段就充分考虑环境因素的影响,并提出相应的应对措施。

8.5.2 传统进度管理的缺陷

传统的项目进度管理过程中事故频发,究其根本在于管理模式存在一定的缺陷,主要体现在以下几个方面:

(1)二维CAD设计图形象性差。二维三视图作为一种基本表现手法,将现实中的三维建筑用二维的平、立、侧三视图表达。特别是CAD技术的应用,用计算机屏幕、鼠标、键盘代替了画图板、铅笔、直尺、圆规等手工工具,大大提高了出图效率。尽管如此,由于二维图纸的表达形式与人们现实中的习惯维度不同,因此要看懂二维图纸存在一定困难,需要通过专业的学习和长时间的训练。同时,随着人们对建筑外观美观度的要求越来越高,以及建筑设计行业自身的发展,异形曲面的应用更加频繁,如悉尼歌剧院、国家大剧院、鸟巢等外形奇特、结构复杂的建筑物越来越多。即使设计师能够完成图纸,对图纸的认识和理解也仍有难度。另外,二维CAD设计可视性不强,使设计师无法有效检查自己的设计成果,很难保证设计质量,并且对设计师与建造师之间的沟通形成障碍。

(2)网络计划图抽象,往往难以理解和执行。网络计划图是工程项目进度管理的主要工具,但也有其缺陷和局限性。首先,网络计划图计算复杂,理解困难,只适合于行业内部使用,不利于与外界沟通和交流;其次,网络计划图表达抽象,不能直观地展示项目的计划进度过程,也不方便进行项目实际进度的跟踪;最后,网络计划图要求项目工作分解细致,逻辑关系准确。这些都依赖于个人的主观经验,实际操作中往往会出现各种问题,很难做到完全一致。

(3)二维图纸不方便各专业之间的协调沟通。二维图纸由于受可视化程度的限制,使得各专业之间的工作相对分离。无论是在设计阶段还是在施工阶段,二维图纸都很难对工程项目进行整体性表达。各专业单独工作或许十分顺利,但是在各专业协同作业时往往就会产生碰撞和矛盾,给整个项目的顺利完成带来困难。

(4)传统方法不利于规范化和精细化管理。随着项目管理技术的不断发展,规范化和精细化管理是大势所趋。但是传统的进度管理方法很大程度上依赖于项目管理者的经验,很难形成一种标准化和规范化的管理模式。这种经验化的管理方法受主观因素的影响很大,直接影响施工的规范化和精细化管理。

8.5.3　BIM技术进度管理的优势

BIM技术的引入,可以突破二维的限制,给项目进度管理带来不同的体验,主要体现在以下几个方面:

(1)提升全过程协同效率。基于3D的BIM沟通语言,简单易懂、可视化好,大大加快了沟通效率,减少了理解不一致的情况。基于互联网的BIM技术能够建立起强大高效的协同平台:所有参建单位在授权的情况下,可随时、随地获得项目最新、最准确、最完整的工程数据,从过去点对点传递信息转变为一对多传递信息,效率提升,图纸信息版本完全一致,从而减少传递时间的损失和版本不一致导致的施工失误。传统靠人脑计算3D关系的工程问题探讨,容易产生人为的错误,BIM技术可减少大量问题,同时也减少协同的时间投入。另外,现场结合BIM、移动智能终端拍照,也大大提升了现场问题沟通效率。

(2)加快设计进度。从表面上来看,BIM设计减慢了设计进度。产生这样的结论的原因,一是现阶段设计用的BIM软件确实生产率不够高,二是当前设计单位交付质量较低。但实际情况表明,使用BIM设计虽然增加了时间,但交付成果质量却有明显提升,在施工以前解决了更多问题,推送给施工阶段的问题大大减少,这对总体进度而言是大大有利的。

(3)进行碰撞检查,减少变更和返工进度损失。BIM技术强大的碰撞检查功能,十分有利于避免进度延误。大量的专业冲突拖延了工程进度,造成大量废弃工程、返工的同时,也造成了巨大的材料、人工浪费。利用BIM系统实时跟进设计,第一时间发现问题、解决问题,带来的进度效益和其他效益都是十分惊人的。

(4)加快招投标组织工作。要组织一次高质量的招投标工作,光编制高质量的工程量清单要耗时数月。质量低下的工程量清单将导致业主方巨额的损失,投标人利用不平衡报价很容易造成更高的结算价。利用基于BIM技术的算量软件系统,大大加快了计算速度,提高了计算的准确性,加快了招标阶段的准备工作,同时提升了招标工程量清单的质量。

(5)加快支付审核。由于过程付款争议挫伤承包商积极性,从而影响工程进度的情况并不少见。业主方缓慢的支付审核往往引起承包商合作关系的恶化,甚至影响到承包商的积极性。业主方利用BIM技术,快速审核反馈承包商的付款申请单,则可以大大加快期中付款反馈机制,提升双方战略合作成果。

(6)加快生产计划、采购计划编制。工程中经常因生产计划、采购计划编制缓慢延缓了进度。急需的材料、设备不能按时进场,造成窝工从而影响了工期。BIM改变了这一切,随时随地获取准确数据变得非常容易,制订生产计划、采购计划的时间大大缩短,从而加快了进度,同时提高了计划的准确性。

(7)加快竣工交付资料准备。基于BIM的工程施工过程中所有资料可随时挂接到工程数字模型中,竣工资料在竣工时即已形成。竣工模型在运维阶段还将为业主方发挥巨大的作用。

（8）提升项目决策效率。在传统的工程实施中，由于大量决策依据、数据不能及时完整地提交出来，决策被迫延迟，或决策失误造成工期损失的现象非常多见。在实际情况中，只要工程信息数据充分，决策并不困难，难的往往是决策依据不足、数据不充分，有时导致领导难以决策，有时导致多方谈判长时间僵持，延误工程进度。BIM 形成工程项目的多维度结构化数据库，整理分析数据几乎可以实时实现，完全没有了这方面的难题。

8.5.4 BIM 技术进度管理的应用

BIM 在工程项目进度管理中的应用体现在项目进行过程中的方方面面，下面仅对其关键应用点进行具体介绍。

1. BIM 施工进度模拟

当前建筑工程项目管理中经常用于表示进度计划的甘特图，由于专业性强、可视化程度低，无法清晰描述施工进度以及各种复杂关系，难以准确表达工程施工的动态变化过程。通过将 BIM 与施工进度计划相结合，空间信息与时间信息被整合在一个可视的 4D（3D＋时间）模型中，这不仅可以直观、精确地反映整个建筑的施工过程，还能够实时追踪当前的进度状态，分析影响进度的因素，协调各专业，制定应对措施，以缩短工期、降低成本、提高质量。

目前常用的 4D－BIM 施工管理系统或施工进度模拟软件很多。利用此类管理系统或软件进行施工进度模拟大致分为以下步骤：①将建筑信息模型进行材质赋予；②制订 Project 计划；③将 Project 文件与建筑信息模型链接；④制定构件运动路径，并与时间链接；⑤设置动画视点并输出施工模拟动画。

4D 施工进度模拟能够完成以下内容：①基于 BIM 施工组织，对工程重点和难点的部位进行分析，制定切实可行的对策；②依据模型，确定方案，排定计划，划分流水段；③利用季度卡来编制 BIM 施工进度计划，将周和月结合在一起，如后期需要任何时间段的计划，只需在这个计划中过滤一下即可自动生成；④做到对现场的施工进度进行每日管理。

2. BIM 施工安全与冲突分析系统

（1）时变结构和支撑体系的安全分析通过模型数据转换机制，自动由 4D 施工信息模型生成结构分析模型，进行施工期时变结构与支撑体系任意时间点的力学分析计算和安全性能评估。

（2）施工过程进度/资源/成本的冲突分析通过动态展现各施工段的实际进度与计划的对比关系，实现进度偏差和冲突分析及预警；指定任意日期，自动计算所需人力、材料、机械、成本，进行资源对比分析和预警；根据清单计价和实际进度计算实际费用，动态分析任意时间点的成本及其影响关系。

（3）场地碰撞检查基于施工现场 4D 时间模型和碰撞检查算法，可对构件与管线、设施与结构进行动态碰撞检查和分析。

某工程三维碰撞检查与优化处理前后对比如图 8－10 所示。

3. BIM 建筑施工优化系统

建立进度管理软件 P3/P6 数据模型与离散事件优化模型的数据交换，基于施工优化信息模型，实现基于 BIM 和离散事件模拟的施工进度、资源以及场地优化和过程的模拟。

（1）基于 BIM 和离散事件模拟的施工优化通过对各项工序的模拟计算，得出工序工期、人

图 8-10 某工程三维碰撞检查与优化处理前后对比

力、机械、场地等资源的占用情况，对施工工期、资源配置及场地布置进行优化，实现多个施工方案的比选。

（2）基于过程优化的 4D 施工过程模拟将 4D 施工管理与施工优化进行数据集成，实现了基于过程优化的 4D 施工可视化模拟。

4. 三维技术交底及安装指导

我国工人文化水平普遍不高，在大型复杂工程施工技术交底时，工人往往难以理解技术要求。针对技术方案无法细化、不直观、交底不清晰的问题，解决方案是：改变传统的思路与做法（通过纸介质表达），转而借助三维技术呈现技术方案，使施工重点、难点部位可视化，提前预见问题，确保工程质量，加快工程进度。三维技术交底即通过三维模型，使工人直观地了解自己的工作范围及技术要求。主要方法有两种：一种是虚拟施工和实际工程照片对比；另一种是将整个三维模型进行打印输出，用于指导现场的施工，方便现场的施工管理人员拿图纸进行施工指导和现场管理。

对钢结构而言，关键节点的安装质量至关重要。安装质量不合格，轻者将影响结构受力形式，重者将导致整个结构破坏。三维建筑信息模型可以提供关键构件的空间关系及安装形式，方便技术交底与施工人员深入了解设计意图。

5. 移动终端现场管理

采用无线移动终端、Web 及 RFID 等技术，全过程与 BIM 集成，实现数据库化、可视化管理，避免任何一个环节出现问题给施工和进度带来影响。

8.6 基于 BIM 的质量管理

➤ 8.6.1 影响质量管理的因素

在工程建设中，无论是勘察、设计、施工还是机电设备的安装，影响工程质量的因素主要有"人、机、料、法、环"五个，即人工、机械、材料、工法、环境。所以工程项目的质量管理主要是对这五个方面进行控制。

1. 人工的控制

人工是指直接参与工程建设的决策者、组织者、指挥者和操作者。人工的因素是影响工程质量的五大因素中的首要因素。在某种程度上,它决定了其他因素。很多质量管理过程中出现的问题归根结底都是人工的问题。项目参与者的素质、技术水平、管理水平、操作水平最终都影响了工程建设项目的最终质量。

2. 机械的控制

施工机械设备是工程建设不可或缺的设施,对施工项目的施工质量有着直接影响。有些大型、新型的施工机械可以使工程项目的施工效率大大提高,而有些工程内容或者施工工作必须依靠施工机械才能保证工程项目的施工质量,如混凝土的振捣机械、道路地基的碾压机械等。如果靠人工来完成这些工作,往往很难保证工程质量。但是施工机械体积庞大、结构复杂,往往需要有效的组合和配合才能收到事半功倍的效果。

3. 材料的控制

材料是建设工程实体组成的基本单元,是工程施工的物质条件,工程项目所用材料的质量直接影响着工程项目的实体质量。因此每一个单元的材料质量都应该符合设计和规范的要求,这样工程项目实体的质量才能得到保证。在项目建设中使用不合格的材料和构配件,会造成工程项目的质量不合格。所以施工方在质量管理过程中一定要把好材料、构配件关,打牢质量根基。

4. 工法的控制

工程项目的施工方法的选择也对工程项目的质量有着重要影响。对一个工程项目而言,施工方法和组织方案的选择正确与否直接影响整个项目建设能否顺利进行,关系到工程项目的质量目标能否顺利实现,甚至关系到整个项目的成败。但是施工方法的选择往往是根据项目管理者的经验进行的,有些方法在实际操作中并不一定可行。如预应力混凝土的先拉法和后拉法,需要根据实际的施工情况和施工条件来确定。工法的选择对预应力混凝土的质量也有一定影响。

5. 环境的控制

工程项目在建设过程中面临很多环境因素的影响,如社会环境、经济环境和自然环境等。通常对工程项目质量产生影响较大的是自然环境,其又分为气候、地质、水文等。例如,冬季施工对混凝土质量的影响,风化地质或者地下溶洞对建筑基础的影响等。因此,在质量管理过程中,管理人员应该尽可能地考虑环境因素对工程质量产生的影响,并且努力优化施工环境,对不利因素严加管控,避免其对工程项目的质量产生影响。

➤ 8.6.2 传统质量管理的缺陷

建筑业经过长期的发展已经积累了丰富的管理经验,在此过程中,通过大量的理论研究和专业积累,工程项目的质量管理也逐渐形成了一系列的管理方法。但是工程实践表明:大部分管理方法在理论上的作用很难在工程实际中得到发挥。由于受实际条件和操作工具的限制,这些方法的理论作用只能得到部分发挥,甚至得不到发挥,影响了工程项目质量管理的工作效率,造成工程项目的质量目标最终不能完全实现。在工程施工过程中,施工人员专业技能不足、材料的使用不规范、不按设计或规范进行施工、不能准确预知完工后的质量效果、各个专业工种相互影响等问题都会对工程质量管理造成一定的影响,具体表现如下。

1. 施工人员专业技能不足

工程项目一线操作人员的素质直接影响工程质量,是工程质量高低、优劣的决定性因素。工人们的工作技能、职业操守和责任心都对工程项目的最终质量有重要影响。但是现在的建筑市场上,施工人员的专业技能普遍不高,绝大部分没有参加过技能岗位培训或未取得有关岗位证书和技术等级证书。很多工程质量问题都是因为施工人员的专业技能不足造成的。

2. 材料的使用不规范

国家对建筑材料的质量有着严格的规定和划分,个别企业也有自己的材料使用质量标准。但是在实际施工过程中,施工单位往往对建筑材料质量管理不够重视,个别施工单位为了追求额外的效益,会有意无意地在工程项目的建设过程中使用一些不规范的工程材科,造成工程项目的最终质量存在问题。

3. 不按设计或规范进行施工

为了保证工程建设项目的质量,国家制定了一系列有关工程项目各个专业的质量标准和规范。同时每个项目都有自己的设计资料,规定了项目在实施过程中应该遵守的规范。但是在项目实施的过程中,这些规范和标准经常被突破,一来因为人们对设计和规范的理解存在差异,二来由于管理的漏洞,造成工程项目无法实现预定的质量目标。

4. 不能准确预知完工后的质量效果

一个项目完工之后,如果感官上不美观,就不能称为质量很好的项目。但是在施工之前,没有人能准确无误地预知完工之后的实际情况。往往工程在完工之后,或多或少都有不符合设计意图的地方。较为严重的还会出现使用中的质量问题,比如设备的安装没有足够的维修空间,管线的布置杂乱无序,因未考虑到局部问题被迫牺牲外观效果等,这些问题都影响着项目完工后的质量效果。

5. 各个专业工种相互影响

工程项目的建设是一个系统、复杂的过程,需要不同专业、工种之间相互协调、相互配合才能很好地完成。但是在工程实际中往往由于专业的不同,或者所属单位的不同,各个工种之间很难在事前做好协调沟通。这就造成在实际施工中各专业工种配合不好,使得工程项目的进展不连续,或者需要经常返工,以及各个工种之间存在碰撞,甚至相互破坏、相互干扰,严重影响了工程项目的质量。如水电等其他专业队伍与主体施工队伍的工作顺序安排不合理,造成水电专业施工时在承重墙、板、柱、梁上随意凿沟开洞,破坏了主体结构,影响了结构安全。

➤ 8.6.3 BIM 技术质量管理优势

BIM 技术的引入不仅提供了一种"可视化"的管理模式,而且能够充分发掘传统技术的潜在能量,使其更充分、有效地为工程项目质量管理工作服务。传统的二维管控质量的方法是将各专业平面图叠加,结合局部剖面图,设计、审核、校对人员凭经验发现错误,难以全面;而三维参数化的质量控制,是利用三维模型,通过计算机自动实时检测管线碰撞,精确性高。

二维质量控制与三维质量控制的优缺点对比见表 8 - 4。

表 8-4　二维质量控制与三维质量控制的优缺点对比

传统二维质量控制缺陷	三维质量控制优点
手工整合图纸,凭借经验判断,难以全面分析	计算机自动在各专业间进行全面检验,精确度高
均为局部调整,存在顾此失彼情况	在任意位置剖切大样及轴测图大样,观察并调整该处管线标高关系
标高多为原则性确定相对位置,大量管线没有精确确定标高	轻松发现影响净高的瓶颈位置
通过"平面+局部剖面"的方式,对多管交叉的复制部位表达不够充分	在综合模型中直观地表达碰撞检查结果

▷ 8.6.4　BIM 技术质量管理的应用

基于 BIM 的工程项目质量管理包括产品质量管理及技术质量管理。

(1)产品质量管理:建筑信息模型储存了大量的建筑构件和设备信息。通过软件平台,可快速查找所需的材料及构配件信息,如规格、材质、尺寸要求等,并可设计模型,对现场施工作业产品进行追踪、记录、分析,掌握现场施工的不确定因素,避免不良后果出现,监控施工质量。

(2)技术质量管理:通过 BIM 的软件平台动态模拟施工技术流程,再由施工人员按照仿真施工流程施工,确保施工技术信息的传递不会出现偏差,避免实际做法和计划做法出现偏差,减少不可预见情况的发生,监控施工质量。

下文仅对 BIM 在工程项目质量管理中的关键应用点进行具体介绍。

1. 建模前期协同设计

在建模前期,建筑专业和结构专业的设计人员要大致确定吊顶高度及结构梁高度,对净高要求严格的区域,提前告知机电专业;各专业针对空间狭小、管线复杂的区域,协调出二维局部剖面图。建模前期协同设计的目的是在建模前期就解决部分潜在的管线碰撞问题,提前解决潜在质量问题。

2. 碰撞检查

在传统二维图设计中,结构、水暖电等各专业设计图汇总后,由总工程师人工发现和协调问题。人为的失误在所难免,使施工中出现很多冲突,不仅造成建设投资巨大浪费,还会影响施工进度。另外,由于各专业承包单位实际施工过程中对其他专业或者工种、工序间的不了解,甚至是漠视,产生的冲突与碰撞也比比皆是。但施工过程中,这些碰撞的解决方案,往往受限于现场已完成部分,大多只能牺牲某部分利益、效能而被动地变更。调查表明,施工过程中相关各方有时需要付出几十万元、几百万元,甚至上千万元的代价来弥补由设备管线碰撞引起的拆装、返工和浪费。

目前,BIM 技术在三维碰撞检查中的应用已经比较成熟,依靠其特有的直观性及精确性,于设计建模阶段就可一目了然地发现各种冲突与碰撞。在水、暖、电建模阶段,利用 BIM 随时自动检测及解决管线设计初级碰撞,其效果相当于将校审部分工作提前进行,这样可大大提高成图质量。碰撞检查的实现主要依托于虚拟碰撞软件,其实质为 BIM 可视化技术,施工设计人员在建造之前就可以对项目进行碰撞检查,不但能够消除碰撞,优化工程设计,减少在建筑施工阶段可能存在的错误损失和返工的可能性,而且能够优化净空和管线排布方案。最后施工人员可以利用碰撞优化后的三维方案,进行施工交底、施工模拟,提高了施工质量,同时也提高了与业主沟通的主动权。

碰撞检查可以分为专业间碰撞检查及管线综合的碰撞检查。专业间碰撞检查主要包括土建专业之间(如检查标高、剪力墙、柱等位置是否一致,梁与门是否冲突)、土建专业与机电专业之间(如检查设备管道与梁、柱是否发生冲突)、机电各专业之间(如检查管线末端与室内吊顶是否冲突)的软、硬碰撞点检查;管线综合的碰撞检查主要包括管道专业、暖通专业、电气专业系统内部检查以及管道、暖通、电气、结构专业之间的碰撞检查等。另外,解决管线空间布局问题,如机房过道狭小等问题也是常见碰撞内容之一。

在对项目进行碰撞检查时,要遵循如下检测优先级顺序:第一,进行土建碰撞检查;第二,进行设备内部各专业碰撞检查;第三,进行结构与给水排水、暖、电专业碰撞检查等;第四,解决各管线之间交叉问题。全专业碰撞检查的方法如下:将完成各专业的精确三维模型建立后,选定一个主文件,以该文件轴网坐标为基准,将其他专业模型链接到该主模型中,最终得到一个包括土建、管线、工艺设备等全专业的综合模型。该综合模型真正为设计提供了模拟现场施工的碰撞检查平台。在这个平台上先完成仿真模式现场碰撞检查,再根据检查报告及修改意见对设计方案进行评估并做出设计优化决策,然后再次进行碰撞检查……如此循环,直至解决所有的硬碰撞与软碰撞。

显而易见,常见碰撞内容复杂、种类较多,且碰撞点很多,甚至高达上万个,如何对碰撞点进行有效标识与识别?这就需要采用轻量化模型技术,把各专业三维模型数据以直观的模式存储于展示模型中。模型碰撞信息采用"碰撞点"和"标识签"进行有序标识,通过结构树形式的"标识签"可直接定位到碰撞位置。碰撞报告标签命名规则如图8-11所示。

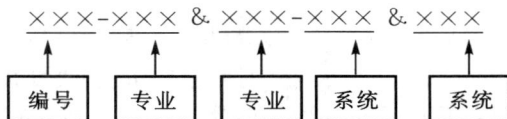

图8-11　碰撞报告标签命名规则

碰撞检查完毕后,系统以该命名规则出具碰撞检查报告,方便快速读出碰撞点的具体位置与碰撞信息。例如0014-PIP&HVAC-ZP&PF,表示该碰撞点是管道专业与暖通专业碰撞的第14个点,为管道专业的自动喷。

在读取并定位碰撞点后,为了更加快速地给出针对碰撞检查中出现的软、硬碰撞点的解决方案,我们可以将碰撞问题划分为以下几类:①重大问题,需要业主协调各方共同解决;②由设计方解决的问题;③由施工现场解决的问题;④因未定因素(如设备)而遗留的问题;⑤因需求变化而带来的新的问题。

针对由设计方解决的问题,可以通过多次召集各专业主要骨干参加三维可视化协调会议的办法,把复杂的问题简单化,同时将责任明确到个人,从而顺利地完成管线综合设计、优化设计,得到业主的认可。针对其他问题,则可以通过三维模型截图、漫游文件等协助业主解决。另外,管线优化设计应遵循以下原则:①在非管线穿梁、碰柱、穿吊顶等必要情况下,尽量不要改动。②只需调整管线安装方向即可避免的碰撞,属于软碰撞,可以不修改,以减少设计人员的工作量。③需满足建筑业主要求,对没有碰撞但不满足净高要求的空间,也需要进行优化设计。④管线优化设计时,应预留安装、检修空间。⑤管线避让原则包括有压管让无压管,小管线让大管线,施工简单管让施工复杂管,冷水管道避让热水管道,附件少的管道避让附件多的管道,临时管道避让永久管道。

3. 大体积混凝土测温

使用自动化监测管理软件进行大体积混凝土温度的监测,将测温数据无线自动传输汇总到分析平台上,通过对各个测温点的分析,形成动态监测管理。电子传感器按照测温点布置要求,自动直接将温度变化情况输出到计算机,形成温度变化曲线图,随时可以远程动态监测基础大体积混凝土的温度变化,根据温度变化情况,随时加强养护措施,确保大体积混凝土的施工质量,确保在工程基础筏板混凝土浇筑后不出现由于温度变化剧烈引起的温度裂缝。

4. 施工工序中的管理

工序质量控制就是对工序活动条件即工序活动投入的质量和工序活动效果的质量及分项工程质量的控制。利用 BIM 技术进行工序质量控制要着重于以下几方面的工作:

(1)利用 BIM 技术能够更好地确定工序质量控制工作计划。这一方面要求为不同的工序活动制定专门的保证质量的技术措施,做出物料投入及活动顺序的专门规定;另一方面要规定质量控制工作流程、质量检验制度。

(2)利用 BIM 技术主动控制工序活动条件的质量。工序活动条件主要指影响质量的五大因素。

(3)能够及时检验工序活动效果的质量。这主要是指实行班组自检、互检、上下道工序交接检,特别是对隐蔽工程和分项(部)工程的质量检验。

(4)利用 BIM 技术设置工序质量控制点(工序管理点),实行重点控制。工序质量控制点是针对影响质量的关键部位或薄弱环节确定的重点控制对象。正确设置控制点并严格实施是进行工序质量控制的重点。

8.7 基于 BIM 的安全管理

8.7.1 传统安全管理的难点与缺陷

建筑业是我国"五大高危行业"之一,《安全生产许可证条例》规定国家对建筑施工企业实行安全生产许可制度。近些年我国建筑业生产安全事故的发生率仍居高不下,从管理和现状的角度看,主要有以下几种原因:

(1)企业责任主体意识不明确。企业对法律法规缺乏应有的了解和认识,上到企业法人,下到专职安全生产管理人员,对自身安全责任及工程施工中所应当承担的法律责任没有明确的了解,误认为安全管理是政府的职责,造成安全管理不到位。

(2)政府监管压力过大,监管机构和人员严重不足。为避免安全生产事故的发生,政府监管部门按例进行建筑施工安全检查。由于我国安全生产事故追究实行"问责制",一旦发生事故,监管部门的管理人员需要承担相应责任。有些地区监管机构和人员严重不足,造成政府监管压力过大,加之检查人员的业务水平不足等因素,很容易使事故隐患没有被及时发现。

(3)企业重生产,轻安全。一方面,事故的发生具有潜伏性和随机性,安全管理不合格是安全事故发生的必要条件而非充分条件,造成企业存在侥幸心理,疏于安全管理;另一方面,由于质量和进度直接关系到企业效益,而生产能给企业带来效益,安全则会给企业增加支出,所以很多企业重生产而轻安全。

(4)"垫资""压价"等不规范的市场主体行为直接导致施工企业削减安全投入。"垫资""压价"等不规范的市场行为一直压制企业发展,造成企业无序竞争。很多企业为生存而生产,有些项目零利润甚至负利润。在生存与发展面前,很多企业的安全投入就成了一句空话。

(5)建筑业企业资质申报要求提供安全评估资料,这就要求独立于政府和企业之外的第三方建筑业安全咨询评估中介机构要大量存在,安全咨询评估中介机构所提供的评估报告可以作为政府对企业安全生产现状采信的证明。而安全咨询评估中介机构的缺乏,造成一些企业无法给政府提供独立可供参考的第三方安全评估报告。

➤ 8.7.2　BIM技术安全管理的优势

基于BIM的管理模式是创建信息、管理信息、共享信息的数字化方式,在工程安全管理方面具有很多优势。例如,基于BIM的项目管理,工程基础数据如量、价等,准确、透明、共享,能完全实现短周期、全过程对资金安全的控制;基于BIM技术,可以提供施工合同、支付凭证、施工变更等工程附件管理,并为成本测算、招投标、签证管理、支付等全过程造价进行管理;BIM数据模型保证了各项目的数据动态调整,可以方便统计,追溯各个项目的现金流和资金状况;基于BIM的4D虚拟建造技术能提前发现在施工阶段可能出现的问题,并逐一修改,提前制定应对措施;采用BIM技术,可实现虚拟现实和资产、空间等管理以及建筑系统分析等技术内容,从而便于运营维护阶段的管理应用;运用BIM技术,可以对火灾等安全隐患进行及时处理,从而减少不必要的损失,对突发事件进行快速应变和处理,快速准确掌握建筑物的运营情况。

➤ 8.7.3　BIM技术安全管理的应用

采用BIM技术可使整个工程项目在设计、施工和运营维护等阶段都能够有效地控制风险,实现安全生产。下文将对BIM技术在工程项目安全管理中的具体应用进行介绍。

1. 施工准备阶段安全控制

在施工准备阶段,利用BIM进行与实践相关的安全分析,能够降低施工安全事故发生的可能性,如:4D模拟与管理和安全表现参数的计算可以在施工准备阶段排除很多建筑安全风险;BIM虚拟环境划分施工空间(见图8-12),排除安全隐患;基于BIM及相关信息技术的安全规划可以在施工前的虚拟环境中发现潜在的安全隐患并予以排除;采用BIM结合有限元分析平台,进行力学计算,保障施工安全;通过模型漫游功能,发现施工过程重大危险源并实现水平洞口危险源自动识别等。

2. 施工过程仿真模拟

仿真分析技术能够模拟建筑结构在施工过程中不同时段的力学性能和变形状态,为结构安全施工提供保障。结构的仿真分析通常采用大型有限元软件来实现,但复杂建筑物的模型建立需要耗费较多时间:在建筑信息模型的基础上,开发相应的有限元软件接口,实现三维模型的传递,再附加材料属性、边界条件和荷载条件,结合先进的时变结构分析方法,便可以将BIM、4D技术和时变结构分析方法结合起来,实现基于BIM的施工过程结构安全分析,有效

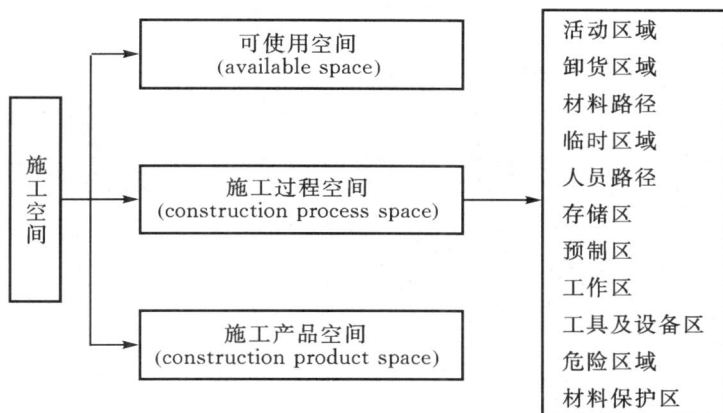

图 8 - 12 BIM 虚拟环境空间划分

捕捉施工过程中可能存在的危险状态,指导安全维护措施的编制和执行,防止发生施工安全事故。

3. 模型试验

对结构体系复杂、施工难度大的结构,结构施工方案的合理性与施工技术的安全可靠性都需要验证,为此利用 BIM 技术建立试验模型,对施工方案进行动态展示,从而为试验提供模型基础信息。某工程建立的 BIM 缩尺模型与模型试验现场照片对比如图 8 - 13 所示。

图 8 - 13 某工程 BIM 缩尺模型与模型试验现场对比

4. 施工动态监测

长期以来,建筑工程中的事故时常发生,如何进行施工中的结构监测已成为国内外的前沿课题之一。对施工过程进行实时监测,特别是重要部位和关键工序,可以及时了解施工过程中结构的受力和运行状态。施工监测技术对施工控制起着至关重要的作用,这也是施工过程信息化的一个重要内容。为了及时了解结构的工作状态,发现结构未知的损伤,建立工程结构的三维可视化动态监测系统就显得十分迫切。

三维可视化动态监测技术较传统的监测手段具有可视化的特点,可以在三维虚拟环境下漫游来直观、形象地提前发现现场的各类潜在危险源,提供更便捷的方式查看监测位置的应力应变状态。当某一监测点应力或应变超过拟定的范围时,系统将自动采取报警给予提醒。某工程基于 BIM 的三维动态实时监测示例如图 8 - 14 所示。

图 8-14　某工程基于 BIM 的三维动态实时监测示例

工程实践中,还有在基坑工程施工中应用 BIM 技术,利用自动化监测仪器进行基坑沉降观测,将感应元件监测的基坑位移数据自动汇总到基于 BIM 开发的安全监测软件上,通过对数据的分析,结合现场实际测量的基坑坡顶水平位移和竖向位移变化数据进行对比,形成动态的监测管理,确保基坑在土方回填之前的安全稳定性。某工程基于 BIM 的基坑沉降安全监测如图 8-15 所示。通过信息采集系统得到结构施工期间不同部位的监测值,根据施工工序判断每时段的安全等级,并在终端上实时地显示现场的安全状态和存在的潜在威胁,给管理者以直观的指导。

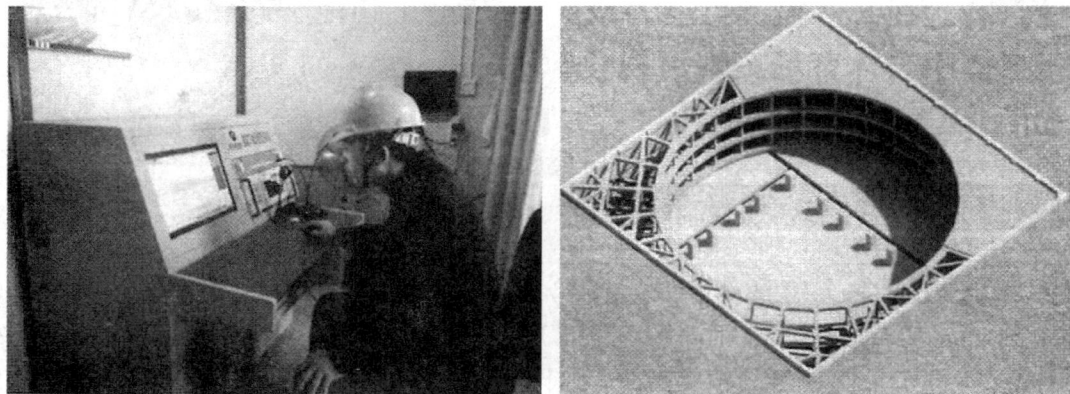

图 8-15　基于 BIM 的基坑沉降安全监测示例

5. 防坠落管理

坠落危险源包括尚未建造的楼梯井和天窗等。通过在 BIM 中的危险源存在部位建立坠落防护栏杆构件模型,研究人员能够清楚地识别多个坠落风险,并可以向承包商提供完整且详细的信息,包括安装或拆卸栏杆的地点和日期等。某工程防护栏杆模型及防坠落设置如图 8-16 所示。

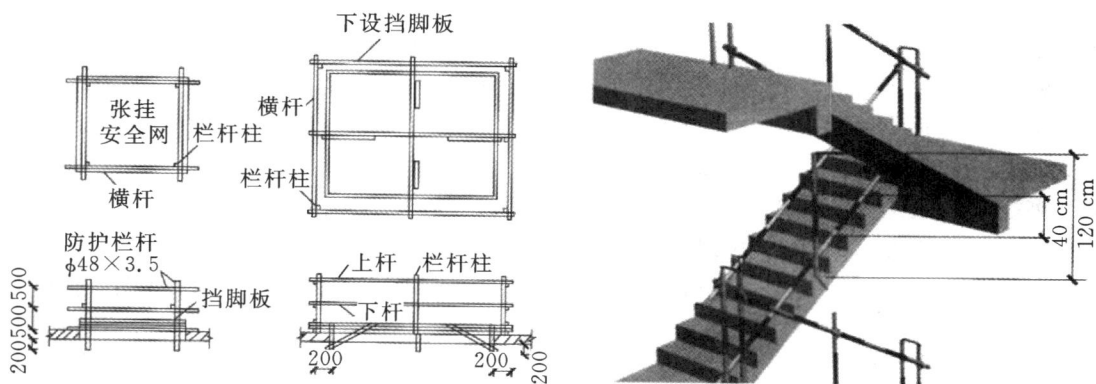

图 8 - 16　某工程防护栏杆模型及防坠落设置

6. 塔式起重机安全管理

大型工程施工现场需布置多个塔式起重机同时作业,因塔式起重机旋转半径不足而造成的施工碰撞也屡屡发生。确定塔式起重机回转半径后,在整体施工模型中布置不同型号的塔式起重机,能够确保其同电源线和附近建筑物的安全距离,确定哪些员工在哪些时候会使用塔式起重机。在整体施工模型中,用不同颜色的色块来表明塔式起重机的回转半径和影响区域,并进行碰撞检查来生成塔式起重机回转半径计划内的任何非钢安装活动的安全分析报告。该报告可以用于项目定期安全会议中,减少由于施工人员和塔式起重机缺少交互而产生的意外风险。某工程基于 BIM 的塔式起重机安全管理如图 8 - 17 所示,图中表明了塔式起重机管理计划中钢桁架的布置以及塔式起重机的摆动臂在某个特定的时间可能达到的范围。

图 8 - 17　基于 BIM 的塔吊安全管理示例

7. 灾害应急管理

随着建筑设计的日新月异,相关规范已经无法满足超高型、超大型或异形建筑空间的消防设计。利用 BIM 及相应灾害分析模拟软件,可以在灾害发生前,模拟灾害发生的过程,分析灾害发生的原因,制定避免灾害发生的措施,以及发生灾害后人员疏散、救援支持的应急预案,为发生意外时减少损失并赢得宝贵时间。BIM 能够模拟人员疏散时间、疏散距离、有毒气体扩散时间、建筑材料耐燃烧极限及消防作业面等,主要表现为 4D 模拟、3D 漫游和 3D 渲染能够标识各种危险,且 BIM 中生成的 3D 动画、渲染能够用来同工人沟通应急预案计划方案。应急预案包括五个子计划:施工人员的入口/出口、建筑设备和运送路线、临时设施和拖车位置、紧急车辆路线、恶劣天气的预防措施。利用 BIM 进行物业沙盘模拟训练,通过训练使保安人员熟悉建筑结构,再模拟灾害发生时,如何利用 BIM 有效指导大楼人员快速疏散;通过对事故现场人员感官的模拟,疏散方案会更合理;通过 BIM 判断监控摄像头布置是否合理,与 BIM 虚拟摄像头关联,可随意打开任意视角的摄像头,摆脱传统监控系统的弊端。

另外,当灾害发生后,BIM 可以提供救援人员紧急状况点的完整信息,配合温感探头和监控系统发现温度异常区,获取建筑物及设备的状态信息。BIM 和楼宇自动化系统的结合,能清晰地呈现出建筑物内部紧急状况的位置,甚至到紧急状况点最合适的路线,救援人员可以由此做出正确的现场处置,提高应急行动的成效。

8.8 基于 BIM 的成本管理

8.8.1 成本管理的难点

成本管理的过程是运用系统工程的原理对企业在生产经营过程中发生的各种耗费进行计算、调节和监督的过程,也是一个发现薄弱环节、挖掘内部潜力、寻找一切可能降低成本途径的过程。科学地组织实施成本控制,可以促进企业改善经营管理,转变经营机制,全面提高企业素质,使企业在市场竞争的环境下生存、发展和壮大。然而,工程成本控制一直是项目管理中的重点及难点,主要难点如下:

基于 BIM 的
成本管理

(1)数据量大。每一个施工阶段都牵涉大量材料、机械、工种、消耗和各种财务费,人、材、机和资金消耗都要统计清楚,数据量十分巨大。面对如此巨大的工作量,实行短周期(月、季)成本在当前管理手段下就变成了一种奢侈。随着工程进展,应付进度工作自顾不暇,过程成本分析、优化管理就只能搁在一边。

(2)牵涉部门和岗位众多。实际成本核算,传统情况下需要预算、材料、仓库、施工、财务多部门多岗位协同分析汇总数据,才能汇总出完整的某时点实际成本。某个或某几个部门不实行,整个工程成本汇总就难以做出。

(3)对应分解困难。材料、人工、机械甚至一笔款项往往用于多个成本项目,拆分分解对专业的要求相当高,难度也非常高。

(4)消耗量和资金支付情况复杂。对于材料而言,部分进库之后并未付款,部分付款之后并未进库,还有出库之后未使用完以及使用了但并未出库等情况;对于人工而言,部分干活但并未付款,部分已付款并未干活,还有干完活仍未确定工价;机械周转材料租赁以及专业分包也有类似情况。情况如此复杂,成本项目和数据归集在没有一个强大的平台支撑情况下,不漏项做好三个维度(时间、空间、工序)的对应很困难。

8.8.2 BIM 技术成本管理优势

基于 BIM 技术的成本控制具有快速、准确、分析能力强等很多优势,具体表现如下:

(1)快速。基于 BIM 的 5D 实际成本数据库建立后,汇总分析能力大大加强,速度快,短周期成本分析不再困难,工作量小、效率高。

（2）准确。因成本数据动态维护，其准确性大为提高；通过总量统计的方法消除累积误差，成本数据随进度进展准确度越来越高；数据粒度达到构件级，可以快速提供支撑项目各条线管理所需的数据信息，有效提升施工管理效率。

（3）精细。通过实际成本建筑信息模型，很容易检查出哪些项目还没有实际成本数据，监督各成本实时盘点，提供实际数据。

（4）分析能力强。可以多维度（时间、空间、WBS）汇总分析更多种类、更多统计分析条件的成本报表，直观地确定不同时间点的资金需求，模拟并优化资金筹措和使用分配，实现投资资金财务收益最大化。

（5）提升企业成本控制能力。将实际成本建筑信息模型通过互联网集中在企业总部服务器，企业总部成本部门、财务部门就可共享每个工程项目的实际成本数据，实现了总部与项目部的信息对称。

▷ 8.8.3　BIM 技术成本管理的应用

基于 BIM 技术，建立成本的 5D（3D 实体、时间、工序）关系教据库，以各 WBS 单位工程量人材机单价为主要数据进入成本建筑信息模型中，能够快速实行多维度成本分析，从而对项目成本进行动态控制。其解决方案操作方法如下：

（1）创建基于 BIM 的实际成本数据库。建立成本的 5D（3D 实体、时间、工序）关系数据库，让实际成本数据及时进入 5D 关系数据库，成本汇总、统计、拆分对应瞬间可得。以各 WBS 单位工程量人材机单价为主要数据进入实际成本建筑信息模型中。合同没有确定单价的项目，按预算价先进入，待有实际成本数据后，及时按实际数据替换掉。

（2）让实际成本数据及时进入数据库。初始实际成本建筑信息模型中成本数据以合同价和企业定额消耗量为依据。随着进度进展，实际消耗量与定额消耗量会有差异，要及时调整。每月对实际消耗进行盘点，调整实际成本数据。化整为零，动态维护实际成本建筑信息模型，大幅减少一次性工作量，并保证数据准确性。实际成本数据进入数据库的注意事项见表 8-5。

表 8-5　实际成本数据进入数据库的注意事项

类别	注意事项
材料实际成本	要以实际消耗为最终调整数据，而不能以财务付款为标准。材料费的财务支付有多种情况：未订合同进场的、进场未付款的、付款未进场的，按财务付款作为成本统计标准将无法反映实际情况，会出现严重误差
仓库盘点	仓库应每月盘点一次，将入库材料的消耗情况详细列出清单向成本经济师提交，成本经济师按时调整每个 WBS 材料实际消耗
人工费实际成本	同材料实际成本，按合同实际完成项目和签证工作量调整实际成本数据，一个劳务队可能对应多个 WBS，要按合同和用工情况进行分解并落实到各个 WBS
机械周转材料实际成本	同材料实际成本，要注意各 WBS 分摊，有的可按措施费单独立项
管理费实际成本	由财务部门每月盘点，提供给成本经济师，调整预算成本为实际成本，实际成本不确定的项目仍按预算成本进入实际成本

(3)快速实行多维度成本分析。建立实际成本建筑信息模型,周期性(月、季)按时调整维护好该模型,统计分析工作就很轻松,软件强大的统计分析能力可轻松满足各种成本分析需求。

下文将对 BIM 技术在工程项目成本控制中的应用进行介绍。

1. 快速精确的成本核算

BIM 是一个强大的工程信息数据库。进行 BIM 建模所完成的模型包含二维图纸中所有位置、长度等信息,并包含了二维图纸中不包含的材料等信息,而这背后是强大的数据库支持。因此,计算机通过识别模型中的不同构件及模型的几何物理信息(时间维度、空间维度等),对各种构件的数量进行汇总统计。这种基于 BIM 的算量方法,将算量工作大幅度简化,减少了人为原因造成的计算错误,大量节约了人力的工作量和花费时间。有研究表明,工程量计算的时间在整个造价计算过程占到了 50%~80%,而运用 BIM 算量方法会节约将近 90% 的时间,而误差也控制在 1% 的范围之内。

2. 预算工程量动态查询与统计

工程预算存在定额计价和清单计价两种模式。自《建设工程工程量清单计价规范》发布以来,建设工程招投标过程中清单计价方法成为主流。在清单计价模式下,预算项目往往基于建筑构件进行资源的组织和计价,与建筑构件存在良好对应关系,满足 BIM 以三维数字技术为基础的特征,故而应用 BIM 技术进行预算工程量统计具有很大优势:使用建筑信息模型来取代图纸,直接生成所需材料的名称、数量和尺寸等信息,而且这些信息将始终与设计保持一致,在设计出现变更时,该变更将自动反映到所有相关的材料明细表中,造价工程师使用的所有构件信息也会随之变化。

在基本信息模型的基础上增加工程预算信息,即形成了具有资源和成本信息的预算信息模型。预算信息模型包括建筑构件的清单项目类型,工程量清单,人力、材料、机械定额和费率等信息。通过此模型,系统能识别模型中的不同构件,并自动提取建筑构件的清单类型和工程量(如体积、质量、面积、长度等)等信息,自动计算建筑构件的资源用量及成本,用以指导实际材料物资的采购。

系统根据计划进度和实际进度信息,可以动态计算任意 WBS 节点任意时间段内每日计划工程量、计划工程量累计、每日实际工程量、实际工程量累计,帮助施工管理者实时掌握工程量的计划完工和实际完工情况。在分期结算过程中,每期实际工程量累计数据是结算的重要参考,系统动态计算实际工程量可以为施工阶段工程款结算提供数据支持。

另外,从 BIM 的预算模型中提取相应部位的理论工程量,从进度模型中提取现场实际的人工、材料、机械工程量,通过将模型工程量、实际消耗、合同工程量进行短周期三量对比分析,能够及时掌握项目进展,快速发现并解决问题。根据分析结果为施工企业制定精确的人、机、材计划,大大减少了资源、物流和仓储环节的浪费,有利于及时掌握成本分布情况,进行动态成本管理。

3. 限额领料与进度款支付管理

限额领料制度一直很健全,但用于实际却难以实现,主要存在的问题有:材料采购计划数据无依据,采购计划由采购员决定,项目经理只能凭感觉签字;施工过程工期紧,领取材料数量无依据,用量上限无法控制;限额领料流程造假,先领料事后再补单据。那么如何对材料的计划用量与实际用量进行分析对比？

BIM 的出现为限额领料提供了技术和数据支撑。BIM 软件在管理多专业和多系统数据时，能够采用系统分类和构件类型等方式对整个项目数据进行方便管理，为视图显示和材料统计提供规则。

传统模式下工程进度款申请和支付结算工作较为烦琐，BIM 软件能够快速准确地统计出各类构件的数量，减少预算的工作量，且能形象、快速地完成工程量拆分和重新汇总，为工程进度款结算工作提供技术支持。

4. 以施工预算控制人力资源和物质资源的消耗

在进行施工以前，利用 BIM 软件建立模型，通过模型计算工程量，并按照企业定额或上级统一规定的施工预算，结合模型编制整个工程项目的施工预算，作为指导和管理施工的依据。对生产班组的任务安排，必须签发施工任务单和限额领料单，并向生产班组进行技术交底。生产班组根据实际完成的工程量和实耗人工、实耗材料做好原始记录，作为施工任务单和限额领料单结算的依据。任务完成后，根据回收的施工任务单和限额领料进行结算，并按照结算内容支付报酬（包括奖金）。为了便于任务完成后进行施工任务单和限额领料单与施工预算的对比，在编制施工预算时对每一个分项工程工序名称要进行编号，以便对号检索对比，分析节超。

5. 设计优化与变更成本管理、造价信息实施追踪

BIM 依靠强大的工程信息数据库，实现了二维施工图与材料、造价等各模块的有效整合与关联变动，使得实际变更和材料价格变动可以在模型中实时更新。变更各环节之间的时间被缩短，效率提高，使得数据能够更加及时准确地提交给工程各参与方，以便各方做出有效的应对和调整。目前 BIM 的建造模拟职能已经发展到了 5D 维度。5D 模型集三维建筑模型、施工组织方案、成本及造价三部分于一体，能实现对成本费用的实时模拟和核算，并为后续建设阶段的管理工作所利用，解决了阶段割裂和专业割裂的问题。BIM 通过信息化的终端和 BIM 数据后台使整个工程的造价相关信息顺畅地流通起来，从企业级的管理人员到每个数据的提供者都可以监测，保证了各种信息数据及时准确的调用、查询、核对。

8.9 基于 BIM 的物料管理

传统材料管理模式就是企业或者项目部根据施工现场实际情况制定相应的材料管理制度和流程，这个流程主要依靠施工现场的材料员、保管员及施工员来完成。施工现场的多样性、固定性和庞大性，决定了施工现场材料管理具有周期长、种类繁多、保管方式复杂等特殊性。传统材料管理存在核算不准确、材料申报审核不严格、变更签证手续办理不及时等问题，造成大量材料现场积压、大量资金占用、停工待料、工程成本上涨。

基于 BIM 的物料管理通过建立安装材料 BIM 数据库，使项目部各岗位人员及企业不同部门都可以进行数据的查询和分析，为项目部材料管理和决策提供数据支撑。

▶ 8.9.1 安装材料 BIM 数据库

项目部拿到机电安装各专业施工蓝图后，由 BIM 项目经理组织各专业机电 BIM 工程师进行三维建模，并将各专业模型组合到一起，形成安装材料 BIM 数据库。该数据库是以创建的机电模型和全过程造价数据为基础，把原来分散在安装各专业手中的工程信息模型汇总到一起,形成一个汇总的项目级基础数据库。安装材料 BIM 数据库建立与应用流程如图 8-18 所示,数据库运用构成如图 8-19 所示。

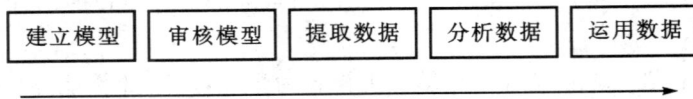

图 8-18　安装材料 BIM 数据库建立与应用流程

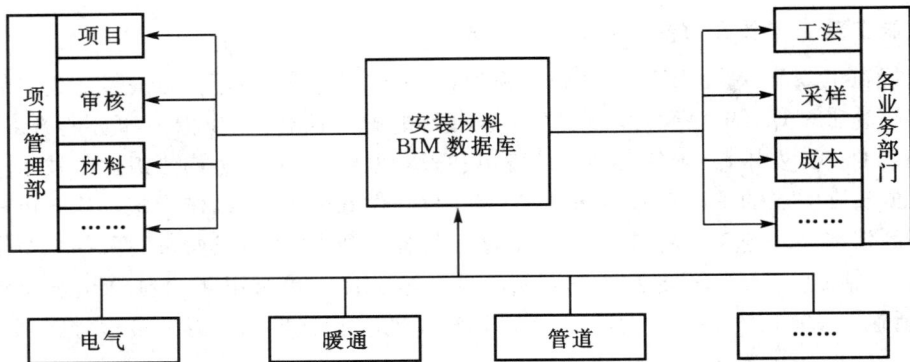

图 8-19　安装材料 BIM 数据库运用构成

8.9.2　BIM 安装材料分类控制

材料的合理分类是材料管理的一项重要基础工作,安装材料 BIM 数据库的最大优势是包含材料的全部属性信息。在进行数据建模时,各专业建模人员对施工所使用的各种材料属性,按其需用量的大小、占用资金多少及重要程度进行"星级"分类,星级越高代表该材料需用量越大、占用资金越多。根据安装材料的特点,安装材料属性分类及管理原则见表 8-6;某工程根据该原则进行安装材料分类,如表 8-7 所示。

表 8-6　安装材料属性分类及管理原则

等级	安装材料	管理原则
★★★	需用量大、占用资金多、专用或备料难度大的材料	严格按照设计施工图及机电模型,逐项进行认真仔细的审核,做到规格、型号、数量完全准确
★★	管道、阀门等通用主材	根据 BIM 提供的数据,精确控制材料及使用数量
★	资金占用少、需用量小、比较次要的辅助材料	采用一般常规的计算公式及预算定额含量确定

表 8-7　某工程建筑信息模型安装材料分类

构建信息	计算式	单位	工程量	等级
送风管 400×200	风管材质:普通钢管,规格:400 mm×200 mm	m²	31.14	★★
送风管 500×250	风管材质:普通钢管,规格:500 mm×250 mm	m²	12.68	★★

续表

构建信息	计算式	单位	工程量	等级
送风管 1000×400	风管材质:普通钢管,规格:$1000\ \mathrm{mm} \times 400\ \mathrm{mm}$	m²	8.95	★★
单层百叶风口 800×320	风口材质:铝合金	个	4	★★
单层百叶风口 630×400	风口材质:铝合金	个	1	★★
对开多叶调节阀	构件尺寸:$800\ \mathrm{mm} \times 400\ \mathrm{mm} \times 210\ \mathrm{mm}$	个	3	★★
防火调节阀	构件尺寸:$200\ \mathrm{mm} \times 160\ \mathrm{mm} \times 150\ \mathrm{mm}$	个	2	★★
风管法兰	角钢规格:$30\ \mathrm{mm} \times 30\ \mathrm{mm} \times 3\ \mathrm{mm}$	m	78.26	★★★
排风机 PF - 4	规格:DEF - I - 100 AI	台	1	★

➤ 8.9.3 BIM 用料交底

BIM 与传统 CAD 相比,具有可视化的显著特点。设备、电气、管道、通风空调等安装专业三维建模并碰撞后,BIM 项目经理组织各专业 BIM 项目工程师进行综合优化,提前消除施工过程中各专业可能遇到的碰撞。项目核算员、材料员、施工员等人员应熟读施工图、透彻理解三维模型、吃透设计思想,并按施工规范要求向施工班组进行技术交底,将 BIM 中用料意图灌输给班组,用 BIM 三维图、CAD 图或者表格下料单等书面形式做好用料交底,防止班组"长料短用、整料零用",做到物尽其用,减少浪费及边角料,把材料消耗降到最低限度。

➤ 8.9.4 BIM 物资材料管理

施工现场材料的浪费、积压等现象司空见惯,安装材料的精细化管理一直是项目管理的难题。运用建筑信息模型,结合施工程序及工程形象进度周密安排材料采购计划,不仅能保证工期与施工的连续性,而且能用好用活流动资金、降低库存、减少材料二次搬运。同时,材料员根据工程实际进度,可方便地提取施工各阶段材料用量,在下达施工任务书中附上完成该项施工任务的限额领料单,以此作为发料部门的控制依据,对各班组实行限额发料,防止错发、多发、漏发等无计划用料,从源头上做到材料的有的放矢,减少施工班组对材料的浪费。

➤ 8.9.5 BIM 材料变更清单

工程设计变更和增加签证在项目施工中会经常发生。工程变更往往会造成材料积压。项目经理部在接收工程变更通知书执行前,应有因变更造成材料积压的处理意见,材料原则上要由业主收购,否则,如果处理不当就会造成材料积压,无端地增加材料成本。BIM 在动态维护工程中,可以及时地将变更图纸进行三维建模,将变更发生的材料、人工等费用准确、及时地计算出来,便于办理变更签证手续,保证工程变更签证的有效性。某工程二维设计变更图及建筑信息模型如图 8 - 20 所示,相应的变更工程量材料清单见表 8 - 8。

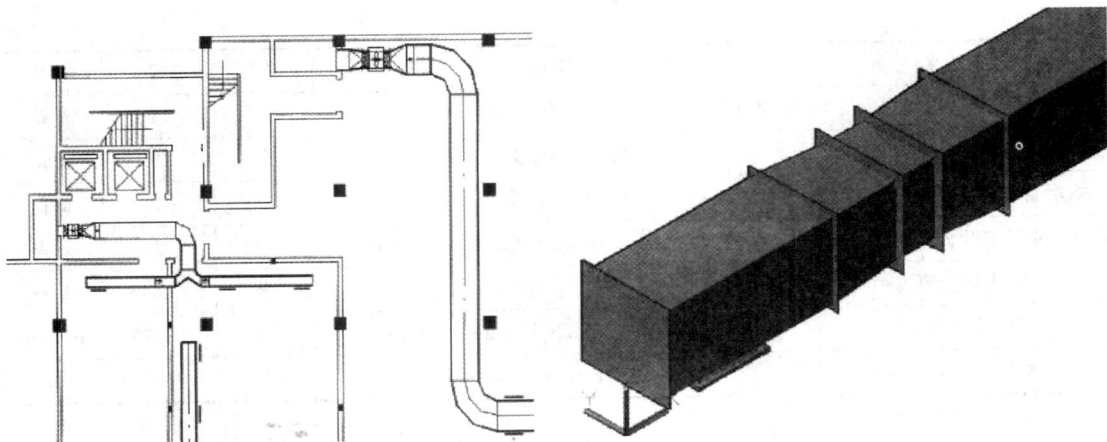

图 8 - 20　某项目排烟管道二维设计变更图及建筑信息模型

表 8 - 8　变更工程量材料清单

序号	构件信息	计算式	单位	工程量	控制等级
1	排风管 500×400	普通薄钢板风管:$500\ mm \times 400\ mm$	m^2	179.85	★★
2	板式排烟口 1250×500	防火排烟风口材质:铝合金	只	15.00	★★
3	风管防火阀	风管防火阀:$500\ mm \times 400\ mm \times 220\ mm$	台	15.00	★★
4	风管法兰	风管法兰规格:角钢 $30\ mm \times 30\ mm \times 3\ mm$	m	84.00	★★
5	风管支架	构件类型:吊架,单体质量:1.2 kg	只	45.00	★

8.10　基于 BIM 的绿色施工管理

BIM 是信息技术在建筑中的应用,赋予建筑"绿色生命"。建筑业企业应当以绿色为目的、以 BIM 技术为手段,用绿色的观念和方式进行建筑的规划、设计,在施工和运维阶段采用 BIM 技术促进绿色指标的落实,促进整个行业的进一步资源优化整合。

在建筑设计阶段,利用 BIM 可进行能耗分析,选择低环境影响的建筑材料等,还可以进行环境生态模拟,包括日照模拟、二氧化碳排放计算、自然通风和混合系统情况仿真、通风设备及控制系统效益评估、采光模拟、环境流体力学模拟等,达到保护环境、资源充分及可持续利用的目的,并且能够给人们创造一种舒适的生活环境。

一座建筑的全生命周期应当包括前期的规划、设计,建筑原材料的获取,建筑材料的制造、运输和安装,建筑系统的建造、运行、维护以及最后的拆除等全过程。所以,要在建筑的全生命周期内施行绿色理念,不仅要在规划设计阶段应用 BIM 技术,还要在节地、节水、节材、节能及施工管理、运营维护管理等方面深入应用 BIM 技术,不断推进整体行业向绿色方向行进。

下文将介绍以绿色为目的、以 BIM 技术为手段的施工阶段节地、节水、节材、节能管理。

▶ 8.10.1　基于 BIM 的节地与室外环境

节地不仅仅是施工用地的合理利用,建筑设计前期的场地分析、运营管理中的空间管理也同样包含在内。BIM 在施工节地中的主要应用内容有场地分析、土方量计算、施工用地管理及空间管理等。

1. 场地分析

场地分析研究影响建筑物定位的主要因素,是确定建筑物的空间方位和外观、建立建筑物与周围景观联系的过程。BIM 结合地理信息系统,对现场及拟建的建筑物空间数据进行建模分析,结合场地使用条件和特点,做出最理想的现场规划和交通流线组织关系。利用计算机可分析出不同坡度的分布及场地坡向、建设地域发生自然灾害的可能性,区分适宜建设与不适宜建设区域,这对前期场地设计可起到至关重要的作用。

2. 土方量计算

利用场地合并模型,三维直观查看场地挖填方情况,对比原始地形图与规划地形图得出各区块原始平均高程、设计高程、平均开挖高程,然后计算出各区块挖、填方量。某工程土方量计算模型如图 8 - 21 所示。

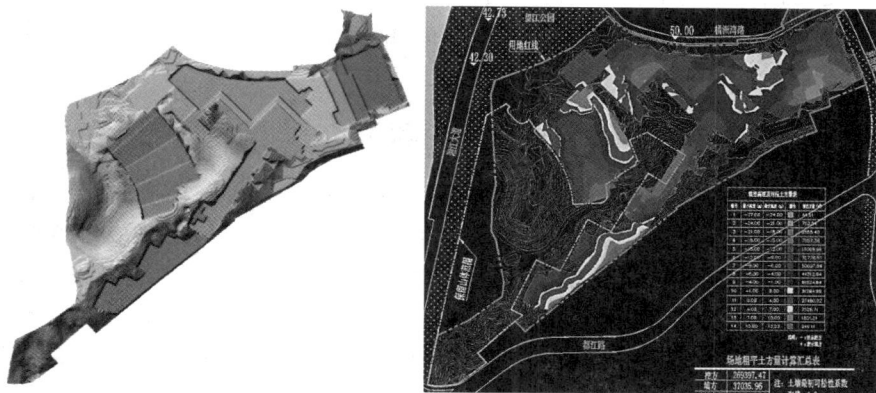

图 8 - 21　基于 BIM 的土方模型及土方量计算示例

3. 施工用地管理

建筑施工是一个高度动态的过程。随着建筑工程规模不断扩大,复杂程度不断提高,施工项目管理也变得极为复杂。施工用地、材料加工区、堆场也随着工程进度的变换而调整。利用 BIM 的 4D 施工模拟技术可以在项目建造过程中合理制订施工计划,精确掌握施工进度,优化使用施工资源以及科学地进行场地布置。某工程在施工不同阶段利用 BIM 对施工用地进行规划如图 8 - 22 所示。

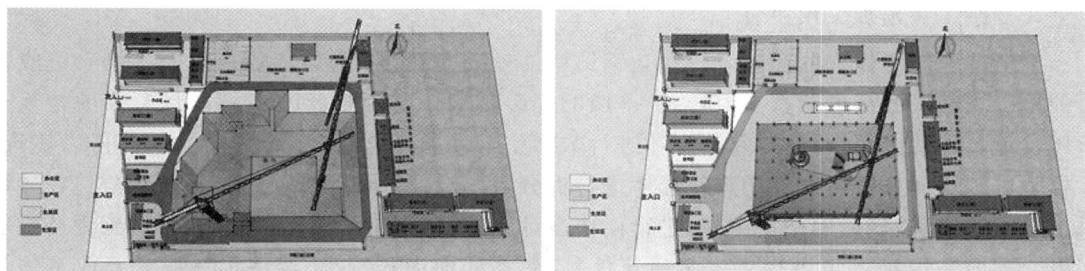

(a)基坑阶段用地规划　　　　　　　　(b)主体阶段用地规划

图 8 - 22　基于 BIM 施工用地规划示例

▷8.10.2 基于 BIM 的节水与水资源利用

水是人类最珍贵的资源之一。因此,用好有限而又宝贵的水资源十分重要。

在建筑的施工过程中,用水量极大,混凝土的浇筑、搅拌、养护等都要大量用水。一些施工单位由于在施工过程中没有计划,肆意用水,往往造成水资源的大量浪费。这不仅浪费了资源,也会使施工单位被处罚。所以,在施工中节约用水是势在必行的。

BIM 技术在节水方面的应用体现在协助土方量的计算,模拟土地沉降、场地排水设计,以及分析建筑的消防作业面,设置最经济合理的消防器材等方面。设计人员要设计规划每层排水地漏位置,并做好雨水等非传统水源的收集和循环利用设计。

利用 BIM 技术可以对施工用水过程进行模拟。比如,处于基坑降水阶段、肥槽未回填时,采用地下水作为混凝土养护用水;使用地下水作为喷洒现场降尘和混凝土罐车冲洗用水。利用 BIM 技术也可以模拟施工现场情况,根据施工现场情况,编制详细的施工现场临时用水方案,使施工现场供水管网根据用水量设计布置,采用合理的管径、简单的管路,有效地减少管网和用水器具的漏损。

▷8.10.3 基于 BIM 的节材与材料资源利用

基于 BIM 技术,重点从钢材、混凝土、木材、模板、围护材料、装饰装修材料及生活办公用品材料七个主要方面进行施工节材与材料资源利用控制;通过 5D-BIM 安排材料采购的合理化,建筑垃圾减量化,可循环材料的多次利用化,钢筋配料、钢构件下料以及安装工程的预留、预埋,管线路径的优化等措施;同时根据设计的要求,结合施工模拟,达到节约材料的目的。BIM 在施工节材中的主要应用内容有管线综合设计、复杂工程预加工预拼装、物料跟踪等。

1. 管线综合设计

目前大体量的建筑如摩天大楼等机电管网错综复杂,很容易出现管网交错、相撞及施工不合理等问题。以往人工检查图纸比较单一,不能同时检测平面和剖面的位置,BIM 软件中的管网检测功能为工程师解决了这个问题。检测功能可生成管网三维模型,基于建筑模型,系统可自动检查出"碰撞"部位并标注,这样使得大量的检查工作变得简单。空间净高是与管线综合相关的一部分检测工作,基于建筑信息模型对建筑内不同功能区域的设计高度进行分析,查找不符合设计规划的情况,将情况反馈给施工人员,以此提高工作效率,避免错、漏、碰、缺的出现,减少原材料的浪费。某工程管线综合模型如图 8-23 所示。

2. 复杂工程预加工预拼装

复杂的建筑形体如曲面幕墙及复杂钢结构的安装是难点,尤其是复杂曲面幕墙。组成幕墙的每一块玻璃面板形状都有差异,给幕墙的安装带来一定困难。BIM 技术最拿手的是复杂形体设计及建造应用,可针对复杂形体进行数据整合和验证,使得多维曲面的设计得以实现。工程师可利用计算机对复杂的建筑形体进行拆分,拆分后利用三维信息模型进行解析,在计算机中进行预拼装,分成网格块编号,进行模块设计,然后送至工厂按模块加工,再送到现场拼装即可。同时数字模型也可提供大量建筑信息,包括曲面面积统计、经济形体设计及成本估算等。某工程幕墙拼装方案模拟验证模型如图 8-24 所示。

图 8 - 23　基于 BIM 的管线综合设计示例

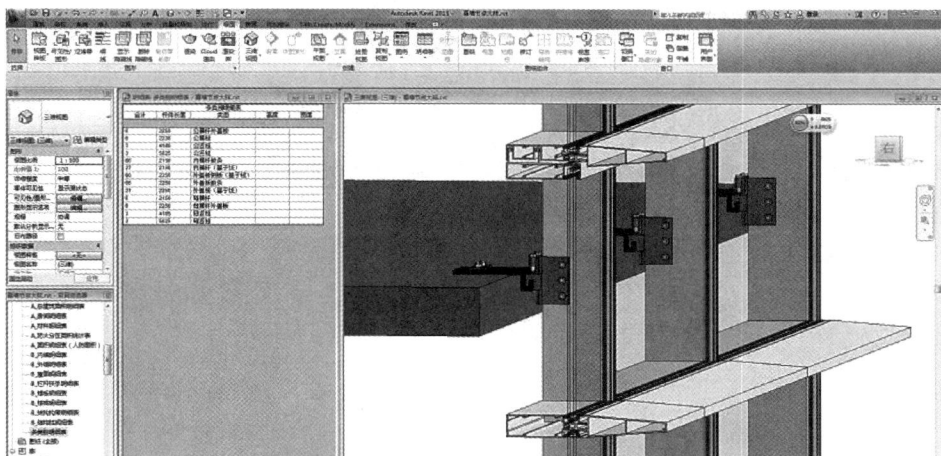

图 8 - 24　基于 BIM 的幕墙拼装方案验证示例

3. 物料跟踪

随着建筑行业标准化、工厂化、数字化水平的提升,以及建筑使用设备复杂性的提高,越来越多的建筑及设备构件通过工厂加工并运送到施工现场进行高效的组装。施工单位根据BIM 中得出的进度计划,可提前计算出合理的物料进场数目。BIM 结合施工计划和工程造价,可以实现 5D 应用,做到零库存施工。

➤ 8.10.4　基于 BIM 的节能与能源利用

以 BIM 技术推进绿色施工,节约能源,降低资源消耗和浪费,减少污染是建筑发展的方向和目的。节能在绿色环保方面具体有两种体现:一是帮助建筑形成资源的循环使用,包括水能循环、风能流动、自然光能的照射,科学地根据不同功能、朝向和位置选择最适合的构造形式。二是实现建筑自身的减排。建筑构建时,以信息化手段缩短工程建设周期;运营时,不仅能够满足使用需求,还能保证最低的资源消耗。

在方案论证阶段,项目投资方可以使用 BIM 来评估设计方案的布局、视野、照明、安全、人体工程学、声学、纹理、色彩及规范的遵守情况。BIM 甚至可以做到建筑局部的细节推敲,迅速分析设计和施工中可能需要应对的问题。BIM 包含建筑几何形体的很多专业信息,其中也包括许多用于执行生态设计分析的信息,能够很好地将建筑设计和生态设计紧密联系在一起,使设计将不单单是体量、材质、颜色等,而且是动态的、有机的。Autodesk Ecotect Analysis 是市场上比较全面的概念化建筑性能分析工具,提供了许多即时性分析功能,如光照、日光阴影、太阳辐射、遮阳、热舒适度、可视度分析等,而得到的分析结果往往是实时的、可视化的,很适合建筑师在设计前期把握建筑的各项性能。某工程运用 Autodesk Ecotect Analysis 进行日照分析如图 8-25 所示。

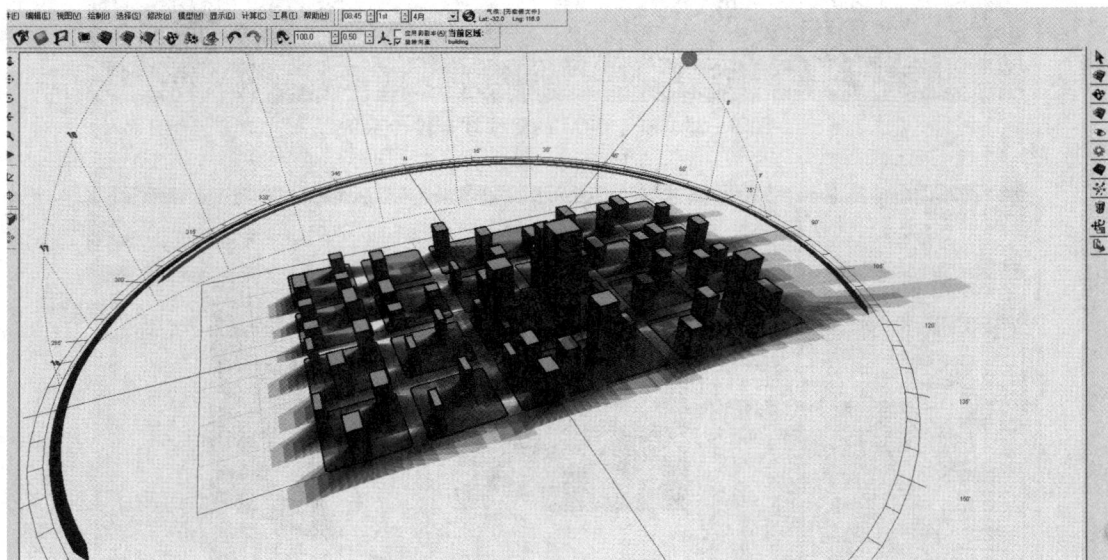

图 8-25 某工程的日照分析示例

建筑系统分析是对照业主使用需求及设计规定来衡量建筑物性能的过程,包括机械系统如何操作和建筑物能耗分析、内外部气流模拟、照明分析、人流分析等涉及建筑物性能的评估。BIM 结合专业的建筑物系统分析软件避免了重复建立模型和采集系统参数。通过 BIM 可以验证建筑物是否按照特定的设计规定和可持续标准建造,通过这些分析模拟,最终确定、修改系统参数甚至系统改造计划,以提高整个建筑的性能。

▶ 8.10.5　基于 BIM 的减排措施

利用 BIM 技术可以对施工场地废弃物的排放、放置进行模拟,达到减排的目的。具体方法如下:

(1)用 BIM 编制专项方案对工地的废水、废弃、废渣的排放进行识别、评价和控制,安排专人、专项经费,制定专项措施,减少工地现场的三废排放。

(2)根据 BIM 对施工区域的施工废水设置沉淀池,进行沉淀处理后重复使用或合规排放,对泥浆及其他不能简单处理的废水集中交由专业单位处理。在生活区设置隔油池、化粪池,对生活区的废水进行收集和清理。

（3）禁止在施工现场焚烧垃圾，使用密目式安全网、定期浇水等措施减少施工现场的扬尘。

（4）利用 BIM 合理安排噪声源的放置位置及使用时间，采用有效的噪声防护措施，减少噪声排放，满足施工场界环境噪声排放标准的限制要求。

（5）生活区垃圾按照有机、无机分类，与垃圾站签合同，按时收集垃圾。

8.11 基于 BIM 的工程变更管理

➤ 8.11.1 工程变更概述

工程变更（engineering change，EC），指的是针对已经正式投入施工的工程进行的变更。在工程项目实施过程中，它是指按照合同约定的程序对部分或全部工程在材料、工艺、功能、构造、尺寸、技术指标、工程数量及施工方法等方面做出的改变。

工程变更主要是工程设计变更，但施工条件变更、进度计划变更等也会引起工程变更。设计变更是指设计部门对原施工图和设计文件中所表达的设计标准状态的改变和修改。设计变更和现场签证两者的性质是截然不同的。现场签证是指业主与承包商根据合同约定，就工程施工过程中涉及合同价之外的实施额外施工内容所做的签认证明，具有临时性和无规律性等特点，涉及面广，如设计变更、隐蔽工程、材料代用、施工条件变化等，是影响工程造价的关键因素之一。凡属设计变更的范畴，必须按设计变更处理，而不能以现场签证处理。工程变更的具体表现形式见表 8-9。

表 8-9 工程变更的表现形式

序号	具体内容
1	更改工程有关部位的标高、位置和尺寸
2	增减合同中约定的工程量
3	增减合同中约定的工程内容
4	改变工程质量、性质或工程类型
5	改变有关工程的施工顺序和时间安排
6	图纸会审、技术交底会上提出的工程变更
7	为使工程竣工而必须实施的任何种类的附加工作

设计变更应尽量提前，变更发生得越早则损失越小，反之则越大。若变更发生在设计阶段，则只需修改图纸，其他费用尚未发生，损失有限；若变更发生在采购阶段，在需要修改图纸的基础上还需重新采购设备及材料；若变更发生在施工阶段，则除上述费用外，已施工的工程还须增加拆除费用，势必造成重大变更损失。设计变更费用一般应控制在工程总造价的 5% 以内，由设计变更产生的新增投资额不得超过基本预备费的 1/3。

➤ 8.11.2 引起工程变更的原因

工程中由设计缺陷和错误引起的修正性变更居多，它由各专业各成员之间沟通不当或设计师专业局限性所致。有的变更则是需求和功能的改善。无计划的变更是项目中引起工程延期和成本增加的主要原因。工程中引起工程变更的原因很多,具体见表 8-10。

表 8-10 工程变更原因统计表

类别	具体内容
业主原因	因业主自身的需求变化引起的工程规模、使用功能、工艺流程、质量标准,以及工期改变等合同内容的变更;施工效果与业主理想要求存在偏差引起的变更
设计原因	因设计错漏、设计不到位、设计调整,或自然因素及其他因素而进行的设计改变
施工原因	因施工质量或安全需要变更施工方法、作业顺序和施工工艺等引起的变更
监理原因	监理工程师出于工程协调和对工程目标控制有利的考虑,而提出的施工工艺、施工顺序的变更
合同原因	原订合同部分条款因客观条件变化,需要结合实际修正和补充
环境原因	不可预见自然因素、工程外部环境和建筑风格潮流变化导致工程变更
其他原因	如地质原因引起的设计更改

▶ 8.11.3 工程变更原则

几乎所有的工程项目都可能发生变更甚至是频繁的变更,有些变更是有益的,而有些却是非必要和破坏性的。在实际施工过程中,应综合考虑实施或不实施变更给项目带来的风险,以及对项目进度、造价、质量方面等产生的影响来决定是否实施工程变更。造价师应在变更前对变更内容进行测算和造价分析,根据概念、说明和蓝图进行专业判断,分析变更必要性,并在功能增加与造价增加之间寻求新的平衡;评估设计单位设计变更的成本效应,针对设计变更内容提供工程造价费用增减估算;根据实际情况、地方法规及定额标准,配合甲方做好项目施工索赔内容的合理裁决、判断、审定、最终测算及核算;审核、评估承包商、供货商提出的索赔,分析、评估合同中甲方可以提出的索赔,为甲方谈判提供策略和建议。工程变更应遵循以下原则:

(1)设计文件是安排建设项目和组织施工的主要依据,设计一经批准,不得随意变更,不得任意扩大变更范围。

(2)工程变更对改善功能、确保质量、降低造价、加快进度等方面要有显著效果。

(3)工程变更要有严格的程序,应申述变更设计理由、变更方案、与原设计的技术经济比较,报请审批,未经批准的不得按变更设计施工。

(4)工程变更的图纸设计要求和深度等同原设计文件。

▶ 8.11.4 BIM 技术在工程变更管理中的应用

引起工程变更的原因及变更产生的时间是无法掌控的,但变更管理可以减少变更带来的工期的延误和成本的增加。设计变更直接影响工程造价,施工过程中反复变更会导致工期的延误和成本的增加,而变更管理不善导致进一步的变更,会使得成本和工期目标处于失控状态。BIM 应用有望改变这一局面,通过在工程前期制定一套完整、严密的基于 BIM 的变更流程,来把关所有因施工或设计变更而引起的经济变更。

(1)可视化建筑信息模型更容易在形成施工图前修改完善,设计师直接用三维模型更容易发现错误并修改。三维可视化模型能够准确地再现各专业系统的空间布局、管线走向,实现三维校审,大大减少"错、碰、漏、缺"现象,在设计成果交付前消除设计错误,以减少设计变更。而使用 2D 图纸进行协调综合则事倍功半,虽花费大量的时间去发现问题,却往往只能发现部分表面问题,"错、碰、漏、缺"几乎不可避免,必然会带来工程后续的大量设计变更。

(2)BIM 能增加设计协同能力,更容易发现问题,从而减少各专业间的冲突。单个专业的图纸本身发生错误的比例较小,设计各专业之间的不协调、设计和施工之间的不协调是设计变更产生的主要原因。一个工程项目设计涉及总图、建筑、结构、给水排水、电气、暖通、动力,除此之外还包括许多专业分包,如幕墙、网架、钢结构、智能化、景观绿化等,它们之间如何交流协调协同? 用 BIM 协调流程进行协调综合,能够彻底消除协调综合过程中的不合理方案或问题方案,使设计变更大大减少。BIM 技术可以做到真正意义上的协同修改,改变以往"隔断式"设计方式、依赖人工协调项目内容和分段交流的合作模式,大大节省开发项目的成本。

(3)在施工阶段,用共享建筑信息模型能够实现对设计变更的有效管理和动态控制。通过设计模型文件数据关联和远程更新,建筑信息模型随设计变更而即时更新,减少设计师与业主、监理、承包商、供应商间的信息传输和交互时间,从而使索赔签证管理更有时效性,实现造价的动态控制和有序管理。

8.12 基于 BIM 的协同工作

对于大型项目,为模型提供信息的人员会很多,每个参与人员可能分布在不同专业团队甚至不同城市或国家,信息沟通及交流非常不便。在项目实施过程中,每个项目参与者除应明晰各自的计划和任务外,还应了解整个项目模型建立的状况、协同人员的动态、提出问题(询问)及表达建议的途径。BIM 则能够实现这些功能,使项目各参与方协同工作。BIM 协同工作流程见图 8 - 26。

▷ 8.12.1 协同工作平台

为有效协同各单位各项施工工作的开展,顺利执行 BIM 实施计划,施工总承包单位应组织协调工程其他施工相关单位,通过自主研发 BIM 平台或购买第三方软件来实现协同办公。协同办公平台工作模块应包括族库管理模块、模型物料模块、采购管理模块、统计分析模块、数据维护模块、工作权限模块及工程资料模块。所有模块通过外部接口和数据接口进行信息的提取、查看、实时更新。在 BIM 协同平台搭建完毕后,施工总承包单位邀请发包方、设计方及设计顾问、工料测量顾问、监理、专业分包商、独立承包商和供应商等参加 BIM 启动会。会议应明确工程 BIM 应用重点、协同工作方式、BIM 实施流程等多项工作内容。

项目组织中的 BIM 成员根据权限和组织构架加入协同平台,在平台上创建代办事项、创建任务,并可做任务分配,也可对每项任务(项目)创建一个卡片,可以包括活动、附件、更新、沟通内容等信息。团队人员可以上传各自创建的模型,也可随时浏览其他团队成员上传的模型,发布意见,进行便捷的交流,并使用列表管理方式,有序地组织模型的修改、协调,支持项目顺利进行。

总承包单位基于协同平台在项目实施过程中统一进行信息管理,一旦某个部位发生变化,与之相关联的工程量、施工工艺、施工进度、工艺搭接、采购单等相关信息都自动发生变化,且在协同平台上采用短信、微信、邮件、平台通知等方式统一告知各相关参与方,他们只需重新调

BIM 协作流程				
项目管理方	设计方	总承包方	分包商	材料供应商

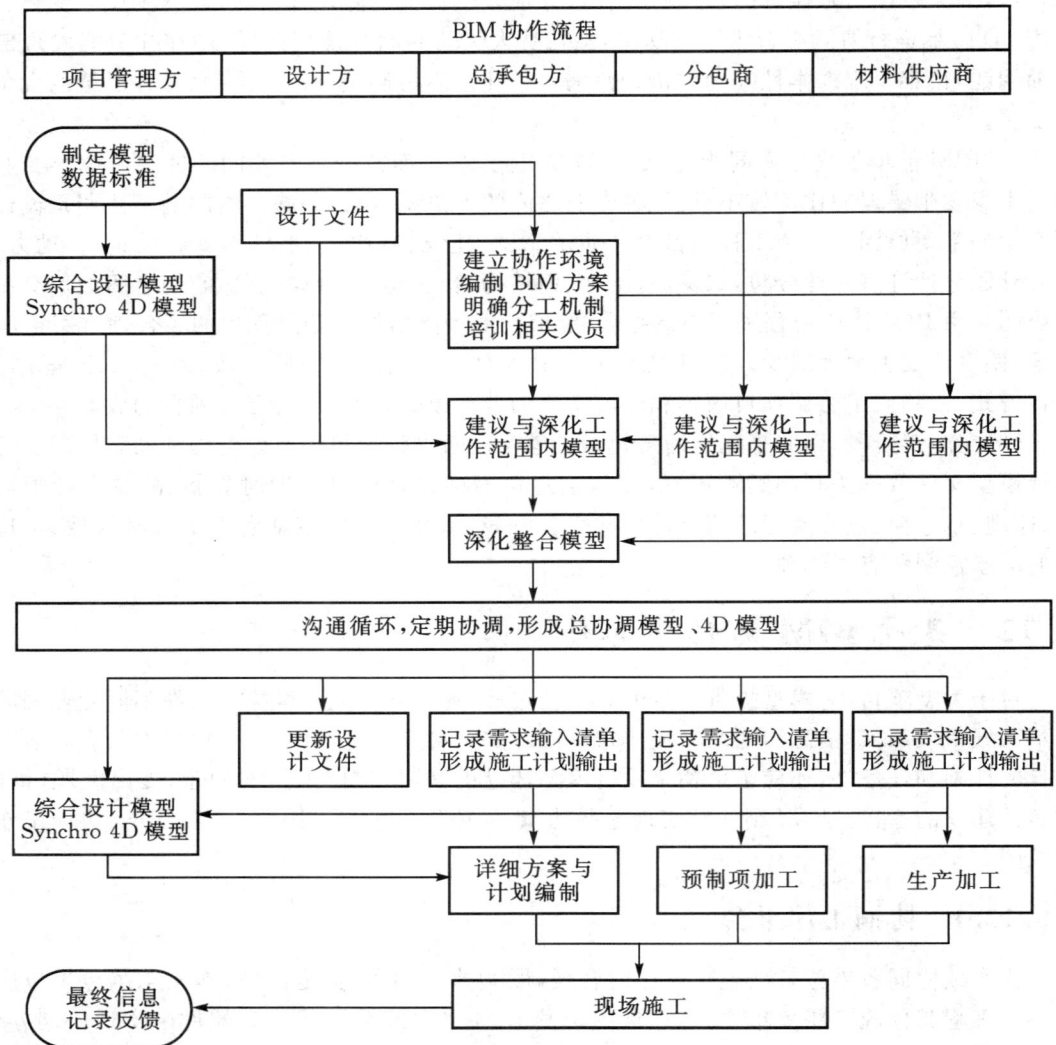

图 8-26 BIM 协同工作流程

取模型相关信息,便轻松完成了数据交互的工作。项目 BIM 协同平台信息交互共享如图 8-27 所示。

另外,施工总承包单位应组织召开工程 BIM 协调会议,由 BIM 专职负责人与项目总工每周定期召开 BIM 例会。会议由甲方、监理、总承包单位、分包商、供应商等各相关单位参加。会议将生成相应的会议纪要,并根据需要延伸出相应的图纸会审、变更洽商或深化图纸等施工资料,由专人负责落实。例会上应协调以下内容:

(1)进行模型交底,介绍模型建立和维护的最新情况。

(2)通过模型展示,实现对各专业图纸的会审,及时发现图纸问题。

(3)随着工程的进展,提前确定模型深化需求,并进行深化模型的任务派发、模型交付以及整合工作,对深化模型确认后出具二维图纸,指导现场施工。

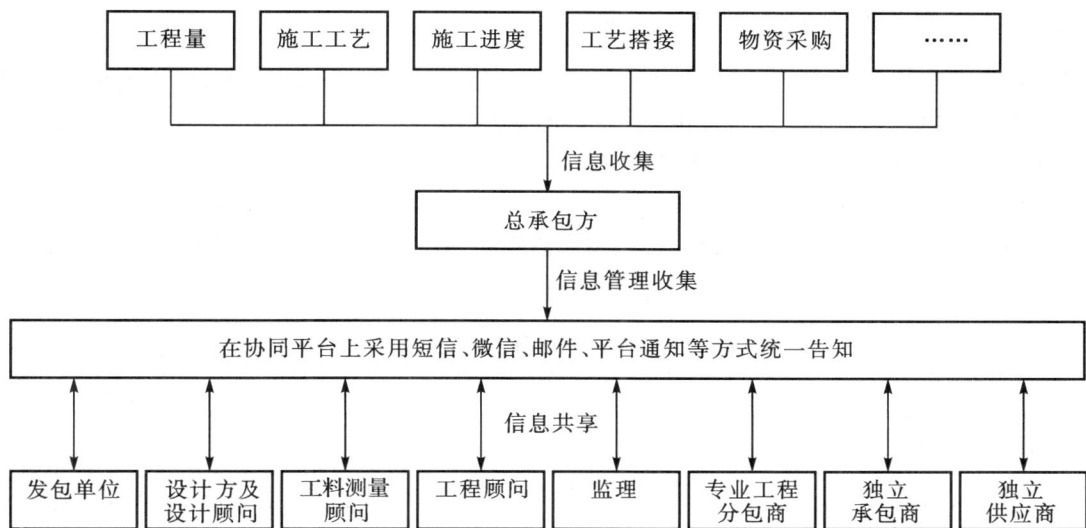

图 8-27　项目 BIM 协同平台信息交互共享示意图

　　(4)结合施工需求进行技术重难点的 BIM 辅助解决,包括相关方案的论证、施工进度的 4D 模拟等,让各参与单位在会议上通过模型对项目有一个更为直观、准确的认识,并在图纸会审、深化模型交底、方案论证的过程中,快速解决工程技术重难点。

8.12.2　协同设计

　　随着建筑工程复杂性的不断增加,学科的交叉与合作成为建筑设计的发展趋势,这就需要协同设计。而在二维 CAD 时代,协同设计缺少统一的技术平台。虽然目前也有部分集成化软件能在不同专业间实现部分数据的交流和传递(比如 PKPM 系列软件),但设计过程中可能出现的各专业间协调问题仍然无法解决。

　　基于 BIM 技术的协同设计,可以采用三维集成设计模型,使建筑、结构、给水排水、暖通、电气等各专业在同一个模型基础上进行工作。建筑设计专业可以直接生成三维实体模型,结构设计专业则可以提取其中的信息进行结构分析与计算,设备专业可以据此进行暖通负荷分析等。不同专业的设计人员能够通过中间模型处理器建立和修改模型,并加以注释,从而使设计信息得到及时更新和传递,更好地解决不同专业间的相互协作问题,从而大大提高建筑设计的质量和效率,实现真正意义上的协同设计。BIM 软件可视技术还可以动态地观察三维模型,生成室内外透视图,模拟现实创建三维漫游动画,使工程师可以身临其境地体验建筑空间,自然减少各专业设计工程师之间的协调错误,简化人为的图纸综合审核。

　　在此基础上,BIM 协同设计实施计划项目规划书也能够加快协同工作效率,包括项目评估(选择更优化的方案)、文档管理(如文件、轴网、坐标中心约定)、制图及图签管理、数据统一管理、设计进度、人员分工及权限管理、三维设计流程控制、项目建模、碰撞检查、分析碰撞检查报告、专业探讨反馈、优化设计等内容。

▶ 8.12.3　各方职责划分与动态管理

工程专业复杂、体量大、专业图纸数量庞大的工程，可以利用 BIM 技术，将所有的工程相关信息集中到以模型为基础的协同平台上，依据图纸如实进行精细化建模，并赋予工程管理所需的各类信息，确保出现变更后模型及时更新。

为保证工程施工过程中 BIM 的有效性，各参与单位在不同施工阶段的职责要进行划分，每个参与者要明白自己在不同阶段应该承担的职责和完成的任务，各参与单位进行有效配合，共同完成 BIM 的实施。某工程项目实施的不同阶段各参与方职责划分见表 8-11。

表 8-11　项目实施的不同阶段各参与方职责划分

施工阶段	甲方	设计方	总包 BIM	分包商
低区（1～36 层）结构施工阶段	监督 BIM 实施计划的进行，签订分包管理办法	与甲方、总包方配合，进行图纸深化，并进行图纸签认	模型维护，方案论证，技术重难点的解决	配合总包 BIM 对各自专业进行深化和模型交底
高区（36 层以上）结构施工阶段				
装饰装修机电安装施工阶段	监督 BIM 实施计划的进行；签订分包管理办法，进行模型确认	与甲方、总包方配合，进行图纸深化，并进行图纸签认	施工工艺模型交底，工序搭接，样板间制作	按照模型交底进行施工
系统联动调试、试运行	模型交付	竣工图纸的确认	模型信息整理，模型交付	模型确认
竣工验收备案				

8.13　基于 BIM 的竣工交付

在工程建设的交接阶段，前一阶段 BIM 工作完成后应交付 BIM 成果，包括模型文件、设计说明、计算书、消防、规划二维图纸、设计变更、重要阶段性修改记录和可形成企业资产的交付及信息。项目的建筑信息模型所有知识产权归业主所有，交付物为纸质表格图纸及电子光盘，加盖公章。

为了保证工程建设前一阶段移交的模型能够与工程建设下一阶段的应用模型进行对接，对模型的交付质量提出以下要求：

（1）提供模型的建立依据，如建模软件的版本号、相关插件的说明、图纸版本、调整过程记录等，方便接收后的模型维护工作。

（2）在建模前进行沟通，统一建模标准。如模型文件、构件、空间、区域的命名规则，标高准则，对象分组原则，建模精度，系统划分原则，颜色管理，参数添加等。

（3）所提交的模型中各专业内部及专业之间无构件碰撞问题，提交有价值的碰撞检查报告（含有硬碰撞和间隙碰撞）。

（4）模型和构件尺寸形状及位置应准确无误，避免重叠构件，特别是综合管线的标高、设备安装定位等信息，保证模型的准确性。

（5）所有构件均有明确详细的几何信息以及非几何信息，数据信息完整规范，减少累赘。

（6）与模型文件一同提交的说明文档中必须包括模型的原点坐标描述及模型建立所参照的 CAD 图纸情况。

（7）针对设计阶段的每个 BIM 应用点分别建立一个文件夹；对于 3D 漫游和设计方案比选等应用，提供 AVI 格式的视频文件和相关说明。

（8）对工程量统计、日照和采光分析、能耗分析、声环境分析、通风情况分析等提供成果文件和相关说明。

（9）设计方各阶段的建筑信息模型（方案阶段、初步设计阶段、施工图阶段）通过业主认可的第三方咨询机构审查后，才能进行二维图正式出图。

（10）所有的机电设备、办公家具有简要模型，由 BIM 软件制作，主要功能房、设备房及外立面有渲染图片，室外及室内各个楼层均有漫游动画。

（11）由建筑信息模型生成若干个平面、立面、剖面图纸及表格，特别是构件复杂、管线繁多部位应出具详图，且应该符合《建筑工程设计文件编制深度规定》。

（12）搭建施工模型，含塔吊、脚手架、升降机、临时设施、围墙、出入口等，每月更新施工进度，提交重点难点部位的施工建议以及作业流程。

（13）建筑信息模型生成详细的工程量清单表，汇总梳理后与造价咨询公司的清单对照检查，做出结论报告。

（14）提供平板电脑随时随地对照检查施工现场是否符合模型要求，便于甲方、监理的现场管理。

（15）为限制文件大小，所有模型在提交时必须清除未使用项，删除所有导入文件和外部参照链接，同时模型中的所有视图必须经过整理，只保留默认的视图和视点，其他都删除。

（16）竣工模型在施工图模型的基础上添加以下信息：生产信息（生产厂家、生产日期等）、运输信息（进场信息、存储信息）、安装信息（浇筑、安装日期、操作单位）和产品信息（技术参数、供应商、产品合格证等），如有在设计阶段还没能确定的外形结构的设备及产品，竣工模型中必须添加与现场一致的模型。

8.14 项目施工阶段 BIM 应用案例

8.14.1 工程概况

徐州奥体中心位于徐州市新城区汉源大道与紫金路交叉口，总建筑面积约 23 万 m^2。奥体中心体育场是其中最大的单体建筑，可以容纳 3.5 万人观看比赛。体育场结构形式为超大规模复杂索承网格结构，平面外形接近圆形，结构尺寸约为 263 m×243 m，中间有椭圆形大开口，开口尺寸约为 200 m×129 m。

体育场结构最大标高约为 45.2 m，雨篷共 42 榀带拉索的悬挑钢架，体育场雨篷最大悬挑长度约为 39.9 m，最小悬挑长度约为 16 m，下弦采用了 1 圈环索和 42 根径向拉索，环索规格暂定为 6ϕ121，长度约为 587 m；径向索规格为 ϕ90、ϕ100 和 ϕ127，另外在短轴方向中间各布置了 4 根斜拉索，斜拉索规格为 ϕ70，拉索采用锌-5%铝-混合稀土合金镀层钢索。其效果图和结构剖面图如图 8-28 和图 8-29 所示。

图 8-28　徐州奥体中心体育场效果图

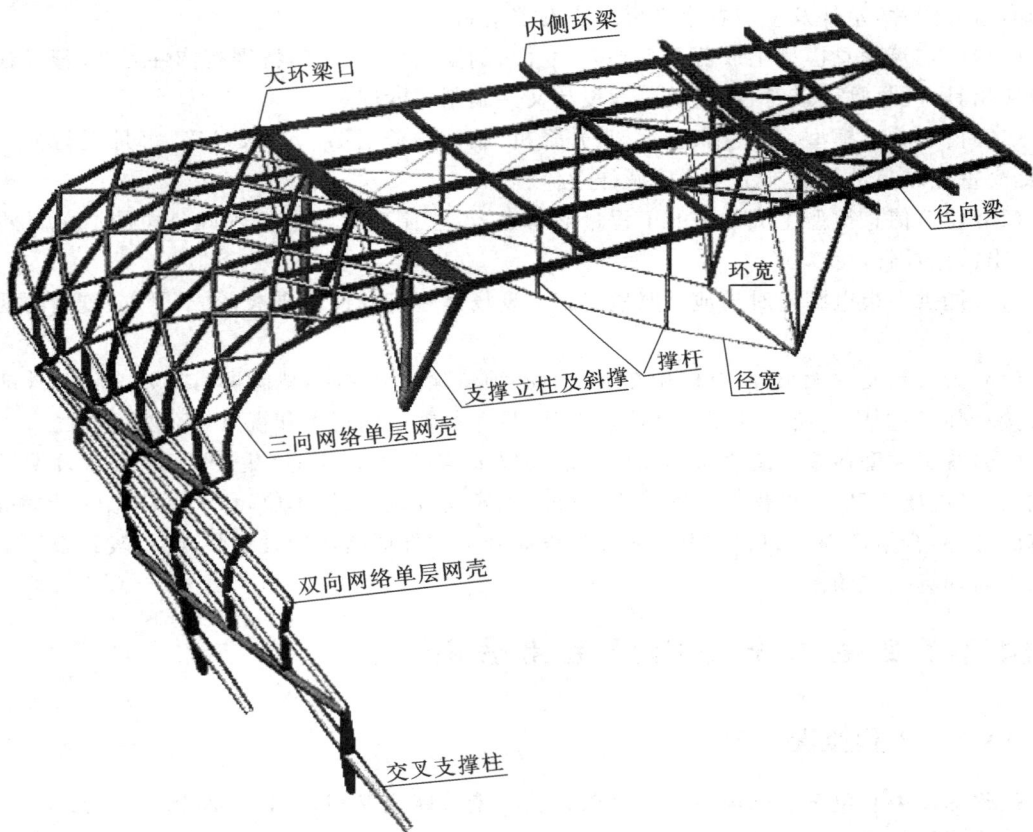

图 8-29　徐州奥体中心体育场钢结构剖面图

➤ 8.14.2　BIM 技术应用的必要性

徐州奥体中心体育场空间形体关系复杂、跨度大、悬挑长、体系受力复杂、预应力张拉难度大,在施工中存在以下难点和问题:施工过程是不可逆的,如何合理地安排施工和进度;安装工程多,如何控制安装质量;如何控制施工过程中结构应力状态和变形状态始终处于安全范围内等。这些都是传统的施工控制技术所难以解决的问题。

为了满足预应力空间结构的施工需求,把 BIM 技术、仿真分析技术和监测技术结合起来,实现学科交叉,建立一套完整的全过程施工控制及监测技术,并运用到徐州奥体中心的施工项目管理中,可以保证结构施工的质量、进度及安全。

8.14.3 BIM 族库开发

1. 族库标准

对于预应力钢结构来说,施工中构件能否准确下料、各构件的施工顺序正确与否、索的张拉顺序正确与否严重影响着结构最后的成形及受力,决定着结构最后是否符合建筑设计与结构设计的要求。预应力钢结构的施工难度大,施工要求高,因此基于 BIM 技术建立项目模型时族包含的信息就更多更大。

徐州奥体中心体育场的预应力钢结构相关族建立时主要考虑了施工深化图出图的需要、模型的参数驱动需求以及体现公司特色的目标,因此在建立预应力钢结构族库的时候,运用企业自定义的族样板,在 Revit Structure 的原有族样板的基础上结合公司深化的经验与习惯,创建了适应公司预应力结构施工及日后维护的族样板作为族库建立的标准样板,此标准样板中包含了尺寸、应力、价格、材质、施工顺序等在施工中必需的参数。

2. 族库建立

徐州体育场结构复杂,预应力钢结构族库建立是至关重要的步骤。根据项目的需求主要建立了耳板族、索夹族、索头族、索体族及徐州体育场特有的复杂节点族,所建立的族如图 8-30 至图 8-36 所示。

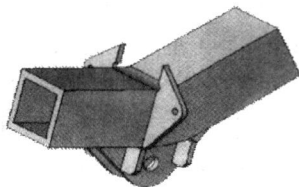

图 8-30　耳板族　　　图 8-31　复杂节点族　　　图 8-32　环索索夹节点族

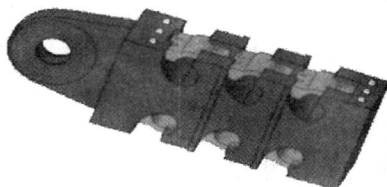

图 8-33　径索索夹上部　　图 8-34　径索索夹下部　　　图 8-35　索张拉工装族

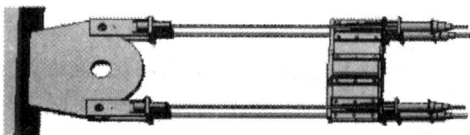

所建立的族具有高度的参数化性质,可以根据不同的工程项目来改变族在项目中的参数,通用性和拓展性强。

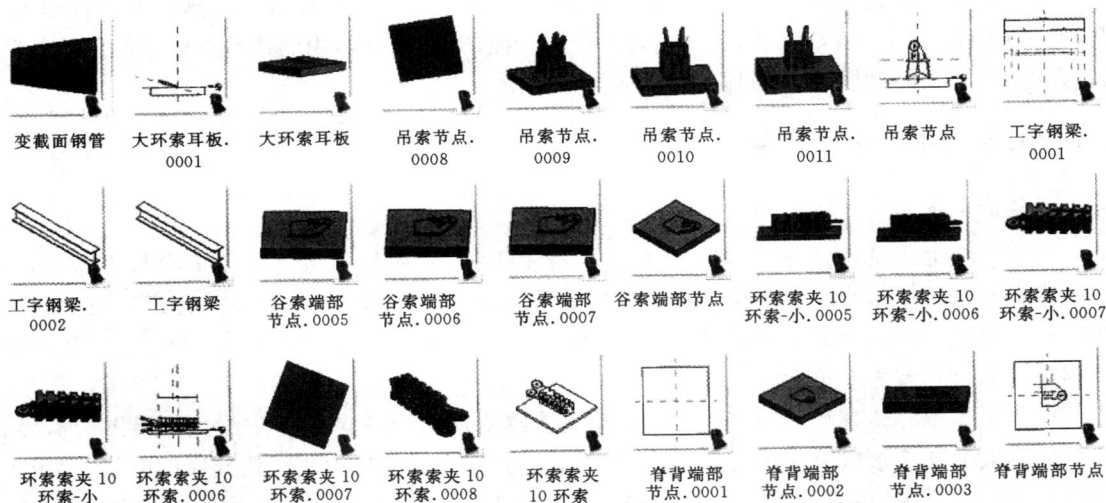

| 变截面钢管 | 大环索耳板. 0001 | 大环索耳板 | 吊索节点. 0008 | 吊索节点. 0009 | 吊索节点. 0010 | 吊索节点. 0011 | 吊索节点 | 工字钢梁. 0001 |

| 工字钢梁. 0002 | 工字钢梁 | 谷索端部 节点.0005 | 谷索端部 节点.0006 | 谷索端部 节点.0007 | 谷索端部节点 | 环索索夹 10 环索-小.0005 | 环索索夹 10 环索-小.0006 | 环索索夹 10 环索-小.0007 |

| 环索索夹 10 环索-小 | 环索索夹 10 环索.0006 | 环索索夹 10 环索.0007 | 环索索夹 10 环索.0008 | 环索索夹 10 环索 | 脊背端部 节点.0001 | 脊背端部 节点.0002 | 脊背端部 节点.0003 | 脊背端部节点 |

图 8-36　预应力钢筋结构族库

8.14.4　三维模型建立

1.模型定位技术

从结构的剖面图和平面图可看出,徐州奥体中心体育场结构形式复杂,而构件的准确安装定位是施工中最关键的一步,因此,如何准确地进行模型的定位也是 BIM 建模的关键技术。在徐州奥体中心体育场的模型定位上有两种思路可以利用:根据计算分析软件 MIDAS 或 Ansys 中的节点和构件坐标在 Revit Structure 中进行节点的准确定位,这样比较费时;根据 AutoCAD 中的模型进行定位,将 CAD 中的模型轴线作为体量导入 Revit Structure 中,导入前在 Revit Structure 中定好所要导入的轴线体量的标高,所导入的轴线体量即是构件的定位线。徐州奥体中心体育场所用的方法为先在 Revit Structure 中定好标高,然后导入 AutoCAD 中的轴线,以导入的轴线作为定位线,这样既快捷又准确。导入的轴线体量如图 8-37 所示。

2.模型建立

三维建模要准确表达结构的三维空间形式,并关联所有的平面、立面和剖面图,只要建立三维模型即可很快生成平、立、剖面图,无须像二维画图那样费时费力。利用 BIM 软件中的 Revit Structure 可以很高效地出图,这是相对于以往传统出图的一大进步。

利用 Revit Structure 建立曲梁是难点,但是根据已经导入的 AutoCAD 的轴线定位线可

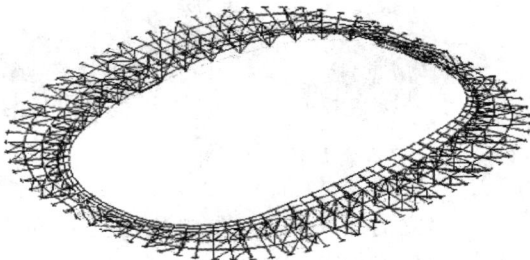

图 8-37　Revit Structure 中导入的轴线体量

以很好地解决曲梁或曲线拉索的绘制。徐州奥体中心体育场建筑信息模型就是基于导入的 AutoCAD 轴线和已经创建的族来建立的。模型建立的思路如下:

(1)先用拾取的方式将钢网格的轴线绘制出来,然后绘制索体,索体也采用拾取的方式绘

制,在绘制钢网格和索体时可以利用参数化的作用来改变钢梁或索体的截面。

(2)绘制拉索和钢网格的连接节点。此时的连接节点都是基于创建的预应力构件族,由公司根据绘制习惯和经验来制定的族样板。

(3)待绘制完所有构件后就加入最后的连接构件,即销轴和螺栓,这样整体模型就搭建完成了。搭建整体模型的重点在于定位和族的选取建立,选取合适的族才能高效地建立模型。徐州奥体中心体育场的建筑信息模型整体图、平面图、立面图和详图如图 8-38 至图 8-44 所示。

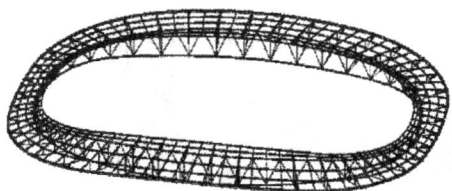

图 8-38　屋盖结构整体模型

图 8-39　屋盖结构立面图

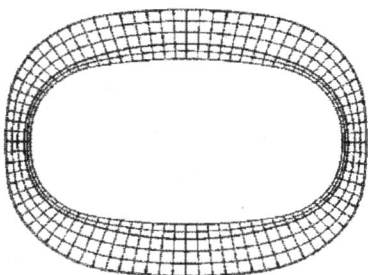

图 8-40　屋盖结构平面图

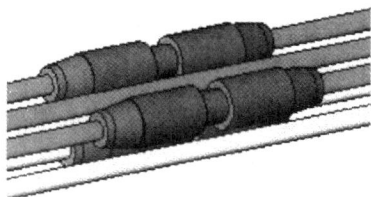

图 8-41　环索对接图

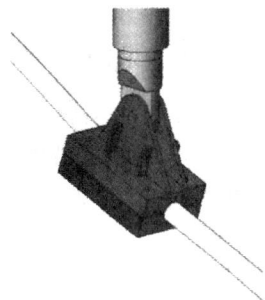

图 8-42　径索索夹安装图

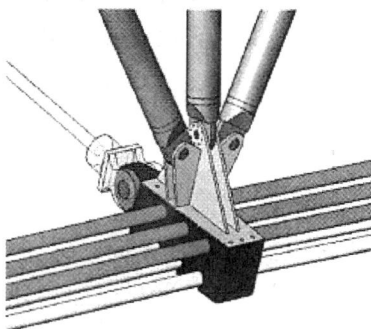

图 8-43　环索安装图

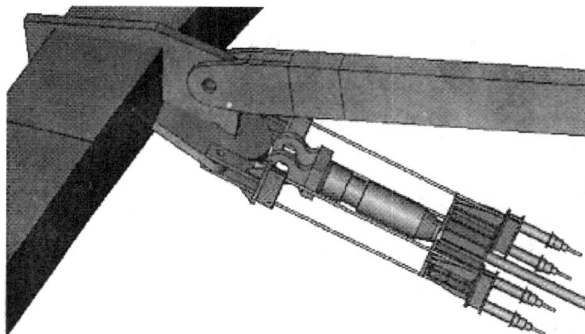

图 8-44　径索张拉工装安装图

➢ 8.14.5　施工场地布置

徐州奥体中心体育场施工难度大,施工前对现场机械等施工资源进行合理的布置尤为重要。利用 BIM 的可视性进行三维立体施工规划,可以更轻松、准确地进行施工布置策划,解决二维施工场地布置中难以避免的问题,如大跨度空间钢结构的构件往往长度较大,需要超长车辆运送钢结构构件,因而往往出现道路转弯半径不够的状况;由于预应力钢结构施工工艺复杂,施工现场需布置多个塔吊同时作业,因塔吊旋转半径不足而造成的施工碰撞也屡屡发生。

基于建立好的徐州奥体中心体育场整体结构模型,对施工场地进行科学的三维立体规划,包括生活区、钢结构加工区、材料仓库、现场材料堆放场地、现场道路等的布置,可以直观地反映施工现场情况,减少施工用地,保证现场运输道路畅通,方便施工人员的管理,有效避免二次搬运及事故的发生。

徐州奥体中心体育场某施工过程场地布置模型图与实际场地对比如图8-45和图8-46所示。

图8-45 BIM施工场地布置图   图8-46 实际施工现场场地

8.14.6 施工深化设计

徐州奥体中心体育场钢结构存在的预应力复杂节点多,加之设计方提供的施工图细度不够且与现场施工有诸多冲突,这就需要对其进行细化、优化和完善。采用基于 BIM 技术的施工深化设计手段,根据深化设计需要创建了一套包含大量信息,如构件尺寸、应力、材质、施工时间及顺序、价格、企业信息等各种参数的族文件,其中有耳板族、索夹族、索头族、索体族及徐州奥体中心特有的复杂节点族,根据创建的族文件可以自动形成各专业的详细施工图,同时对各专业设计图进行集成、协调、修订与校核,满足了现场施工及管理的需要。

预应力是通过索夹节点传递到结构体系中去的,所以索夹节点设计的好坏直接决定应力施加的成败。徐州市奥体中心体育场的钢拉索索力较大,需对其进行二次验算以确保结构的安全。将已建立好的环索索夹模型导入 Ansys 有限元软件中进行弹塑性分析,可以在保证力学分析模型与实际模型相一致的同时节省二次建模的时间。

8.14.7 施工动态模拟

徐州奥体中心体育场工程规模大、复杂程度高、预应力施工难度大,为了寻找最优的施工方案,为施工项目管理提供便利,采用了基于 BIM 技术的 4D 施工动态模拟,测试和比较不同的施工方案并对施工方案进行优化,可以直观、精确地反映整个建筑的施工过程,有效缩短工期,降低成本,提高质量。

实现施工模拟的过程就是将 Project 施工计划书、Revit 三维模型与 Navisworks 施工动态模拟软件加上时间(时间节点)、空间(运动轨迹)及构件属性信息(材料费、人工费等)的过程,其相互关系如图8-47所示。

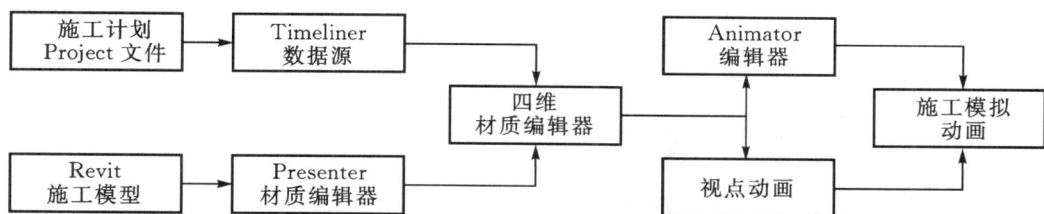

图 8 - 47　Navisworks 施工技术路线

这里仅以环索与径索的提升过程模拟来演示基于 BIM 的施工过程模拟,如图 8 - 48 所示。

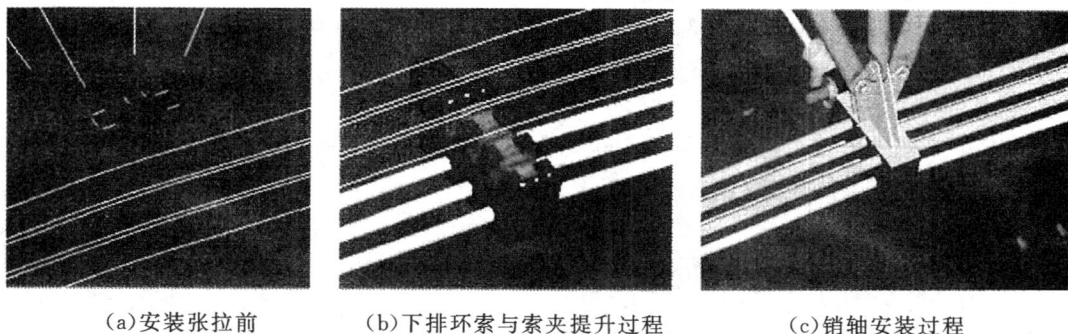

(a)安装张拉前　　　　　　(b)下排环索与索夹提升过程　　　　　(c)销轴安装过程

图 8 - 48　基于 BIM 的环索与径索的提升过程模拟

8.14.8　安装质量管控

对预应力钢结构而言,预应力关键节点的安装质量至关重要。安装质量不合格,轻则将造成预应力损失、影响结构受力形式,重则将导致整个结构的破坏。

BIM 技术在徐州奥体中心体育场工程安装质量控制中的应用主要体现在以下两点:一是对关键部位的构件,如索夹、调节端索头等的加工质量进行控制;二是对安装部位的焊缝是否符合要求、螺丝是否拧紧、安装位置是否正确等施工质量进行控制。

将关键部位的族文件与工厂加工构件进行对比,检查加工构件的外形、尺寸等是否符合加工要求。固定端索头的模型与实际构件对比如图 8 - 49 所示。

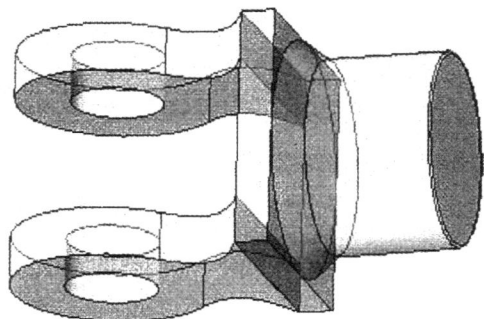

(a)固定端索头族　　　　　　　　　(b)固定端索头族实际构件照片

图 8 - 49　固定端索头的模型与实际构件对比

徐州奥体中心体育场预应力关键节点安装复杂,采用建筑信息模型或关键部位安装动画来指导安装工作,可以对安装质量进行很好的管控。环索及径索索夹节点处安装模型与现场实际安装对比如图 8-50 所示。

(a)环索及径索索夹节点模型   (b)环索及径索索夹节点现场实际安装图

图 8-50 环索及径索索夹节点模型与实际节点安装对比

环索对接处模拟安装模型与现场实际安装对比如图 8-51 所示。

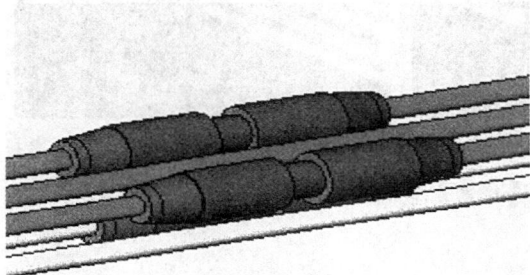

(a)环索对接处模拟安装模型   (b)环索对接处现场实际安装图

图 8-51 环索对接处模拟安装模型与现场实际安装对比

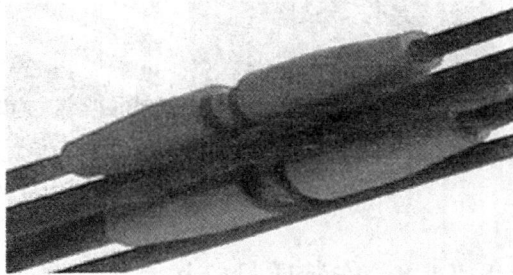

8.14.9 施工进度控制

协同效率低下是造成工程项目管理效率难以提升的最大问题。研究表明,工程项目进度超过 20% 在协同当中损失。徐州奥体中心体育场采用基于 3D 的 BIM 沟通语言、协同平台,采用施工进度模拟、现场结合 BIM 和移动智能终端拍照相结合的方法来提升问题沟通效率,进而在最大限度上确保施工进度目标的实现。

在对施工进度进行模拟的过程中,一来可以直观地检查实际进度是否按计划要求进行;二来如果出现工期偏差,可以分析原因并采取补救措施或调整、修改原计划,保证工程总进度目标的实现。

徐州奥体中心体育场某时刻的屋盖施工进度如图 8-52 所示。

采用无线移动终端、Web 及 RFID 等技术,全过程与 BIM 集成,可以做到对现场的施工进度进行每日管理,避免任何一个环节出现问题给施工进度带来影响。

8.14.10 施工安全控制

近年来建筑安全事故不断发生,人们的防灾减灾意识也有了很大提高,所以结构监测研究

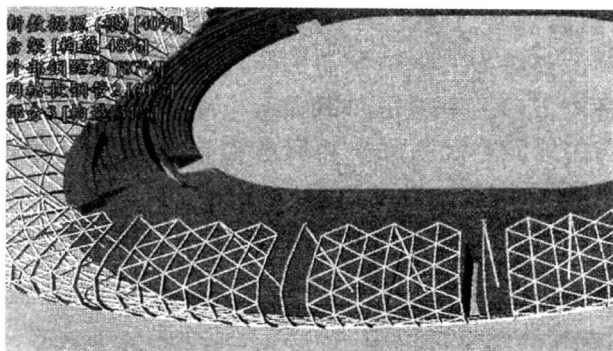

图 8-52　Timeliner 施工进度显示及模拟

已成为国内外的前沿课题之一。徐州奥体中心在未施加预应力之前为瞬变体系,由于预应力的施加才成为结构体系。预应力钢结构施工的风险很高,为了及时了解结构的受力和运行状态,徐州奥体中心项目针对项目自身特点开发了一个三维可视化动态监测系统,对施工过程进行实时监测,保证施工过程中结构应力状态和变形状态始终处于安全范围内。

三维可视化动态监测技术较传统的监测手段具有可视化的特点,通过在三维虚拟环境下漫游来直观、形象地提前发现现场的各类潜在危险源,提供更便捷的方式查看监测位置的应力应变状态。当某一监测点应力或应变超过拟定的范围时,系统将自动报警给予提醒。

徐州奥体中心体育场项目的变形监测点分布在 20 榀径向梁的梁端和跨中位置处,共有 40 个监测点;应力监测点分布在环梁和径向梁上,共 24 个监测点,每个测点在梁的上下翼缘处各布置一个正弦应变计。其中变形起拱具体监测点布置如图 8-53 所示。

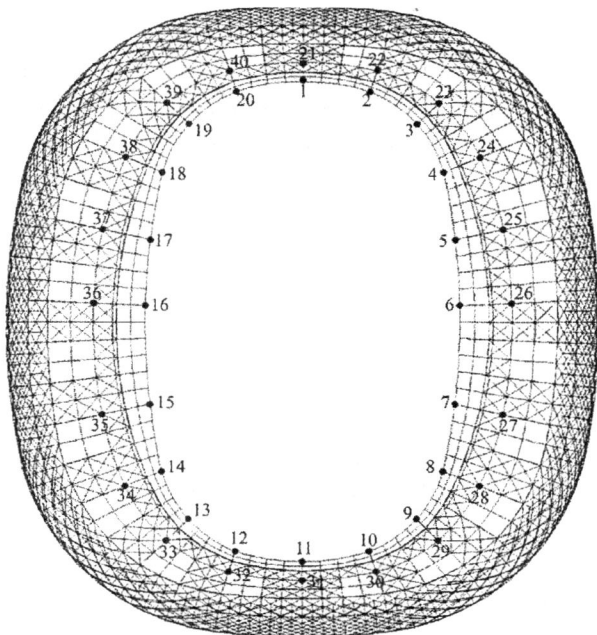

图 8-53　基于 BIM 的变形起拱监测点布置图(黑点即为监测点)

徐州奥体中心体育场数据采集系统对某时刻某环索的应力监测如图 8-54 所示。

图 8-54　某时刻某环索的应力监测情况

➤ 8.14.11　应用总结

　　预应力钢结构的施工安全和质量管理一直是施工单位的难点。在传统的施工项目管理中结合 BIM 技术能为施工提供新的安全技术手段和管理工具,提高建筑施工安全管理水平,促进和适应新兴建筑结构的发展。BIM 技术已成功应用在徐州奥体中心施工项目管理上,在该项目中所创建的预应力钢结构构件族具有参数化的特点,可以反复应用在类似施工项目中;参数化预应力钢结构施工深化设计方法不但能提高效率,还能降低出错率;施工模拟的技术也给企业带来了效益;所开发的三维可视化动态监测系统具有很大的拓展空间,值得推广应用。总的来说,BIM 技术在徐州奥体中心施工项目管理上的成功应用,积累了预应力结构建模、深化设计、施工模拟和动态监测的宝贵经验,对以后预应力钢结构施工项目管理应用 BIM 技术具有参考价值。

复习思考题

　　1. 工程项目施工阶段应用 BIM 技术的意义主要体现在哪些方面?

　　2. 基于 BIM 技术的数字化加工首先要解决哪些方面的问题?

　　3. 基于 BIM 技术的虚拟施工管理可以达到何种目的?

　　4. 简述 BIM 技术进度管理的优势。

　　5. 什么是 BIM 技术的产品质量管理?

　　6. 相对于传统的安全管理,BIM 技术安全管理的优势体现在哪些方面?

　　7. 简述 BIM 技术在工程项目变更管理中的应用。

第9章 项目运维阶段的 BIM 应用

9.1 项目运维阶段 BIM 应用概述

9.1.1 运维阶段的职能与分类

国际设施管理协会(International Facility Management Association,IFMA)和国际建筑业主及管理者协会(Building Owners and Managers Association International)把工程项目运维(或者运维管理)定义为设施管理(facility management,FM),或整合工作空间管理、物业资产管理、企业不动产管理,它属于一门管理学科。FM 是将地点(location)、人员(people)、流程(process)、建筑设施(facility)、资产(asset)等因素整合起来,从而得到更高附加值的一个管理过程。FM 是以保持业务空间高品质的生活和提高投资效益为目的,以最新的技术对人类有效的生活环境进行规划、整备和维护管理的工作。它将物质的工作场所与人和机构的工作任务结合起来,综合了工商管理、建筑、行为科学和工程技术的基本原理。

简单来说,FM 的主体是建筑设施的持有者自身,对象是建筑设施进入运维阶段之后所有相关的活动,目的是得到更高的附加值。

FM 的职能可以归类为表 9-1(IFMA 的 FM 职能分类)。

表 9-1 IFMA 的 FM 职能分类

职能大类	详细职能类别
维护与运作	家具维护、装饰维护、预防性维护、建筑物外部维护、保管/家政服务、景观维护、选址
行政服务	企业艺术品管理、邮件服务、收发快递、档案保管、安保、通信、复印服务、战略规划
空间管理	空间库存(房间清单)、空间政策、空间分配、面积需求预测、家具采购、家具规范化、家具库存、室内空间规划、家具搬迁
重大项目再设计	废弃物处理、危险品
设计/工程服务	建筑规范合规审核、工程管理、大楼系统(机电设备系统)、建筑设计
房地产经营	楼宇出租、并购转让、买楼、房地产评估、转租
设施规划	运营规划、紧急预案、能源规划
财务规划	运营预算、资本预算、重大工程项目融资
健康与安全	人体工程、能源管理、室内空气质量、循环利用流程、排出污染物

其中一些职能在国内现阶段的项目运维中并不合适,比如企业艺术品管理、邮件服务、复印服务、战略规划、人体工程、财务规划等;某些分类可以挖掘很大的潜力,比如安保、通信、重大项目再设计、房地产经营、设施规划、能源管理;还有些是此表中没有提到,但是对国内情况来说是合适的,比如物业管理优化工作流程演练,在不同业态下的应急疏散演练,优化能源供应演练等。

▶ 9.1.2 运维阶段 BIM 应用动因与需求

1. 运维阶段的 BIM 应用动因

建筑业与运维管理的整合变革正在国内的项目运维领域中发生,并且这种整合变革的程度逐渐加深,速度也越来越快,这是推动 BIM 应用的一个原因。相比 CAD 只是设计作业的电子化改革,BIM 则更主要是观念的变革,两者的背后都有来自产业界的巨大驱动力。这个过程的驱动力,是建筑设施(特别是持有型物业/非住宅地产)的使用者对建筑绩效的要求越来越高。简单来说,人们对建筑的品质而不是数量的要求提高了,而且这个提高的速度越来越快。当然 BIM 作为信息化工具也在反作用于这个整合过程。

BIM 的技术核心是一个由计算机三维模型所形成的数据库,包含了贯穿于设计、施工和运维管理等整个工程项目全生命周期的各个阶段,并且各种信息始终建立在一个三维模型数据库中。BIM 可以持续即时地提供项目设计范围、进度以及成本信息,这些信息完整可靠并且完全协调,即 BIM 能够在综合数字环境中保持信息不断更新并可提供访问,使建筑师、工程师、施工人员以及业主可以清楚、全面地了解项目:建筑设计专业人员可以直接生成三维实体模型,结构专业人员则可取其中墙材料强度及墙上孔洞大小进行计算,设备专业人员可以据此进行建筑能量分析、声学分析、光学分析等,施工单位则可取其墙上混凝土类型、配筋等信息进行水泥等材料的备料及下料,开发商则可取其中的造价、门窗类型、工程量等信息进行工程造价总预算、产品订货等,物业单位也可以用之进行可视化物业管理。所以说,BIM 完善了整个建筑行业从上游到下游的各个企业间的沟通和交流环节,实现了项目全生命周期的信息化管理。

借助 BIM,设计方能够轻而易举地解决复杂曲面幕墙在平面定位的问题,并且可以非常清晰地把握自己的设计意图,从而保证设计的准确性和合理性。同时,项目其他参与方通过BIM 也能够非常清晰地了解项目的设计理念。在管线综合方面,通过搭建建筑结构和机电各专业的模型,设计方能够非常方便地查看各个构件之间的空间关系以及碰撞的问题,并及时加以解决,从而大大提高在管线综合方面的设计能力及工作效率。此后物业运营和设施管理还会借助 BIM 对施工现场所有设施进行校核,检查施工信息是否一致,从而避免以次充好的现象发生,更好地控制成本。可以说,BIM 是将业主、设计方、施工方等紧密地结合在一起,有效地搭建了一个良好的沟通平台,避免了信息孤岛的存在,有效地提升了项目管理的水平,降低了管理成本,实现了绿色科技与建筑融合的目标。

BIM 可以理解为建设工程项目的一个完整的信息承载器,而且这些信息具有协调性、一致性和可计算性。除几何信息以外,它还可以存储材料、造价、工法、使用等各类信息。BIM将逐步使建筑业的生产和运维管理方式转变为"三维构思(概念模型)—三维设计(设计模型)—三维建造(施工/竣工模型)—三维运营(运维管理模型)"。

BIM 既不仅仅是比 CAD 更先进的另外一种软件,也不仅仅是建筑物的一个数字模型(那只是 BIM 的其中一个结果),而是一种技术、一种方法、一种过程。BIM 把建筑业业务流程和表达建筑物本身的信息更好地集成起来,从而提高整个行业的效率。

2. 运维阶段的 BIM 应用需求

业界一直在热烈讨论 BIM 的应用需求,而且不断将其和新的技术结合,比如 BIM 与物联网、BIM 与云计算和虚拟现实(VR)等。表 9-2 列举了一些常见的运维管理 BIM 应用需求,它的意义在于指导开展 BIM 应用前的思路整理,可以根据需要进行横向和纵向扩展。不过,其中应用目标(明确定义)一列是每个项目运维管理 BIM 应用的关键内容,最好是定量化的表达。

表 9-2　项目运维阶段 BIM 应用需求

序号	项目运维阶段应用功能		使用方		应用目标	应用基础	
	大类	小类	物业	业主	明确定义	软件应用基础	模型基础
1	空间管理	新建工程项目	√	√		可视化表达 构件表达 空间定位 更新信息维护 分析比较	固定资产构件信息的广度和深度及关联度; BIM 与客户管理的信息整合; BIM 与企业成本相关信息的信息整合
		空间改造	√	√			
		建筑翻新	√	√			
		大型搬迁	√	√			
		公共空间维护	√	√			
2	房地产销售和租赁	销售		√		可视化表达 构件表达 空间定位 更新信息维护 固定资产管理 资源信息统计	BIM 与租售成本要素的信息整合; 空间构件信息; 设施设备构件信息; 设施设备运行统计信息
		成本分析		√			
		租售组合管理		√			
		收费管理		√			
		客户信息管理		√			
3	设施运行维护	日常维护	√			可视化表达 构件表达 列表表达 空间定位 设备信息维护 设备模拟运行 统计报表表达	BIM 与物业管理流程的信息整合; BIM 与设施设备运行监控系统的信息整合; BIM 与设备设施标识信息的整合; 设备设施 BIM 的深度要求及关联性要求
		应急维修	√				
		优化运行	√				
		人员培训	√				
		运行状态监控	√				
		备品备件管理	√				
4	运维管理战略规划	空间、时间 员工队伍 成本综合管理		√		BIM 与 ERP 等管理软件结合 数学分析模型	需要整合除了 BIM 外的其他资源信息

序号	项目运营阶段应用功能			使用方		应用目标	应用基础	
	大类	小类		物业	业主	明确定义	软件应用基础	模型基础
5	建筑优化管理	能耗分析		√	√		可视化表达 构件表达 列表表达 空间信息 设备信息表达 设备模拟运行 周边环境信息 运行策略及计划 分析工具等	BIM与设施设备运行监控系统的信息整合； BIM与设备设施标识信息的整合； 设备设施BIM的深度要求及关联性要求； BIM信息表达与分析工具数据输入的信息整合
		室内环境优化		√	√			
		照明优化管理		√	√			
		能源优化运行		√	√			
		负荷预测		√	√			
		设施设备优化		√	√			
		结构安全监测		√	√			
6	建筑物综合指挥及管理	公共安全监控		√	√		可视化表达 构件表达 空间定位 实时人数统计 人流模型	BIM与设备设施标识信息的整合； BIM信息表达与分析工具数据输入的信息整合
		设备安全监控		√	√			
		应急预案管理		√	√			
		应急疏散拟真		√	√			
		应急综合指挥		√	√			

➤ 9.1.3 建筑生命周期各阶段的 BIM 应用关系

《BIM 项目实施计划指南(第 2 版)》总结了 BIM 的 25 种不同应用,其中对运维阶段提出了五大应用,包括 maintenace scheduling(维护计划)、building system analysis(建筑系统分析)、asset management(资产管理)、space management/tracking(空间管理/追踪)、disaster planning(灾害计划),其中前两个为主要 BIM 应用,后三个为次要 BIM 应用,如图 9-1 所示。

在图 9-1 中,我们不仅需要关心运维阶段的五大应用,更需要特别关注三个处于其他建筑生命阶段却和运维有充分关系的应用,分别是:规划设计阶段中的 existing conditions modeling(建筑物周边环境模型)和 cost estimation(价值评估),以及施工阶段中的 record model[档案(竣工)模型],这是代表 BIM 应用在建筑不同阶段的信息延续。

诚然,《BIM 项目实施计划指南(第 2 版)》一书是基于大量美国国内建筑调研情况编写的,不一定全部符合我国的情况,但是此书说明了项目运维阶段 BIM 应用的基础是不同建筑生命阶段的建筑信息模型,脱离了规划、设计、建造等阶段的独立的项目运维阶段 BIM 应用是不可取或者说是不存在的。

一个建设工程项目在建成之后交付给运维阶段,这是一般意义上的运维管理的开始,但是这在建筑的全生命周期内,只是狭义时间段上的运维管理,尽管它占据着最长的一段建筑寿命(也消耗着 70% 的建筑总拥有成本)。现代运维管理体系不仅是指建成后运维管理,它还包括常规设计前的针对业主需求的工程项目策划、工程项目规划和建筑策划。这个阶段也称为"前设计"(predesign)。两个运维管理虽然在时间上是先后发生的,但是在专业上和理念上是一致的,都属于业主方的企业运维管理工作,都是作为业主方的业务需求与建筑业专业之间的桥梁而发挥作用。理解这一点,不仅对理解运维管理,还对理解 BIM 在建筑全生命周期内的价值也很重要。

PLAN 规划	DESIGN 设计	CONSTRUCT 施工	OPERATE 运维

existing conditions modeling 建筑物周边环境模型

cost estimation 价值评估

phase planning 阶段规划

programming 规划文本编制

site analysis 场地分析

design reviews 设计方案论证

design authoring 设计建模

energy analysis 能量分析

structural analysis 结构分析

lighting analysis 日照分析

mechanical analysis 设备分析

other eng analysis 其他分析

LEED evaluation LEED 评估

code validation 规范验证

3D coordination 3D 协调

site utilization planning 场地使用规划

construction system design 施工系统设计

digital fabrication 数字化加工

3D control and planning 三维控制和规划

record model 档案（竣工）模型

maintenance scheduling 维护计划

building system analysis 建筑系统分析

asset management 资产管理

space management/ tracking 空间管理/追综

disaster planning 灾害计划

主要 BIM 应用

次要 BIM 应用

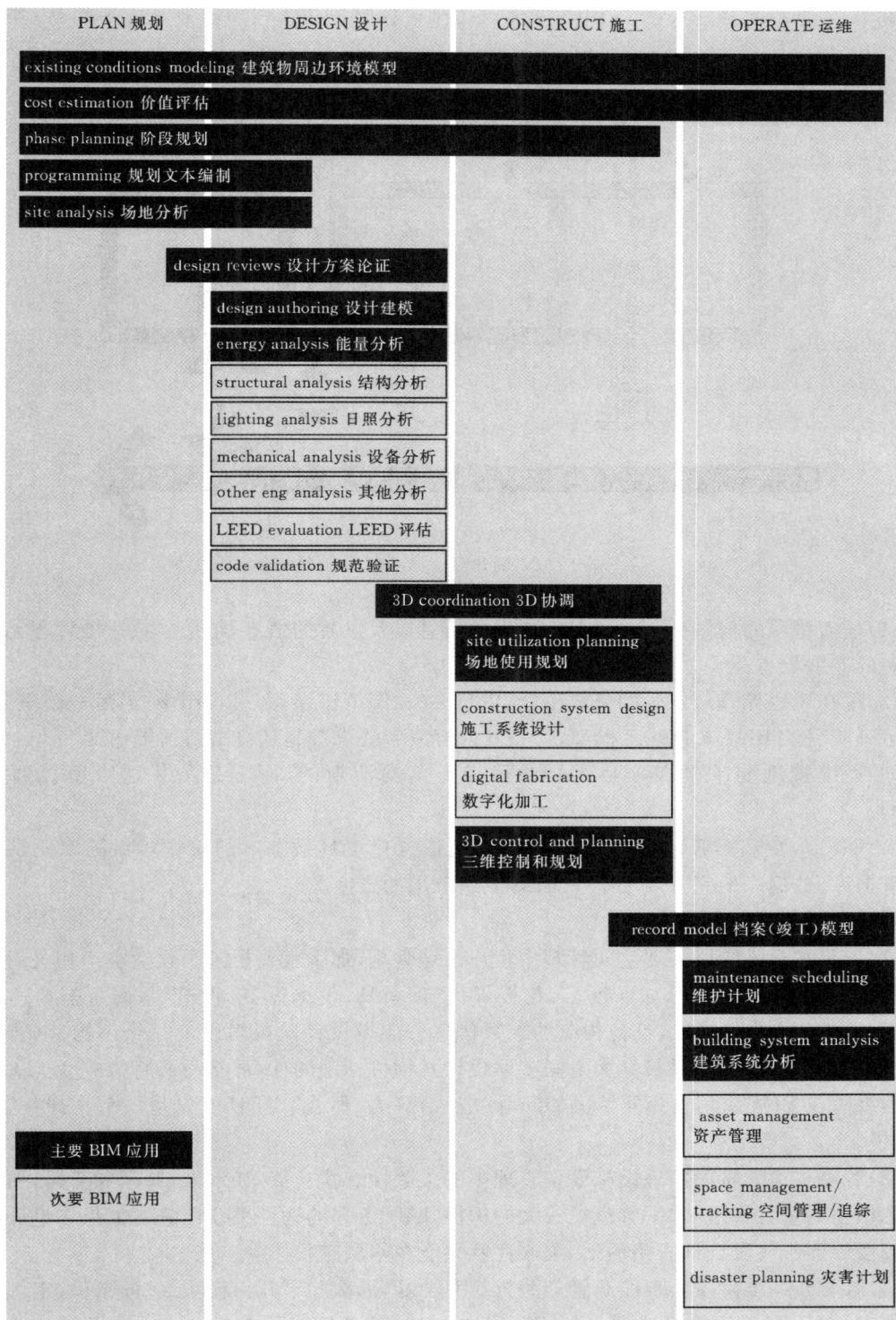

图 9-1　建筑生命周期中的 BIM 应用

图 9-2 表示的是一个基于 BIM 的建设运维一体化信息平台解决方案。由图 9-2 可以得出以下结论：

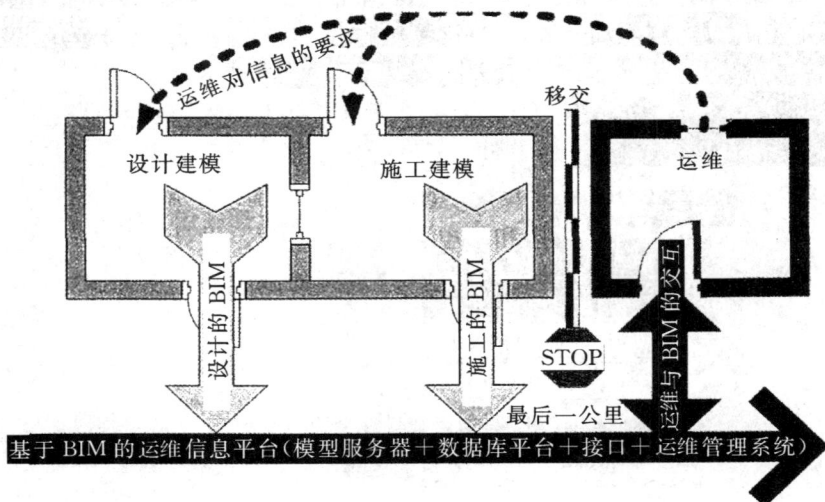

图 9-2　一个基于 BIM 的建设运维一体化信息平台解决方案

（1）任何错误的信息、不全的信息、遗失的信息以及矛盾的信息，都是导致运维管理无法正常开展的罪魁祸首。

（2）现在工程界普遍发生的资料不全、信息丢失、图纸错误，都是在图中"最后一公里"发生的。运维阶段的 BIM 来自竣工模型，但是其内容或者要求都是运维需要所提出的。

（3）运维管理要求是在项目策划阶段需要落实清晰的，而不是项目建设阶段边做边考虑的。

（4）BIM 应用离不开信息化工具的使用，而信息化工具最基本的操作对象的本质是其复杂的数据库，数据库的完善度决定了 BIM 应用范围的广度。

举几个例子：

（1）若要在运维阶段实现空间管理中租户区域管理，那么就要把某个建筑空间相关的所有 BIM 构件信息整合在一起，如地板、天花板、门、窗、家具、设施设备、管道等，而且需要达到能够作为一个 BIM 构件选取，具备相应的参数信息。假设设计阶段对以上某个小构件（暂且如此称呼）诸如管道、地板，是贯穿大空间整体设计及构件标识的话，那么无法打散或者无法组合就是运维阶段 BIM 应用首先要解决的问题。若不解决，那么"空间"就仅是一个物理数字"平方米"了。

（2）若要在运维阶段实现设施设备管理中的关联性查找功能，如水泵、阀门和管路，那么就需要把相关的垂直管道、水平管道组成大的构件，赋予更多的构件关联信息。如果在设计阶段采用按楼层逐步逐段设计管路的话，关联性就只能在本层查找了。

（3）若要在运维阶段实现能源管理分析相关功能，那么除了几何模型、气候条件、空调系统和模拟参数外，似乎运维策略和计划必不可少，但是不是足够了呢？相关设施设备的运行效率、运行参数、可承受的运行时间是不是也要考虑在内？如果在设计或者竣工的模型中没有这些信息呢？

　　由此,结论就明显了,项目运维阶段如果要实现 BIM 应用,最晚起步阶段在于项目设计阶段进行应用规划及需求提出,在项目竣工阶段对模型进行检查,在运维阶段再叠加应用。

　　图 9 - 3 是一个典型的空间管理系统界面:一个按照部门属性分类的图形报表。此报表是使用 CAD 的多义线功能绘制的图形,链接到数据库中的空间库存属性信息,经过数据库的筛选查询功能及图形显示技术,最终展现在图形报表中。这里值得注意的是:在 BIM 软件的空间性能提升之后,设计阶段就可以将这些原先要在运维阶段才录入的房间属性信息放进模型,这个模型连同空间信息一直被带到运维管理系统中,这就为运维管理系统的初始数据建立节约了大量时间。由此可以了解到:

　　(1)BIM 在运维阶段的应用做了早期规划,也就是使用需求的细分,可以提高工作效率。

　　(2)BIM 在运维阶段的充分应用可以极大地提高工作效率。

　　(3)BIM 在运维阶段的应用,如果在设计阶段就进行相关属性信息的规划和实施,则可以极大地提高工作效率。

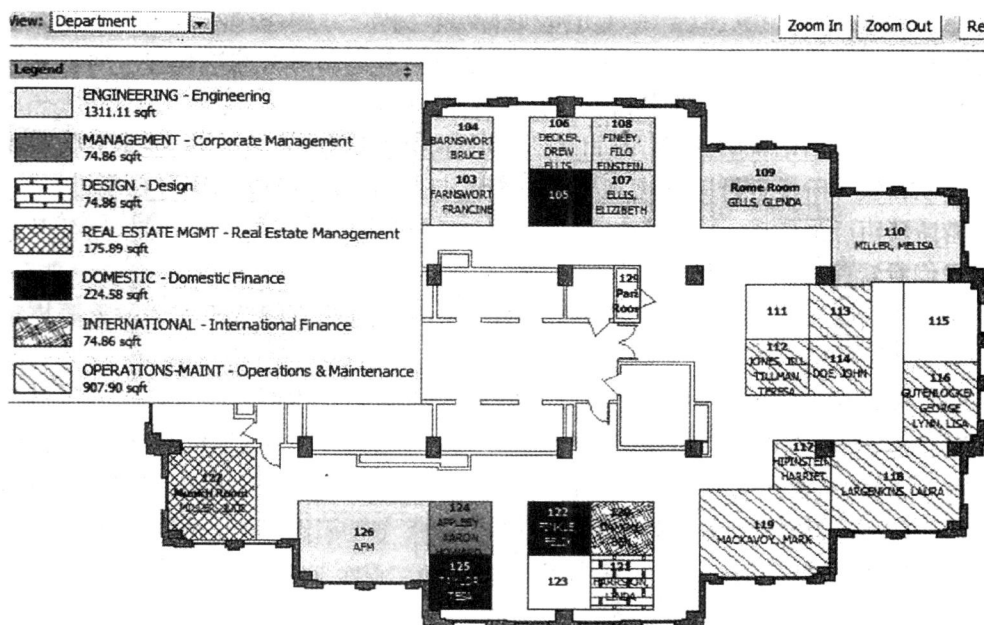

图 9 - 3　空间系统界面(Archibus/FM)

▶ 9.1.4　项目运维阶段 BIM 应用基础

1.项目运维阶段建筑信息模型的建立

　　建筑信息模型设施运维的建立需要从建设单位、管理单位、运维单位等各个层面上有专门的机构对其进行研究和管理,以协调各单位和部门的数据收集、录入、使用权限设置研究,第一时间将增减的数据进行适时更新,保证其正确和精确,不断推出带有编号的新版本以及正在更新版本的信息公告等;需要建立一个适时更新制度和管理流程,因为所涉及的有建设方面的内容,也涉及软件使用、服务器维护等的信息建设方面的内容。各个运维管理单位和部门所需的数据各不相同,但针对的往往是一个共同的对象,只要提出需求,都将通过 BIM 的建立,将所需要的海量数据完整地标示出来,为各个单位和部门所共享。

运维基础设施乃至其他各类管理需要的数据以实物量为根本,工程构件纵横交错,必须要计算出实物量才有意义,体积、面积、长度均如此。因此,首先 BIM 的数据应是可运算的系统,能像人脑一样知晓各构件之间的空间关系;其次要用大规模布尔算法,因工程规模越来越大,布尔算法对 CPU、内存资源需求十分惊人,研发高效率算法、增量计算技术十分重要。

2. 建设期 BIM 与运维阶段 BIM 的结合

以三维数字技术为基础,集成了建设工程项目各种相关信息的建筑数据模型,将连接建设工程项目生命期不同阶段的数据、过程和资源,可被建设工程项目各参与方普遍使用。建筑信息模型具有单一工程数据源,可解决分布式、异构工程数据之间的一致性和全局共享问题,支持建设工程项目生命周期中动态的工程信息创建、管理和共享。建筑信息模型的应用具有非常大的价值,尤其是解决了当前建设领域信息化的瓶颈问题。如为项目参与各方建立单一工程数据源,确保信息的准确性和一致性;实现项目的信息交流和共享;全面支持数字化、自动化设计技术等。建筑信息模型与 CAD 施工图最大的区别在于三维模型的建立,通过三维模型可以剖切出建筑剖面、立面,可以查看设计细节,进行各种细微设计和检测。同时在建设期建筑信息模型已经帮助建筑管理者实现了以下目标。

(1)三维设计:能够根据 3D 模型自动生成各种图形和文档,并且始终与模型逻辑相关;当模型发生变化时,与之关联的图形和文档将自动更新。

(2)信息共享:各专业 CAD 系统可从信息模型中获取所需的设计参数和相关信息,减少数据重复、冗余、歧义和错误。

(3)协同设计:某个专业设计的对象被修改,其他专业设计中的该对象都会随之更新。

(4)虚拟设计和智能设计:实现设计碰撞检查、能耗分析、成本预测等。

3. 运维管理工具与 BIM 的结合

作为建筑本身,由设计直到施工成型已经是一个复杂的生产过程,再涉及之后的运维,其流程将更为复杂,信息的整合往往扮演着很重要的角色。从开始进入建筑开发规划阶段来说,不同专业的信息需要收集整合,如土地使用计划、市场经济需求、投资资金应用、开发可行性等,这是属于信息的发展式整合。设计阶段属于虚拟信息的创造式整合,将项目的需求、环境的特色、各顾问意见的考量融入设计者的创造概念里。施工阶段属于由虚拟信息变成实质产品的转换式整合,必须拆解设计信息再透过能执行的施工方法建构出实体。运维管理阶段将通过更多的直接或间接模式获取建筑信息,从而为建筑运维服务,这属于应用性整合。在这些过程中信息整合的方式、参与团队及目标着眼点皆不同,我们必须了解各阶段目标本身的特殊性,也需要有不同的辅助工具配合架构出不同的互动环境平台。

建筑生命周期管理要求实现建设工程信息在项目生命周期内项目参与各方之间的共享,即逐渐积累起来的建设工程信息能根据需要对不同阶段参与项目的设计方、施工方、材料设备供应方、运维方等保持较高度的透明性和可操作性。这一方面需要项目参与各方改变传统的工作方式,改善相互之间的工作协调和信息交流;另一方面需要应用最新的 IT 方法和手段为信息的交流和利用提供有力的技术支持。建筑信息模型集成了建筑工程项目各种相关信息的工程数据模型,是对该工程项目相关信息的详尽表达。建筑信息模型是数字技术在建筑工程中的直接应用,以解决建筑工程在软件中的描述问题,使设计人员和工程技术人员能够对各种建筑信息做出正确的应对,并为协同工作提供坚实的基础。

9.2　BIM 在项目运维阶段的应用

本节基于当前建筑业的信息技术理论体系、技术基础和应用经验,结合项目运维的需求、目标、手段方法等要素,具体讨论工程项目运维阶段几种主要的BIM 技术应用。

项目运维阶段
的 BIM 应用

➤ 9.2.1　基于 BIM 的空间管理

BIM 将建筑的非几何属性与实体模型元素建立一致性关联,具有设计参数化、数据可视化、统计自动化、工作协同化等技术特点,解决了传统数据库之间的“信息孤岛”和信息管理环节中的“信息断流”问题,为建筑空间管理提供新的发展方向。

空间管理主要应用于照明、消防等各系统和设备空间定位。BIM 可获取各系统和设备空间位置信息,把原来的编号或者文字变成三维图形位置,直观形象且方便查找。如通过 RFID 获取大楼的安保人员位置;消防报警时,在建筑信息模型上快速定位所在位置,并查看周边的疏散通道和重要设备等。另外,它也可应用于内部空间设施可视化。传统建筑业信息都存在于二维图纸和各种机电设备的操作手册上,需要使用的时候由专业人员自己去查找信息、理解信息,然后据此决策对建筑物进行一个恰当的动作。利用 BIM 将建立一个可视三维模型,所有数据和信息可以从模型获取调用。如装修的时候,可快速获取不能拆除的管线、承重墙等建筑构件的相关属性。在软件研发方面,由 Autodesk 创建的基于 DWF 技术平台的空间管理,能在不丢失重要数据以及接收方无须了解原设计软件的情况下,发布和传送设计信息。在此系统中,Autodesk FMDesktop 可以读取由 Revit 发布的 DWF 文件,并可自动识别空间和房间数据,而 FMDesktop 用户无须了解 Revit 软件产品,使企业不再依赖于劳动密集型、手工创建多线段的流程。设施管理员使用 DWF 文件将协调一致的可靠空间和房间数据从 Revit 建筑信息模型迁移到 Autodesk FMDesktop,然后,生成专用的带有彩色图的房间报告,以及带有房间编号、面积、入住者名称等的平面图——在迁移墙壁之前,无须联系建筑师。到迁移墙壁时,DWF 文件还能够将更新的信息返回建筑师的 Revit 建筑信息模型中。

建筑空间管理的信息不仅包括对其当前的状态进行记录、测绘、勘察、评估而形成的“现状信息”,对其过往的各种状态进行追溯,对其未来的管理、利用进行整体规划的“计划信息”,而且涵盖了对建筑常态及受干预状态进行实时跟踪监测和记录的“监测与干预信息”。专业的BIM 管理构想的引入,能够建立起包含相互关联信息的逻辑模型,借助协同、检索和展示平台的设立,完成建筑空间各阶段的记录、维修、改造、监测、管理行为的数据集成、共享和更新,可主导空间管理信息的快速更新,协助建筑资产的风险防范,形成信息管理的通畅途径。与目前的主流空间信息管理系统相比,BIM 技术在建筑资产本体与相关行为信息的管理方面具备以下特点。

1. 与 GIS 技术相比,管理范围各有侧重

GIS 技术是空间数据处理、集成和可视化最成功的技术之一。其优势在于大范围、大区域的地理分布数据的采集、储存、管理、运算、分析、显示和描述,其在建筑空间信息管理领域常用于建筑周边环境信息的宏观管理。而对于建筑本体而言,无论是采用 CAD 数据建立盒状模

型,利用航空遥感图像建立逼真表面模型,利用激光扫描技术获取的 3D 点群数据建立几何表面模型,还是应用 3DS MAX 软件虚拟建筑模型,GIS 始终停留在建筑外部空间数据的获取和管理方面,而无法真正从建筑构件入手全面地管理建筑的内部信息。而 BIM 技术的特长在于从建筑本体的模型建构入手,将各类信息植入构件属性之中,建立起一套完整的建筑内外空间数据关系体系,可全面地获取、管理、展示和分析建筑的各类空间和构造特征。GIS 是管理建筑外部空间的恰当手段,BIM 则适合管理建筑内部空间数据。

2. 改进了传统数据库的管理功能

基于关系型数据库的传统建筑空间信息管理平台主要收录二维图纸、文字与照片。同一数据库的各类数据之间、不同的空间管理层级数据库之间、物业信息管理流程与数据库之间、建筑修缮更新设计与数据库之间均存在着严重的"信息孤岛"现象(指相互之间在功能上不关联互助、信息不共享互换以及信息与业务流程和应用相互脱节的计算机应用系统)。这种二维、静态、孤立的数据系统从根本上无法实现建筑资产全生命周期管理所需的建筑工程的网上审批、建筑结构的监测与风险防范、建筑管理信息的实时更新等功能。

BIM 技术通过统一的三维数据模型,为相关数据建立了丰富的关系数据表,将如上信息有机整合在几何模型与构件属性之中,为比对数据、生成明细表、提取构件等查询分析活动建立有效的方式,同时借助用户的人性化参数实时输入和更新功能,真正实现数据管理及成果表达向三维、动态、交互式的转变。

➢ 9.2.2 基于 BIM 的运维管理

现有的运维管理模式多采用专业分控系统,如楼宇自控系统、火灾自动报警系统、安全防范系统等),结合中央集控系统、物业管理系统等进行设备(设施)、使用空间、人流、车流等各种楼宇相关信息层面的管理。随着楼宇智能化管理模型的日益普及和深化,BIM 在设计和施工阶段所累积的建筑构件信息源,在运维管理中的建筑运维期的作用也日益增大,通过建立基于 IFC 标准的建筑物业信息模型、IFC 解析器以及数据接口,实现了建筑设计、施工与物业管理信息的共享和交换。同时应用中间件技术建立楼宇自控、楼宇安防、楼宇消防等智能子系统汇集的信息集成平台,实现了建筑设备的监控和集成管理。其系统结构如图 9-4 所示。

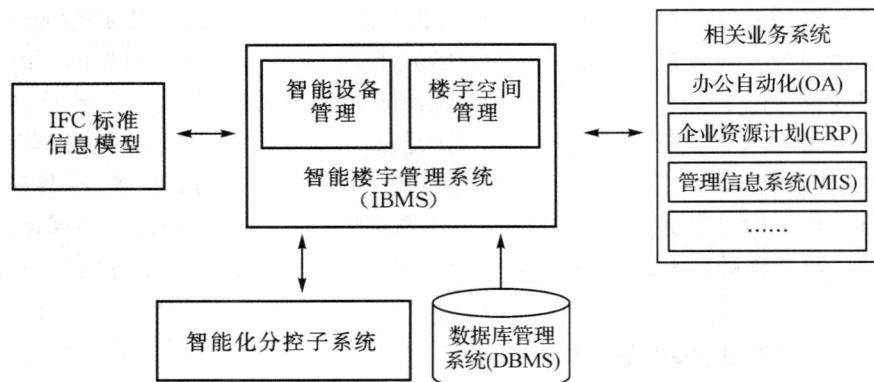

图 9-4　BIM 与 IBMS 的集成

所构建的系统建立 IFC 解析器,可实现对 IFC 数据文件的读取,并在系统中生成基于 IFC 标准信息模型的数据类实体,为运营提供主体管理对象;同时还可以将信息模型的数据类实体保存为 IFC 数据文件,其他系统通过读取并识别该文件内容,提取出相关的数据信息,从而实现不同系统之间的数据交换,在运维过程中实现设备、空间信息的"上传下达",实现运维管理过程中的信息交互通路,在系统中也将以更为形象的图文视角将其合理地予以展示(见图 9 - 5)。

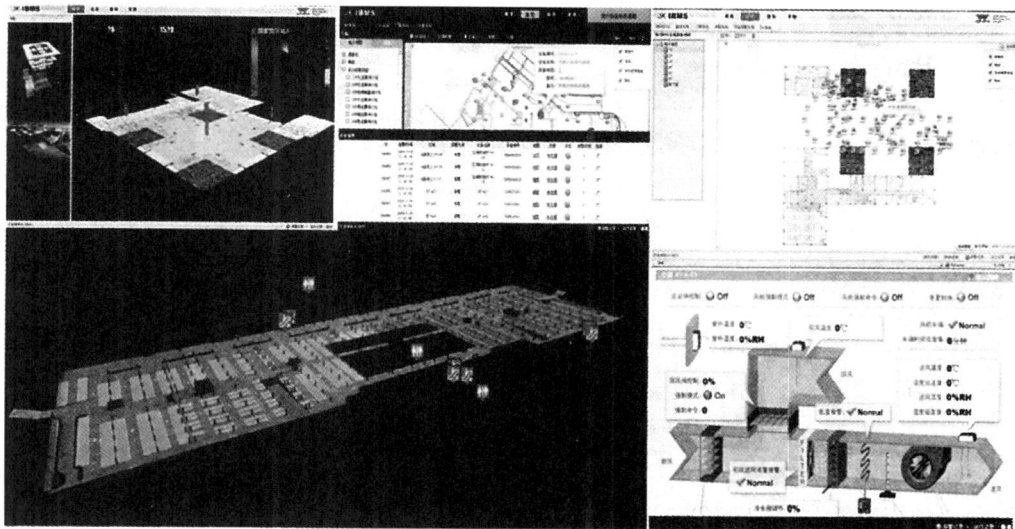

图 9 - 5 不同系统之间的信息共享

根据建筑信息模型基于 IFC 标准信息模型所建的智能楼宇管理系统,将帮助楼宇运维者完成系统管理、日常维护、服务管理等运维过程,系统也将更好地结合智能化设备信息及建筑信息模型中对应的空间、设施信息实现设备管理及维护、设备数据实时显示、设备控制策略配置、设备任务管理、设备监控报警、日志管理、历史数据记录、设备故障预警预报、专家知识库等更为具体的运维管理工作。

▷ 9.2.3 基于 BIM 的资产管理

当前的资产信息整理录入主要是由档案室的资料管理人员或录入员采取纸质的方式进行管理,这样既不容易保存,更不便于查阅,一旦人员调整或周期较长会出现遗失或记录不可查询等问题,造成工作效率降低和成本提高。

由于上述原因,公司或个人对固定资产信息的管理正在逐渐从传统的纸质方式中脱离,不再需要传统的档案室和资料管理人员。信息技术的发展使基于 BIM 的物联网资产管理系统(见图 9 - 6)可以通过在 RFID 的资产标签芯片中注入用户需要的详细参数信息和定期提醒设置,同时结合三维虚拟实体的 BIM 技术使资产在智慧建筑物中的定位和相关参数信息一目了然,精确定位,快速查阅。

新技术的产生使二维的、抽象的、纸质的传统资产信息管理方式变得鲜活生动。资产的管理范围也从以前的重点资产延伸到资产的各个方面。例如,对于机电安装的设备、设施,资产标签中的报警芯片会提醒设备需要定期维修的时间以及设备维修厂家等相关信息,同时可以预警设备的使用寿命到期,以便及时进行更换,避免发生伤害事故和一些不必要的麻烦。

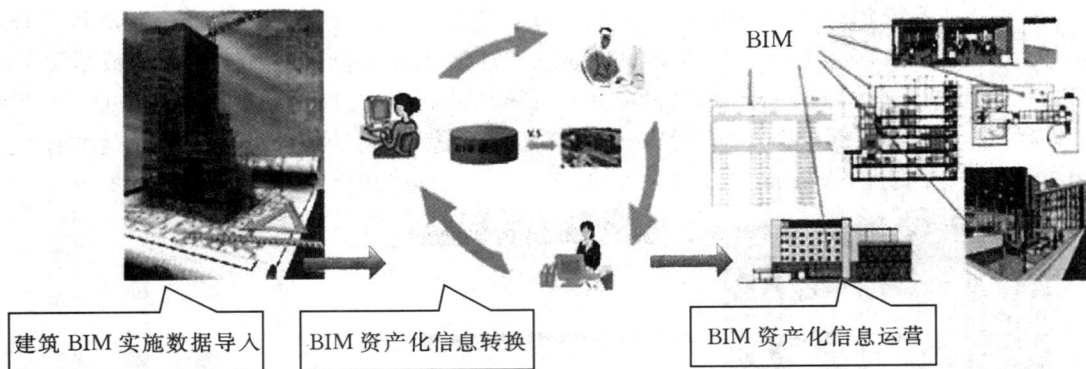

图 9 - 6　基于 BIM 的物联网资产管理系统

9.2.4　基于 BIM 的维护管理

　　建筑信息模型将为建筑内的设备(设施)维护创造一个更便捷的环境,管理者通过调用、修改、增补建筑信息模型中实体构件记录实施过程中几乎所有的关联数据(见图 9 - 7)。

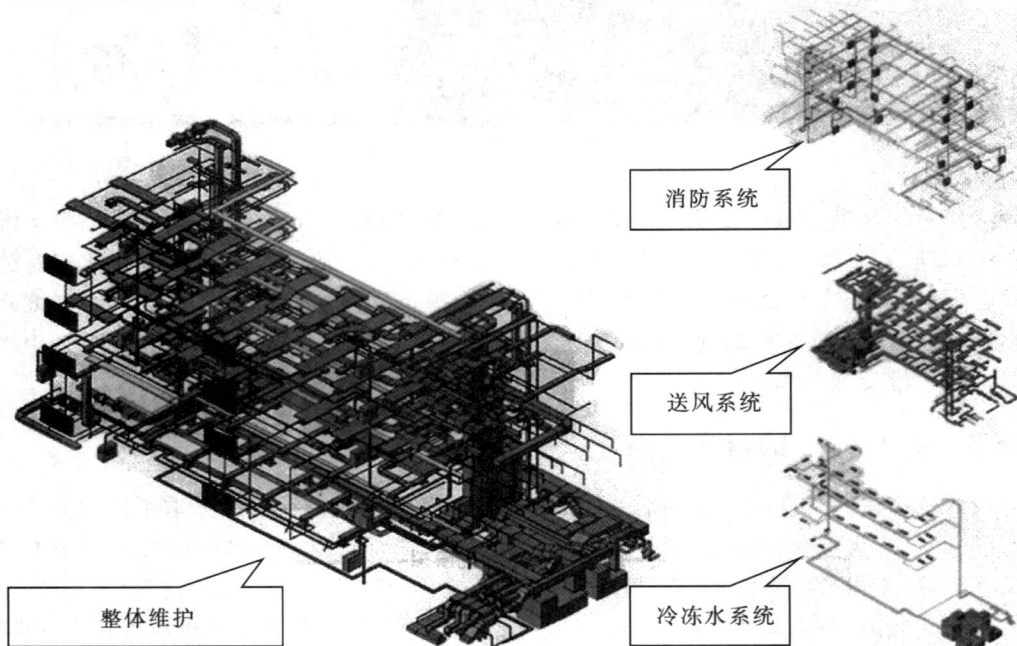

图 9 - 7　集成一体的建筑信息模型

　　运维管理部门对项目设施海量数据的存储和调用有着很高的要求,同时需要这些数据与工程信息模型构件相关联,达到创建以后可以被实时调用、统计分析、管理与共享。比如一段管道的标识,可以输入许多数据:管道的直径、管道的材质、管道的供应商情况以及联系电话,两端井的大小、井底标高,井盖供应商情况及联系电话等。通过统计分析,我们可以得出何种管材,有多少数量,何种口径的阀门有多少个,一旦其生命周期到了,系统可以自动提示和发出警告,我们就可以知道该在什么时候准备多少个这样的阀门了。

➤ 9.2.5　基于 BIM 的建筑健康监测管理

在满足使用功能的前提下,如何让人们在空间使用过程中感到舒适和健康,是建筑环境领域研究的主要内容。其中,寻找室内舒适性、建筑能耗、环境保护之间的矛盾平衡点是亟待解决的问题。我们可根据空间应用方向不同,结合已存的 BIM 信息内容进行建筑健康型体系的模型测算研究,在建筑全生命周期不同阶段的调整均以性能分析的结果为依据,从真正意义上构建可持续的健康型建筑。

通过 BIM 信息的提取,结合现有楼宇健康模型,可对建筑所在地的气象数据、舒适度与被动技术应用、采光、声环境、热环境、烟气模拟和人流聚集模拟等进行空间影响面的分析。

1. 建筑所在地气象分析

建筑信息模型中建筑物的间距、外形、高度和围护结构热工参数以及可利用的节能技术等与其所在地的气候条件关系密切。利用气象数据,通过天气分析等工具进行建筑所在地的气象分析,为建筑运维提供执行参考数据。

2. 舒适度分析与被动技术应用分析

利用焓湿图进行室内舒适度和被动技术应用分析,结合建筑信息模型中区域空间、尺寸等信息,分析所在区域中的热舒适区间及逐日频率,根据所分析的建筑内热舒适的影响因素,采取相应的运营技术,对环境进行调整,以减少人员对空间舒适度调整的误差率。

3. 采光分析

根据建筑信息模型空间位置及采光构件的信息,可分析某一空间所在位置的采光条件,以及周边房间墙壁、窗户等对空间采光的影响等,为运维过程中提供维护光源的依据(见图 9-8)。

人眼环境模拟图　　　　　亮度模拟图

图 9-8　基于 BIM 的室内采光分析

4. 声环境分析

根据建筑信息模型提供的空间属性信息及空间构件布置,对一些对声源有严格要求的区域空间(如会议室等)在运维过程中及时进行合理化的动态声波模拟,更好地进行声场所摆设布局(见图 9-9)。

5. 热环境模拟

依据空间属性及设施构件构成、空间位置,对空间内的冷、热源进行空间气流分析、二氧化碳浓度等相关布局的模拟,为特定空间内的极端热环境提供模拟预演,可协助制订运维过程中极端状况的处置预案,同时也为改善空间热环境提供依据。

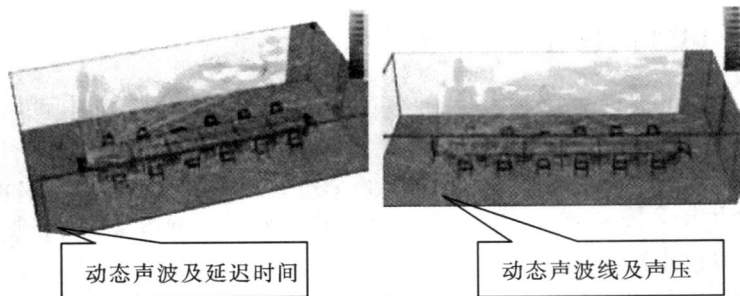

动态声波及延迟时间   动态声波线及声压

图 9 - 9　基于 BIM 的声环境分析

6. 烟气模拟分析

结合运维应急预案,建筑信息模型将更好地协助运维管理人员完成紧急情况下的演练。火灾无疑是影响建筑内人员安全及健康的重要因素,面对火灾后引发的烟雾,以往只能通过实景的演习完成对烟雾弥漫的防范估计,目前通过建筑信息模型将更真实地虚拟出烟雾扩散及人员疏散的正确路线,以保证环境安全、人员安全(见图 9 - 10)。

图 9 - 10　基于 BIM 的火灾烟雾模拟分析

▶ 9.2.6　基于 BIM 的节能减排管理

造成建筑能耗高的主要原因有:建筑节能水平低下;建筑规模大、增速快;人们对生活质量的要求不断提高,导致空调、取暖设施的广泛使用。由于后两项因素具有必然性,解决建筑能耗问题主要依靠提高建筑节能水平。

建筑信息模型将更好地协同能耗测算软件进行建筑节能化运维的计算,用来模拟建筑及系统的实际运行状况,从而预测年运行能耗,找到重要的耗能点,为节能寻找依据。一般来说,建筑能耗模拟软件主要有以下四种功能。

(1)负荷模拟:模拟计算建筑在一定时间段中的冷热负荷,反映建筑围护结构和外部环境、内部使用状况之间在能量方面的相互影响。

(2)系统模拟:模拟空调系统的空气输送设备、风机盘管及控制装置等功能设备。

(3)设备模拟:模拟为系统提供能源的锅炉、制冷机、发电设备等设备。

(4)经济模拟:评估一定时间段内,为满足建筑负荷所需要的能源费用。

BIM 正是用对象化的方式将建筑信息各组成部分及其相互关系按照一定的标准进行描述的数据模型,它使得建筑信息在各建筑专业间实现真正的共享成为可能。IFC 标准是 BIM 的主流标准,IFC 标准提供了一个描述建筑各方面信息的完整体系,它可以全面描述建筑的组成和层次、建筑构件间的拓扑关系以及构件的几何形状、类型定义、材料属性等全方位的信息。由于这些信息完全采用面向对象的方式进行描述和组织,因此通过相应的面向对象的程序设计,可以较为容易地获取 IFC 标准数据(即满足 IFC 标准的数据)中的各种信息,包括能源建筑模型所需的信息。

通过 BIM 结合物联网技术的应用,日常能源管理监控变得更加方便。安装具有传感功能的电表、水表、煤气表后,可以实现建筑能耗数据的实时采集、传输、初步分析、定时定点上传等基本功能,并具有较强的扩展性。系统还可以实现室内温湿度的远程监测,分析房间内的实时温湿度变化,配合节能运行管理。管理系统可以及时收集所有能源信息,并且通过开发的能源管理功能模块,对能源消耗情况进行自动统计分析,比如各区域、各户主的每日用电量、每周用电量等,并对异常能源使用情况进行警告或者标识。

▶ 9.2.7　基于 BIM 的应急管理

BIM 技术的优势是管理没有任何盲区。作为人流聚集区域,突发事件的响应能力非常重要。传统的突发事件处理仅仅关注响应和救援,而全信息化运维对突发事件的管理包括预防、警报和处理。

以消防事件为例,基于 BIM 的运维管理系统可以通过喷淋感应器感应信息。如果发生着火事故,建筑的信息模型界面会自动进行火警警报;着火的三维位置和房间立即进行定位显示;控制中心可以及时查询相应的周围情况和设备情况,为及时疏散和处理提供信息支撑。类似的还有水管、气管爆裂等突发事件,通过 BIM 系统,我们可以迅速定位控制阀门的位置,避免了在一屋子图纸中寻找资料,甚至还可能找不到资料的情况。

▶ 9.2.8　BIM 技术与物联网

物联网在楼宇智能管理、物业管理和建筑物的运行维护方面将发挥更大的作用。仅从建筑物外表我们不可能了解其真面目,因为有许多管线都隐蔽在楼板和墙体中,众多开关阀门遍布于建筑物的各个角落,如果没有图纸要找到某个阀门几乎是不可能的,特别是一些复杂结构的建筑,而图纸一般都保存在档案馆内,要去查阅,手续是极为麻烦的,那么有什么好的办法实现对楼宇内相关物体的即时查找和定位呢?只有把建筑物数字化,建立整个建筑信息模型,才能实现更有效的管理。BIM 是物联网应用的基础数据模型,是物联网的核心和灵魂。没有BIM,物联网的应用就会受到限制,就无法深入建筑物的内核,因为许多构件和物体是隐蔽的,存在于肉眼看不见的深处,只有通过建筑信息模型才能一览无遗,展示构件的每一个细节。这个模型是三维可视和动态的,涵盖了整个建筑物中的所有信息,然后与楼宇控制中心集成关联。在整个建筑物生命周期中,建筑物运行维护的时间段最长,所以建立建筑信息模型显得尤为重要和迫切。建筑信息模型目前在设计阶段应用较多,在建造和运维阶段的应用较少。

BIM 与物联网二者的结合,将智能建筑提升到智慧建筑新高度,开创智慧建筑新时代,是建筑业下一个重要发展方向。

物联网概念的问世,彻底颠覆之前的传统思维方式。过去的思路一直是将物理基础设施和 IT 基础设施分开:一方面是建筑物、公路等,另一方面是数据中心、网络等。而在物联网时代,把感应器等芯片嵌入和装备到铁路、桥梁、隧道、公路、建筑、供水系统、电网、大坝、油气管道、钢筋混凝土、管线等各种物体中,然后将物联网与现有的互联网整合为统一的基础设施,实现人类社会与物理系统的整合,达到对整合网络内的人员、机器、设备和基础设施实施实时的管理和控制的目的。

9.3 项目运维阶段 BIM 应用案例

▷ 9.3.1 项目背景

截至 2024 年底,我国铁路营业总里程已达 16.2 万 km,居世界第二位;其中,高铁运营总里程突破 4.8 万 km,居世界第一位。截至 2022 年年末,我国共有 3285 个铁路客运站,除了新建的之外,还有大批既有车站需要进行现代化改造。因此,更新管理理念,全面提升车站,特别是大型铁路客站的运维管理水平,是实现铁路"又好又快发展"目标的重要保障。

铁路客站作为公共交通设施,其建设运维管理的水平直接影响到旅客的出行质量。现代铁路大型客站体量非常大,例如,北京南站占地面积约 49 万 m^2,建筑面积 32.2 万 m^2,可同时容纳 1 万多人候车;采用冷热电三联供、地源热泵、建筑设备自动化系统、火灾自动报警及联动控制系统、大屏幕导引、大型消防水炮、自动售检票和光伏发电等新设备,其设备系统涉及众多的专业领域,既有传统的建筑设施系统,包括暖通、交配电、广播、消防、视频监控、智能灯光照明、应急电源、综合布线、门禁等,也包括支撑铁路运维的各个专业系统。

基于铁路客站运营面临的形势,开发适用于铁路系统目前及未来需求的,集成建筑信息、设施信息、控制信息的高服务水平的三维设施运维管理平台是很有必要的。铁路客站设施运维管理系统是满足不同管理层级、各个专业系统人员间协同工作的综合性管理平台。选择一个适合的技术平台对项目的成功至关重要。而 BIM 技术以其丰富的三维建筑信息承载能力和可视化特性,具有先天的优势,成为支撑设施运营管理的理想平台。

铁道第三勘察设计院集团有限公司(现名为中国铁路设计集团公司)选择以 BIM 技术为核心,基于 Autodesk Revit 设计数据,对天津西站进行了设施运维管理系统的开发,效果图见图 9-11)。

图 9-11 天津西站效果图

▷ 9.3.2 核心模型的建立

在天津西站项目设计阶段,设计人员利用 Autodesk Revit Architecture、Autodesk Revit Structure、Autodesk Revit MEP、Autodesk Navisworks 等软件完成了客站的设计,生成的 BIM 数据承载了丰富的信息,包括结构、建筑、空间、管线、设备等。基于设计阶段产生的成果,应用到设施运营管理中,可以很好地实现设计数据的延续,使 BIM 全生命周期的概念得以体现。

天津西站建筑信息模型的构建是在 CAD 图纸设计完成后,利用 Autodesk Revit 系列软件对二维设计成果进行三维化表达,分别对铁路客站的结构、建筑、给水排水、消防、暖通等专业进行 BIM 信息构建。针对铁路领域的实际管理需求,设计公司对子系统进行了重分类,来满足铁路局、各站段等不同层级和部门的管理需求。这样系统平台可以突出显示需要管理的对象,隐藏并不关注对象图层,汇聚管理焦点,提升管理效率,满足管理需求(相关截图见图9－12 至图 9－15)。

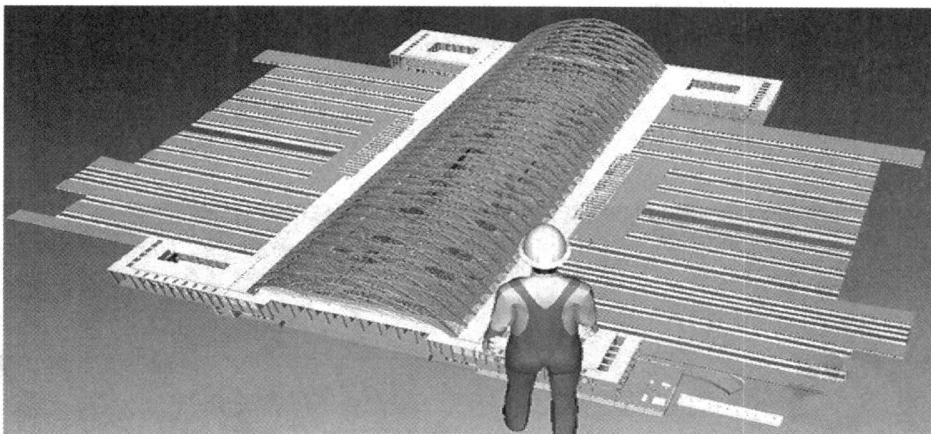

图 9－12 天津西站站房整体建筑浏览模式

图 9－13 天津西站候车厅浏览模式

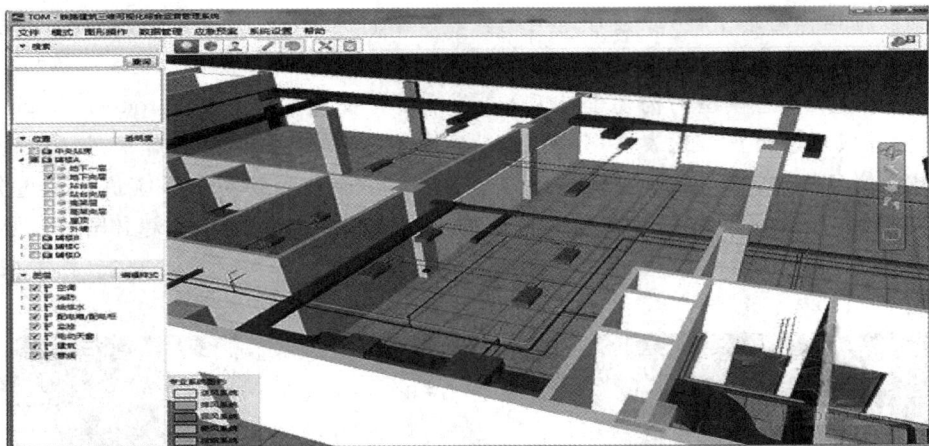

图 9 - 14　天津西站楼层设施管理模式

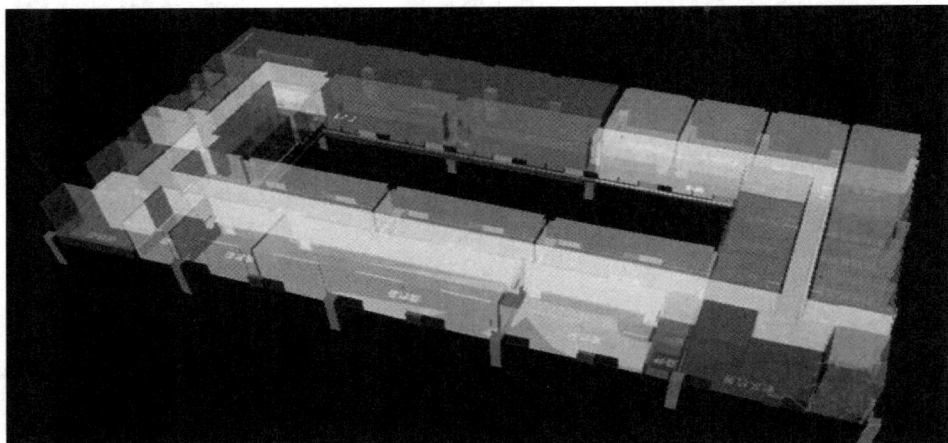

图 9 - 15　天津西站楼层空间管理模式

▶9.3.3　设备台账的关联管理

原始的设备台账以 Excel 形式存在,台账记录与空间实体对象相对孤立,无法建立有效的关联关系。设备台账信息包括设施名称、型号、规格、参数、供应商、质保商、质保有效期、联系人、联系电话等。在设备需要维修或保养时,维修人员需要查询设备的台账信息,便于联系生产厂商和售后服务商。BIM 系统平台提供了多种方式供用户快速定位到设备,如在三维图形中漫游到指定位置,从空间位置直接查找到设备是非常直观的一种方式。同时维修人员也可通过模糊搜索的功能,双击系统列出的所有满足条件的结果列表即可导航至指定的设备。维修人员通过不同的快速导航方式,实现设备的快速定位,进而查看设备台账或对设备进行维修、保养管理(相关截图见图 9 - 16 和图 9 - 17)。

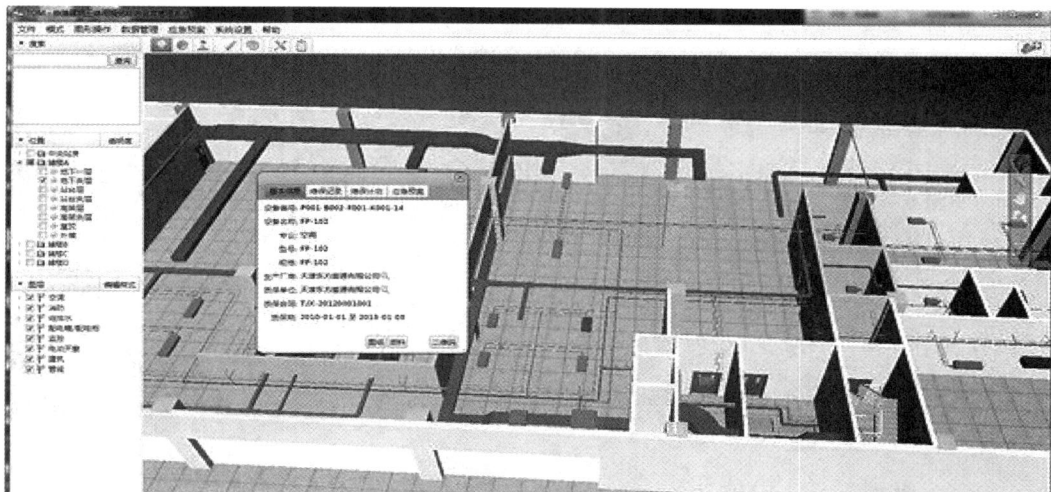

图 9-16　天津西站设施基本信息浏览

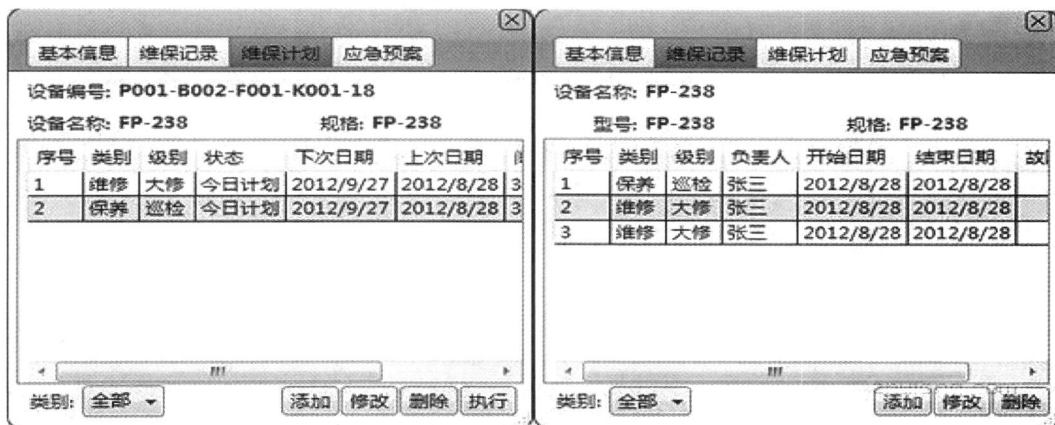

图 9-17　设施维保计划管理和设施维保记录管理

➤9.3.4　设备设施的分类管理

现代大型综合铁路客站的设备类别繁杂、数量庞大,铁路管理部门分别设立了不同的部门对不同类别的设备进行专门管理,做到合理分工,使管理工作高效、质量水平高。为此系统平台将设备分为空调、消防、给水排水、监控等类别,用户使用系统平台进行设备管理时,可以将不需要管理的设备类别隐藏,突出关注的系统和范围。设备设施分类浏览图如图 9-18 所示。

➤9.3.5　项目工程图与说明材料的关联查询

竣工图、文档资料的合理查找浏览对车站运维管理非常重要,系统将竣工图纸按照园区、楼宇、楼层分级,按照系统分类,并与 BIM 进行关联。在系统集成窗口中,用户对竣工图进行条件筛选,即可查看设计图纸。而图纸资料也通过建筑信息模型关联、位置分级、系统分类,实现合理有序的组织管理(见图 9-19 和图 9-20)。

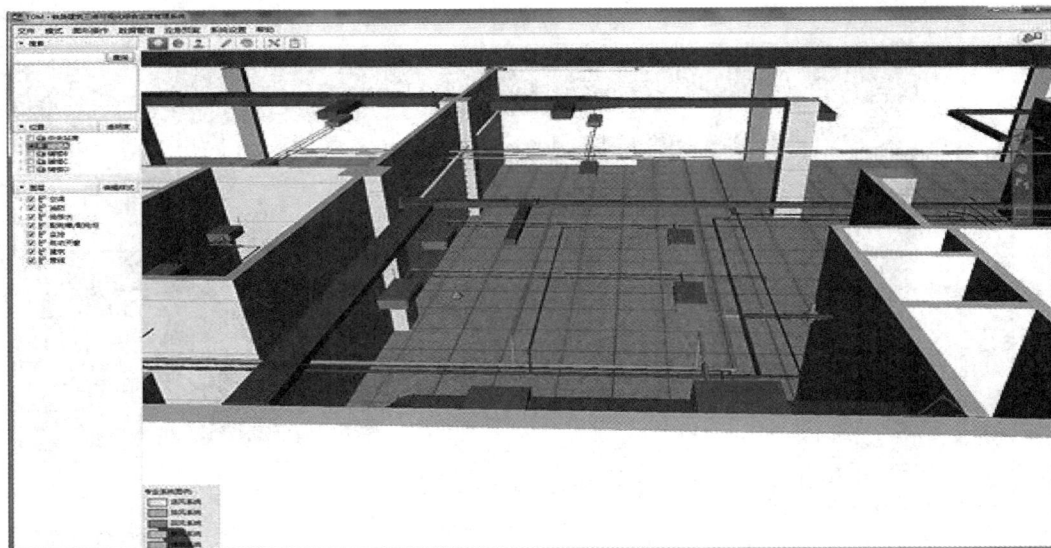

图 9-18 设备设施分类管理浏览图

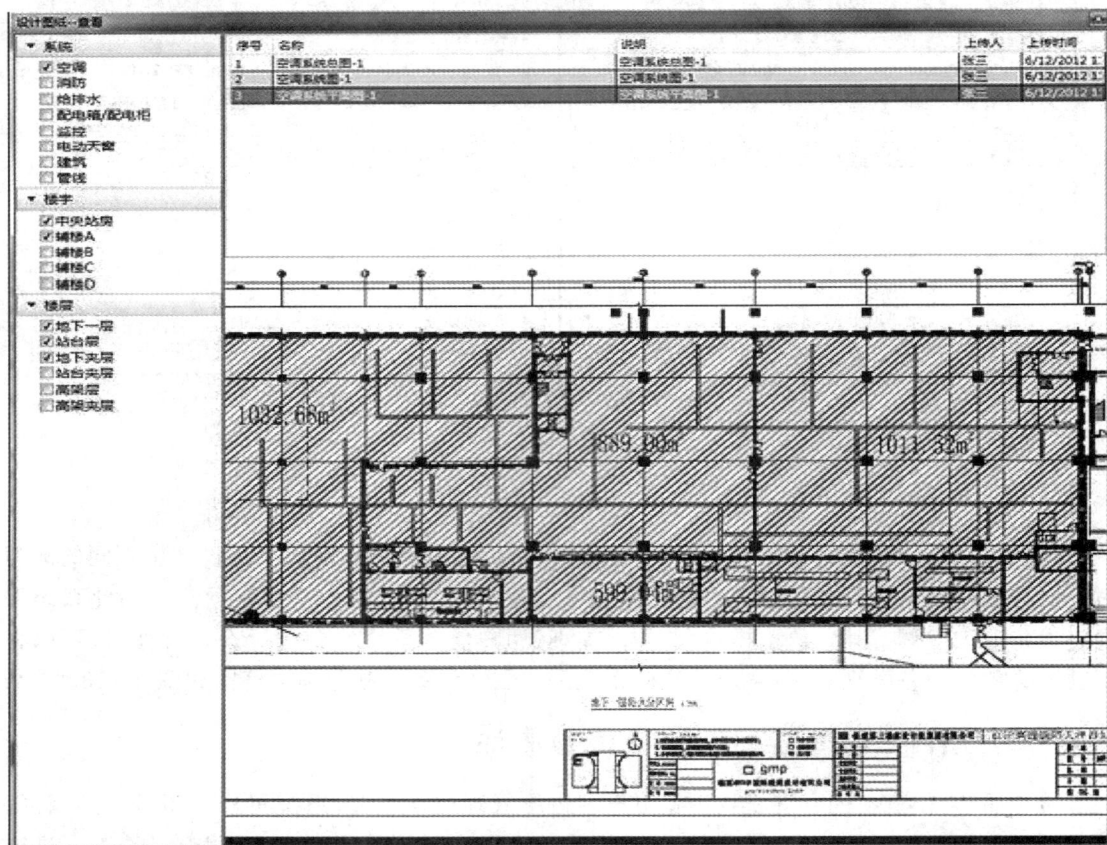

图 9-19 设计图纸关联调阅窗口

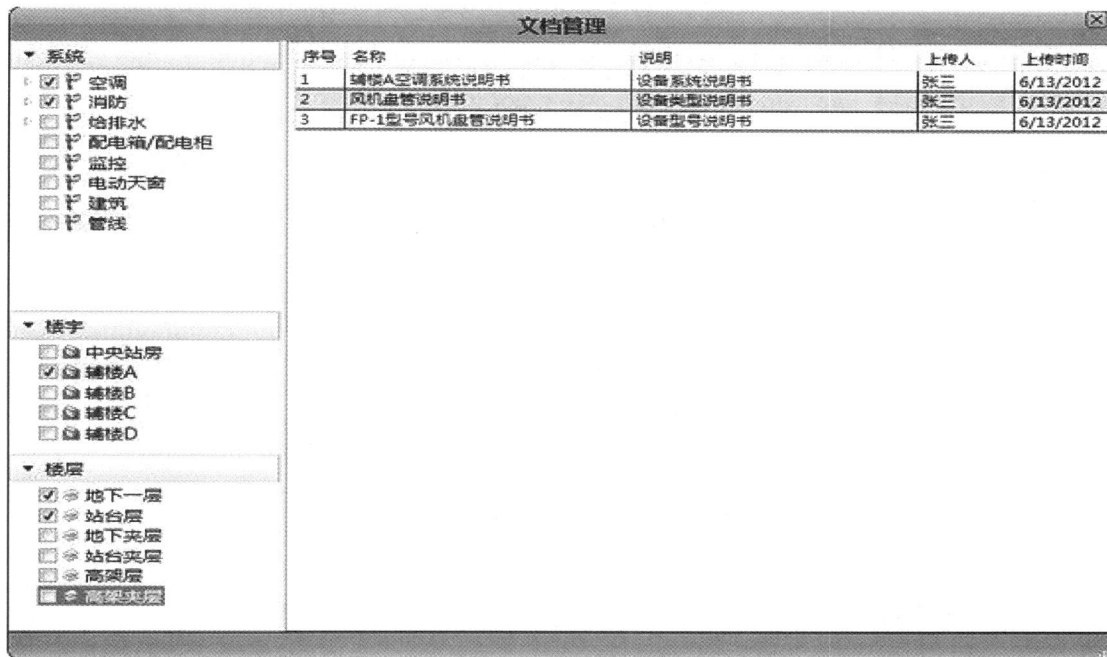

图 9-20　说明文档关联调阅窗口

▶ 9.3.6　商业空间管理

　　铁路客站为满足旅客的出行需要,都设置了商业区域,并在该区域划分房间出租给商户,车站管理部门可以在 BIM 系统中实现对房间的房间号、面积、高度、承租单位、租金、租约开始日期和结束日期、过往的出租历史等信息的便捷管理(见图 9-21 和图 9-22)。

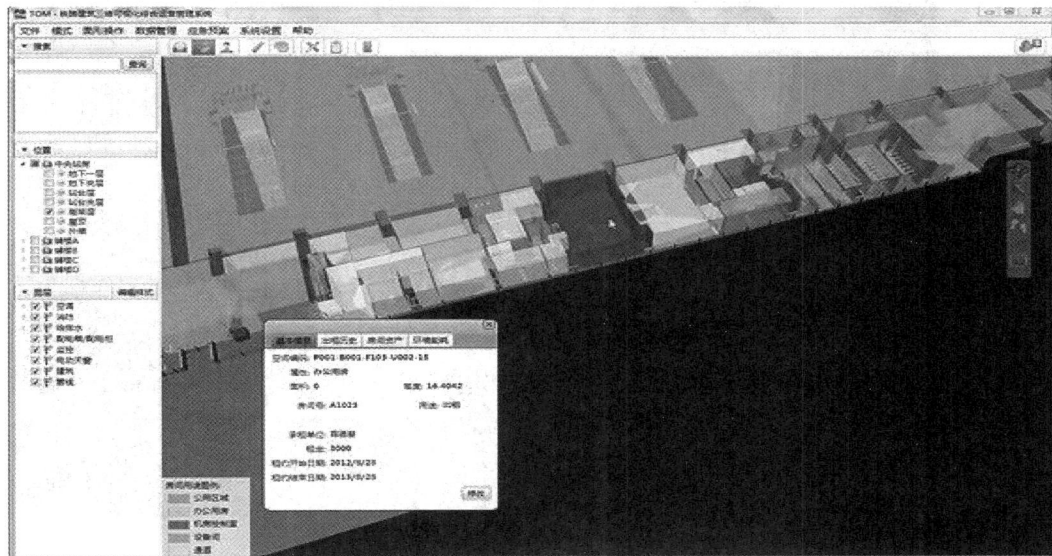

图 9-21　商业空间基本信息查询

图 9 - 22　商业空间出租历史管理

▶9.3.7　环境能源监控

　　车站作为大型的公共区域,在保证旅客候车舒适性的基础上,需要对能耗进行合理的控制,满足绿色建筑的需要。系统可以通过物联网接口,实时采集车站内湿度、温度、二氧化碳浓度等指标数据,而指标数据展示基于三维模型,通过房间渐变颜色来直观展现指标的监控结果。如当温度超过 30 ℃时,以突出的红色来表示,提醒相关部门对空调进行调节,以保证旅客候车的舒适候车环境(见图 9 - 23)。

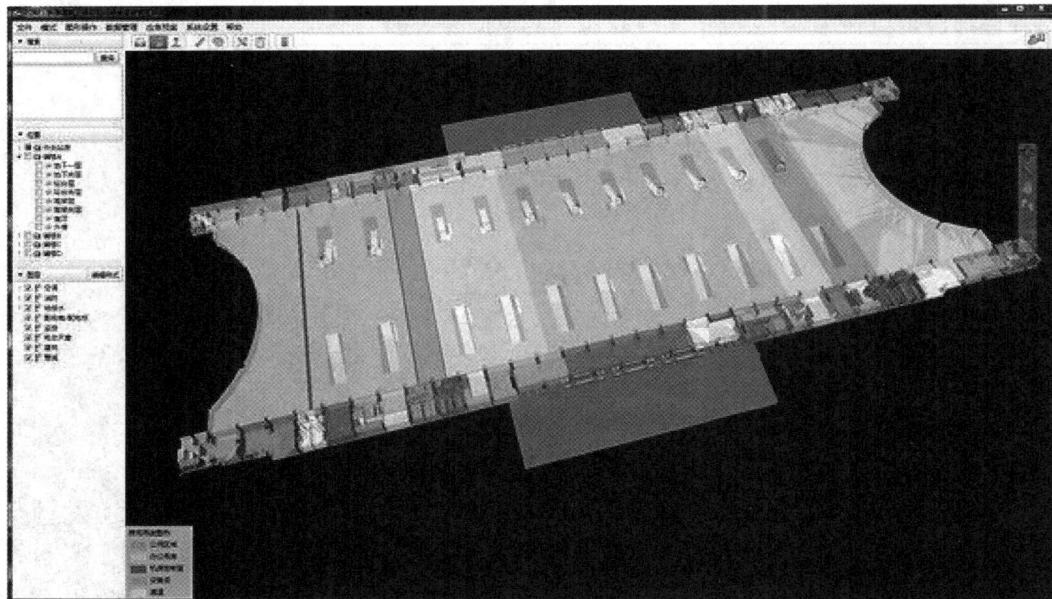

图 9 - 23　环境能源监测展示

➤ 9.3.8 应急处置预案

现代铁路车站作为大型公用建筑,每日为大量的旅客提供进出站服务。在遇到突发事件时,车站管理部门必须采取合理的应急措施,在优先保证旅客生命财产安全的前提下,控制事件的影响范围,尽可能地减小事件所带来的损失。正如之前介绍的,现代铁路车站体量大、系统繁杂、设备众多,这些特点对车站现场管理人员快速及时处置应急情况提出了较高的要求。比如,在发生火灾时,站务人员需要及时地把旅客从车站中疏散到空旷场地上,所以他们对偌大的车站里所有的逃生路线都要了然于心。而设施管理平台提供的火灾逃生预案模块,可以很好地运用到站务人员的培训中,通过系统平台的真实场景演练,达到熟记逃生路线的目的。在水管发生爆管时,如何能让站务人员快速找到阀门所在位置并及时关闭,是该系统提供高效应急处置预案的又一实例展示。

➤ 9.3.9 应用总结

设计公司将基于 BIM 技术的运维管理理念和现代铁路枢纽、车站的管理需求紧密结合,充分发挥技术优势,解决了大型车站管理中遇到的诸多难题,在设施日常维修、空间管理、应急预案中都体现了 BIM 的重要应用价值,对于促进和提升车站设施运维管理水平做出了实质性的探索。

复习思考题

1. 工程项目运维阶段 BIM 技术的应用基础是什么?
2. 在工程项目运维阶段,基于 BIM 技术的空间管理能解决什么问题?
3. 基于 BIM 技术的建筑健康监测管理包括哪些内容?
4. 简述 BIM 技术与物联网的结合对建筑业未来发展的影响。

参考文献

[1] 徐勇戈,高志坚,孙凡楼.BIM 概论[M].西安:西安交通大学出版社,2016.

[2] 清华大学 BIM 课题组.中国建筑信息模型标准框架研究[M].北京:中国建筑工业出版社,2011.

[3] 葛文兰.BIM 第二维度:项目不同参与方的 BIM 应用[M].北京:中国建筑工业出版社,2011.

[4] 李建成.BIM 应用·导论[M].上海:同济大学出版社,2015.

[5] 葛清.BIM 第一维度:项目不同阶段的 BIM 应用[M].北京:中国建筑工业出版社,2013.

[6] 刘广文,牟培超,黄铭丰.BIM 应用基础[M].上海:同济大学出版社,2013.

[7] 李建成.数字化建筑设计概论[M].2 版.北京:中国建筑工业出版社,2012.

[8] 中国勘察设计协会,欧特克软件(中国)有限公司.Autodesk BIM 实施计划:实用的 BIM 实施框架[M].北京:中国建筑工业出版社,2010.

[9] 顾海玲,归谈纯.BIM 技术在上海中心大厦建筑给排水设计中的应用[J].给水排水,2012,38(11):92-97.